超材料前沿交叉科学丛书

多功能和可重构超表面及其应用

冯一军　陈　克　著

科　学　出　版　社
龍　門　書　局
北　京

内 容 简 介

电磁超材料和超表面突破了传统媒质电磁参数的局限性，进一步推进了电磁波调控技术的发展。多功能及可重构超表面利用电磁波复用技术，如极化复用、空间复用、时分复用等，实现了对电磁调控功能的集成化设计，有效地提升了电磁器件的调控能力与信息容量，有望在信息通信、天线系统等诸多应用中发挥重要作用。本书从多功能及可重构超表面的设计原理出发，具体阐述了极化复用、方向复用和频率复用等多种技术的实现途径，以及可重构超表面设计中的关键技术，结合作者及其团队的近期研究成果，系统性地归纳总结了目前的发展状况及其应用探索，最后总结探讨了这类超表面的后续发展趋势，为电磁超表面的实际应用奠定了基础。

本书可作为电子科学与技术、物理学、通信工程、材料科学与工程等专业博士、硕士研究生、高年级本科生相关课程的教材，也可作为从事相关工作的科研人员、工程技术人员的参考书。

图书在版编目（CIP）数据

多功能和可重构超表面及其应用 / 冯一军, 陈克著. -- 北京 ：龙门书局, 2024. 9. -- （超材料前沿交叉科学丛书）. -- ISBN 978-7-5088-6446-4

Ⅰ. O441. 4

中国国家版本馆 CIP 数据核字第 2024P9T567 号

责任编辑：陈艳峰　杨　探／责任校对：彭珍珍
责任印制：赵　博／封面设计：无极书装

科学出版社
龍門書局 出版

北京东黄城根北街 16 号
邮政编码: 100717
http://www.sciencep.com

北京建宏印刷有限公司印刷
科学出版社发行　各地新华书店经销
*
2024 年 9 月第　一　版　开本: 720×1000　1/16
2025 年 1 月第二次印刷　印张: 16 1/4
字数: 325 000

定价: 138.00 元

(如有印装质量问题, 我社负责调换)

丛 书 序

酝酿于世纪之交的第四次科技革命催生了一系列新思想、新概念、新理论和新技术，正在成为改变人类文明的新动能。其中一个重要的成果便是超材料。进入 21 世纪以来，“超材料”作为一种新的概念进入了人们的视野，引起了广泛关注，并成为跨越物理学、材料科学和信息学等学科的活跃的研究前沿，并为信息技术、高端装备技术、能源技术、空天与军事技术、生物医学工程、土建工程等诸多工程技术领域提供了颠覆性技术。

超材料 (metamaterials) 一词是由美国得克萨斯大学奥斯汀分校 Rodger M. Walser 教授于 1999 年提出的，最初用来描述自然界不存在的、人工制造的复合材料。其概念和内涵在此后若干年中经历了一系列演化和迭代，形成了目前被广泛接受的定义：通过设计获得的、具有自然材料不具备的超常物理性能的人工材料，其超常性质主要来源于人工结构而非构成其结构的材料组分。可以说，超材料的出现是人类从“必然王国”走向“自由王国”的一次实践。

60 多年前，美国著名物理学家费曼说过：“假如在某次大灾难里，所有的科学知识都要被毁灭，只有一句话可以留存给新世代的生物，哪句话可以用最少的字包含最多的讯息呢？**我相信那会是原子假说。**”所谓的原子假说，是来自古希腊思想家德谟克利特的一个哲学判断，认为世间万物的性质都决定于构成其结构的基本单元，这一单元就是“原子”。原子假说之所以重要，是因为它影响了整个西方的世界观、自然观和方法论，进而导致了 16—17 世纪的科学革命，从而加速了人类文明的演进。19 世纪英国科学家道尔顿借助科学革命的成果，尝试寻找德谟克利特假说中的“原子”，结果发现了我们今天大家熟知的原子。然而，站在今天人类的认知视野上，德谟克利特的“原子”并不等同于道尔顿的原子，而后者可能仅仅是前者的一个个例，因为原子既不是构成物质的最基本单元，也不一定是决定物质性质的单元。对于不同的性质，决定它的结构单元也是千差万别的，可能是比原子更大尺度的自然结构 (如分子、化学键、团簇、晶粒等)，也可能是在原子内更微观层次的结构或状态 (如电子、电子轨道、电子自旋、中子等)。从这样的分析中就可以引出一个问题：我们能否人工构造某种特殊“原子”，使其构成的材料具有自然物质所不具备的性质呢？答案是肯定的。用人工原子构造的物质就是超材料。

超材料的实现不再依赖于自然结构的材料功能单元，而是依赖于已有的物理学原理、通过人工结构重构材料基本功能单元，为新型功能材料的设计提供了一个广阔的空间——昭示人们可以在不违背基本的物理学规律的前提下，获得与自然材料具有迥然不同的超常物理性质的“新物质”。常规材料的性质主要决定于构成材料的基本单元及其结构——原子、分子、电子、价键、晶格等。这些单元和结构之间相互关联、相互影响。因此，在材料的设计中需要考虑多种复杂的因素，这些因素的相互影响也往往是决定材料性能极限的原因。而将“超材料”作为结构单元，则可望简化影响材料的因素，进而打破制约自然材料功能的极限，发展出自然材料所无法获得的新型功能材料，人类或因此成为“造物主”。

进一步讲，超材料的实现也标志着人类进入了重构物质的时代。材料是人类文明的基础和基石，人类文明进程中最基本、最重要的活动是人与物质的互动。我个人的观点是：这个活动可包括三个方面的内容。(1) 对物质的“建构”：人类与自然互动的基本活动就是将自然物质变成有用物质，进而产生了材料技术，发展出了种类繁多、功能各异的材料和制品。这一过程可以称之为人类对物质的建构过程，迄今已经历了数十万年。(2) 对物质的“解构”：对物质性质本源和规律的探索，并用来指导对物质的建构，这一过程产生了材料科学。相对于材料技术，材料科学相当年轻，还不足百年。(3) 对物质的“重构”：基于已有的物理学及材料科学原理和材料加工技术，重新构造物质的功能单元，进而发展出超越自然功能的“新物质”，这一进程取得的一个重要成果是产生了为数众多的超材料。而这一进程才刚刚开始，未来可期。

20 多年来，超材料研究风起云涌、异彩纷呈。其性能从最早对电磁波的调控，到对声波、机械波的调控，再从对波的调控发展到对流 (热流、物质流等) 的调控，再到对场 (力场、电场、磁场) 的调控；其应用从完美透镜到减震降噪，从特性到暗物质探测。因此，超材料被 *Science* 评为“21 世纪前 10 年中的 10 大科学进展”之一，被 *Materials Today* 评为“材料科学 50 年中的 10 项重大突破”之一，被美国国防部列为“六大颠覆性基础研究领域”之首，也被中国工程院列为“7 项战略制高点技术”之一。

我国超材料的研究后来居上，发展非常迅速。21 世纪初，国内从事超材料研究的团队屈指可数，但研究颇具特色和开拓性，在国际学术界产生了一定的影响。从 2010 年前后开始，随着国家对这一新的研究方向的重视，研究力量逐渐集聚，形成了具有一定规模的学术共同体，其重要标志是**中国材料研究学会超材料分会**的成立。近年来，国内超材料研究迅速崛起，越来越多的优秀科技工作者从不同的学科进入了这个跨学科领域，研究队伍的规模已居国际前列，产生了很多为学术界瞩目的新成果。科学出版社组织出版的这套“超材料前沿交叉科学丛书”既是对我国科学工作者对超材料研究主要成果的总结，也为有志于从事超材料研究和应用的年轻科技工作者提供了研究指南。相信这套丛书对于推动我国超材料的发展会发挥应有的作用。

感谢丛书作者们的辛勤工作，感谢科学出版社编辑同志的无私奉献，同时感谢编委会的各位同仁！

周济

2023 年 11 月 27 日

前　　言

超材料是以人工结构功能单元通过特定空间序构形成的具有突破性、颠覆性宏观性能的材料，已成为 21 世纪以来物理、材料、信息等科学领域的前沿研究热点。在电磁信息科学及工程应用领域，人工电磁超材料由于其对电磁波的超常调控能力，也在不断提升甚至是颠覆传统的电磁信息探测、传输、处理、重现技术，展现出良好的应用前景。作为超材料的二维形式，由亚波长功能单元在平面或曲面内以特定序构形式构成的电磁超表面，既突破了传统媒质电磁参数的局限性，又大大缩小了媒质厚度尺寸，使电磁波调控器件的发展更加趋于小型化、平面化、共形化、多样化，进一步拓展了电磁波的调控手段和方法，成为当前电磁超材料研究的主要内容和发展方向。

2001 年我应邀赴加州大学伯克利分校电子工程和计算机科学系进行访问研究，主要开展低温超导计算机中超导电路和半导体数字电路接口的相关技术研究。访问期间，我想借机了解一下国际上电子科学技术，特别是电磁科学与微波技术的一些前沿领域及未来发展方向。刚好，我指导的一位硕士研究生刘雷 (现为美国圣母大学副教授)，从南京大学毕业后赴加州大学洛杉矶分校深造，当时正师从 Tatsuo Itoh 教授攻读博士学位，他向我介绍了他正在开展的研究方向——“左手材料和左手传输线理论及其微波器件和电路应用”。这是我第一次接触到左手材料 (left-handed material) 及超材料的概念，感觉非常新奇。超材料的概念似乎打开了古老电磁科学研究的一扇窗户，有许多与之相关的奇特物理性质和潜在的技术应用等待深入地探索和研究。一年后回国，我便在南京大学开始了左手材料以及后续电磁超材料的相关研究工作，当时国内的相关研究还非常少，我们也算是国内较早开展电磁超材料研究的团队之一。

在电磁超材料的研究上，我们从当初的左手材料及左手传输线结构，到后来的超材料、变换光学及超表面，再到近年的多功能及可重构超表面及其应用，二十多年的持续研究和探索取得了一些有意义的研究成果，也一直得到国家 973 计划、科技部国家重点研发计划、教育部重大科研项目、国家自然科学基金委重大项目、重大研究计划和面上项目等项目的大力支持。适逢中国材料研究学会超材料分会组织撰写和出版“超材料前沿交叉科学丛书”，我们着重将近年来在多功能及可重构电磁超表面方面的研究工作进行了总结和梳理，撰写此书。本书汇集了我们研究团队及指导的研究生近年在电磁超表面领域的研究成果。

全书内容包括三个部分。第一部分首先介绍电磁超表面的概念和发展现状，进而重点从电磁波幅度、相位、极化、方向等基本属性以及传输状态 (透射、反射等) 的有效调控出发，对多功能超表面的设计方法和实现方案进行了详细的阐述，包括极化复用、方向复用和频率复用多功能超表面技术。这部分内容体现在本书的第 1~4 章。

第二部分主要介绍可重构电磁超表面，对可重构超表面的一般调控机制和设计方法进行了详细的阐述，通过一系列设计实例，介绍了动态吸收电磁波的可重构超表面吸波器、极化和空间复用相结合的可重构多功能超表面、时空调制超表面、可共形低散射超表面，以及机械可重构超表面的设计方法和电磁功能分析验证。这部分内容体现在本书的第 5~7 章。

第三部分主要介绍了可重构超表面在无线通信领域中的应用探索，包括基于可重构超表面的新体制无线通信系统相关研究工作，也探讨了智能表面对无线通信系统性能的提升和扩展。这部分内容体现在本书的第 8 章。最后，在第 9 章中展望了超表面的后续发展、研究方向和应用前景。

本书 80%以上的内容都是来自我们团队的研究成果，除了署名的作者外，团队的姜田教授、赵俊明教授也对本书的撰写给予了许多指导，许多研究生参与了本书初稿的材料收集、绘图和文字撰写，他们是张娜博士、郑依琳博士、宁静博士、胡琪博士、杨维旭博士，以及博士研究生屈凯、董淑芳、吴宗桓、唐奎、王少杰等。许多研究成果已经在国内外学术期刊上发表，包括 *Advanced Materials*、*Laser and Photonics Reviews*、*Advanced Optical Materials*、*Physical Review Applied*、*Applied Physics Letters*、*Optics Express*、*IEEE Transactions on Antennas and Propagation* 等。

本书的相关研究工作得到了科技部国家重点研发计划 (2017YFA0700201)、国家自然科学基金委重大研究计划 (91963128) 和面上项目 (62271243, 62071215)、江苏省重点研发计划项目 (BE2023084) 的资助，在此表示衷心的感谢。

由于作者水平有限，加之本书的主要内容多为近几年的研究成果，部分工作还是初步的结果，书中难免有不成熟、不够完整和疏漏之处，真诚希望读者在阅读本书的同时，更能不吝赐教，提出宝贵的意见和建议。

冯一军

2024 年 2 月

于南京九乡河畔南京大学仙林校园

目　　录

第 1 章　电磁超表面简介

1.1　电磁超材料

随着无线通信和网络技术的迅猛发展，现代社会迈入信息化、智能化时代，5G 移动通信、物联网、人工智能等新兴技术逐渐深入人们生活的方方面面，如何实现快速的信息表征、获取、存储与传输成为当前通信领域亟待解决的问题之一。而电磁波作为一种重要的信息传输手段和载体，伴随着信息技术的发展与革新，早已在无线通信、雷达探测、信息感知等领域发挥着不可替代的作用。目前，高速无线通信网络的广泛覆盖与多种电磁场景的应用普及，更对如何高效、自由地操纵和调控电磁波提出了新的发展需求。

电磁超材料 (electromagnetic metamaterial) 概念的提出为人们自由地调控和利用电磁波提供了重要的技术途径。电磁超材料，又称超材料或人工电磁材料，是一种由亚波长单元结构周期性或非周期性排布而成的三维人工复合材料或结构，可具有自然界材料所不具备的一些超常电磁特性。其研究最早可以追溯到 1968 年，苏联科学家 V. G. Veselago 首次提出了左手材料 (left-handed material) 的概念，即介电常数 ε 和磁导率 μ 均为负的电磁媒质，并通过理论分析，预测这种双负媒质可以实现许多自然材料所不能实现的奇异电磁特性，如负折射、逆多普勒效应和逆切连科夫辐射现象等 [1]，但由于缺少实验验证，该理论一直没有引起人们足够的重视。直到 1996 年，英国物理学家 J. B. Pendry 爵士提出，可以利用周期性排布的金属细线来实现负介电常数 [2]，并于 1999 年又提出了利用周期性排布的开口谐振环来实现负磁导率 [3]。这一系列开创性的工作引起了国内外学者的广泛关注，也为超材料的广泛研究奠定了重要的理论基础。随后，2000 年美国学者 D. R. Smith 在 J. B. Pendry 等研究的基础上，通过将金属细线和开口谐振环相结合，在微波频段实现了一种介电常数和磁导率均为负值的人工复合材料 [4]，并首次通过实验验证了负折射现象 [5]。自此，超材料研究进入蓬勃发展的阶段，一系列新颖的物理现象及器件研究相继展开，如隐身衣 [6-9]、超透镜 [10-12] 和完美吸波器 [13-15] 等。但是随着研究的不断深入，人们发现这种基于超材料设计的功能器件由于结构复杂、体积较大，并不符合器件小型化、平面化、集成化的发展趋势的需求。在此驱动之下，二维形式的电磁超材料，即电磁超表面，逐渐成为新的研究热点。

1.2　超表面的提出及广义斯涅耳定律

电磁超表面 (electromagnetic metasurface)，又称超表面或人工电磁表面。作为电磁超材料的二维形式，超表面通过与电磁波相互作用，在其表面上引入电磁场的不连续性，可以实现对电磁波固有性质的复杂调控，产生许多新奇的物理现象和复杂的应用，为电磁调控器件的实现提供了新的调控手段和设计思路。同时由于其厚度远小于工作波长，可大大缩减电磁器件的厚度，更有利于实现器件小型化、平面化、多样化设计。但在超表面研究之初，受等效媒质理论以及变换光学理论等研究热潮的影响，人们对其分析也多借鉴超材料的设计方法，基于三维材料的电磁本征参数提取方法来分析结构的表面阻抗、表面极化率与磁化率等一系列等效媒质参量 [16,17]，尝试在低剖面上设计实现三维超材料的功能。然而这种设计方法存在一定的局限性，首先等效媒质参数反演法对于亚波长厚度的表面媒质的参数计算并不十分准确，且往往只能通过单一单元结构的延拓来进行阵面设计，这也就使得早期超表面设计不够灵活，而且功能不够多样化。2011 年，F. Capasso 教授团队在 *Science* 期刊上发表了一篇关于超表面领域的研究论文，提出了广义斯涅耳 (Snell) 定律的概念 [18]。该理论打破了先前超表面的设计分析方法，首次提出了利用超表面在媒质分界面上引入相位突变来控制电磁波的理念，很好地克服了传统光学材料需通过连续传播相位累积才可实现有效电磁波前 (wave front) 调控的限制，为实现自由灵活的电磁波调控提供了新的设计手段与方式。

经典斯涅耳定律 (折射定律) 指出，当电磁波以一定角度从折射率为 n_{i} 的媒质入射到折射率为 n_{t} 的媒质中时，会产生折射和反射现象。此时折射角 θ_{t}、反射角 θ_{r} 和入射角 θ_{i} 之间遵循以下公式：

$$\begin{cases} n_{\mathrm{t}}\sin\left(\theta_{\mathrm{t}}\right)=n_{\mathrm{i}}\sin\left(\theta_{\mathrm{i}}\right) \\ \theta_{\mathrm{r}}=\theta_{\mathrm{i}} \end{cases} \tag{1.1}$$

F. Capasso 教授团队指出，若在分界面内引入不连续的相位突变，则当入射电磁波传播至媒质分界面时，由于电磁波在分界面处的边界条件发生改变，反射波与折射波将不再遵循上述经典斯涅耳定律。为了表征这种情况下入射波、反射波与折射波之间的关系，提出了广义斯涅耳定律 [18]。如图 1.1(a) 所示，倘若分界面沿某个方向 (如 x 方向) 存在 $\mathrm{d}\varphi/\mathrm{d}x$ 的相位梯度，就会发生异常折射，同样反射电磁波的出射角度也会因此发生变化。此时入射波、反射波、折射波将遵守广义斯涅耳定律 [18]：

$$\begin{cases} n_{\mathrm{t}}\sin\left(\theta_{\mathrm{t}}\right)-n_{\mathrm{i}}\sin\left(\theta_{\mathrm{i}}\right)=\dfrac{\lambda_0}{2\pi}\dfrac{\mathrm{d}\varphi}{\mathrm{d}x} \\ \sin\left(\theta_{\mathrm{r}}\right)-\sin\left(\theta_{\mathrm{i}}\right)=\dfrac{\lambda_0}{2\pi n_{\mathrm{i}}}\dfrac{\mathrm{d}\varphi}{\mathrm{d}x} \end{cases} \tag{1.2}$$

其中，λ_0 为电磁波在自由空间的波长。广义斯涅耳定律的提出为电磁超表面的设计及对电磁波的调控提供了新的物理机理。在超表面设计中，仅仅通过改变分界面上的相位梯度，就可以任意调控反射/折射波束的传播方向。如图 1.1(b) 所示，基于这种突变相位的调控形式，利用多层方形开口谐振环结构，通过优化单元尺寸实现连续相位覆盖，并在 x 方向设计相位梯度，即可形成符合广义斯涅耳定律的异常反射现象。

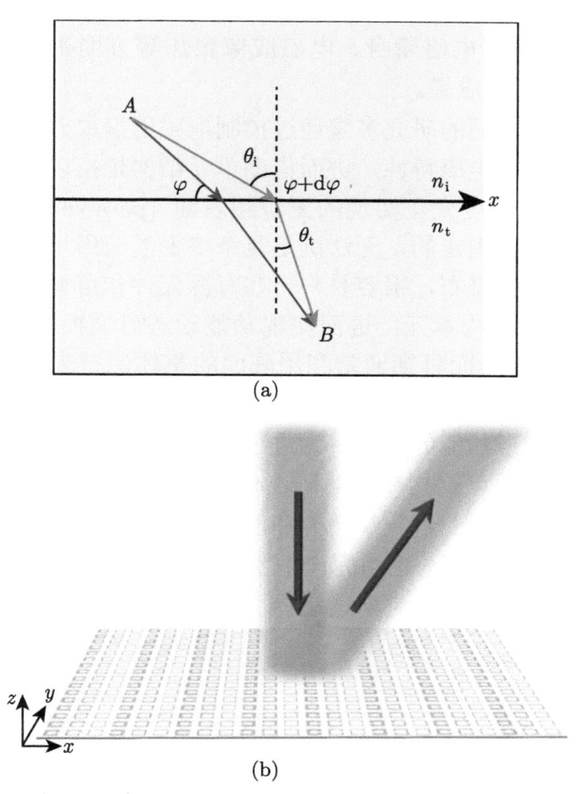

(a)

(b)

图 1.1　广义斯涅耳定律的推导与奇异偏折的验证

(a) 广义斯涅耳定律：相位突变；(b) 超表面实现奇异波束偏折

1.3　超表面研究进展

电磁超表面作为超材料研究的低维延伸和拓展，可看成是具有亚波长厚度的平板超材料。也正因为如此，早期其设计方式大多借鉴三维超材料的理论与方法，通过控制结构的等效媒质参量来实现功能设计，分析与设计均受限 [16,17]。广义斯涅耳定律的提出，引入了利用突变相位来控制电磁波的概念 [18]。该工作使得人们对于超表面的研究方式不再拘泥于电导率与磁导率的调控，而是逐渐转向对电磁波相位、幅度、极化、频率等基本属性的直接调控 [19-29]。此后，大量相关研究不断涌现，超表面的研究也逐渐朝着多相位融合、多功能集成以及多学科交叉的方向发展，其研究范围也从起初的电磁场领域拓展到了诸多其他的物理学领域，所能操纵的功能也愈加丰富，如高效的反射、透射 [30,31]、完美吸波 [32,33] 以及多物理场联合调控 [34,35] 等。总之，二维形式的超表面凭借其低剖面、低损耗、易加工的优势，成为电磁学领域的研究热点，在电磁波异常反射/折射、波束调控、电磁隐身、电磁成像聚焦等方面都有广泛的研究 [36-39]，并取得了丰富的阶段性成果。

早期人们对于超表面的研究多是通过控制电磁谐振单元的结构尺寸或旋转等几何参数来设计调节其电磁特性，进而借助单元结构延拓以实现对电磁波的任意调控。基于单元结构尺度变化实现的无源超表面 (passive metasurface) 一旦设计完成后其功能是相对固定的，无法满足复杂多变的应用场景需求。而超表面采用二维形式的结构单元排布，很容易与一些有源元件和可调材料元素相结合，形成电磁响应可变化的结构单元，进而实现功能动态可调控的有源超表面 (active metasurface)。有源超表面早期通常利用阵面的整体调谐来实现相同或相似的动态功能调控，形成所谓可调超表面 (tunable metasurface)[40-42]，如图 1.2 所示。可调超表面大多只能实现功能的微调，为进一步增加超表面调控的多样性，提出了一种功能调控更灵活的可重构超表面 (reconfigurable metasurface)。随着研究的不断深入，可重构超表面的进一步研究和应用使得有源超表面逐渐向多方式、多功能以及多维度的方向发展，也由此产生了丰富多彩的应用，如可重构阵列天线、可重构隐身地毯以及可重构惠更斯透镜等 [36,43-45]。

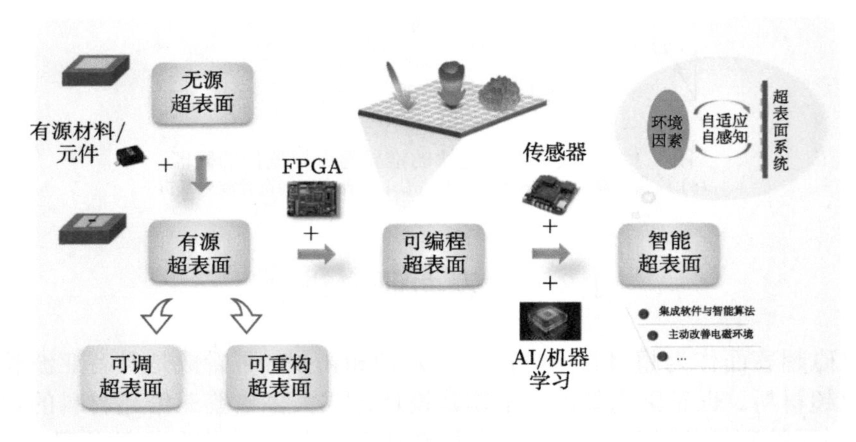

图 1.2　超表面研究发展历程示意简图
FPGA：现场可编程门阵列

2014 年美国宾夕法尼亚大学 N. Engheta 教授等首次提出了数字化超材料的概念 [46]。与此同时，东南大学的崔铁军院士团队提出了数字化、可编程超表面的概念 [47]，将现代计算机系统和通信系统中广泛使用的数字编码概念与超表面的相位特性相结合，以不同的相位特性来模拟数字世界中的基本比特态。例如，利用 0° 和 180° 两种相位来表征 1-比特编码状态的 “0” 和 “1”；2-比特的 “00”、“01”、“10”、“11” 四种编码状态分别对应 0°、90°、180°、270° 四种相位状态；多比特以此类推。这种全数字表征的数字编码超表面为动态电磁波调控提供了新的机制和发展契机。由于这类超表面单元的电磁特性可采用二进制数字形式表征，更有利于与有源调控相结合，因此可通过加载二氧化钒、石墨烯、电可调二极管等有源材料或元件 [41-45,47-49]，构造具有动态电磁响应的基本码元，并进一步与现场可编程门阵列 (field programmable gate array，FPGA) 或单片机控制电路相结合，实现可编程超表面 (programmable metasurface) 设计。相比于电磁响应动态可调控的可重构超表面，可编程超表面将有助于超表面从器件到系统级的方向发展。这一时期内，科研工作者们基于可编程超表面，从时间、空间、频率、极化等不同调控维度进行了全面系统的研究，在全息成像、涡旋波束产生、谐波调制、非互易性器件研究等方面均取得了许多重要的研究成果 [50-56]。

可编程超表面的研究为超表面功能多样性和实现信息处理提供了重要的硬件基础。在此基础上，可编程超表面还可与信号处理算法相集成，用于构造简化架构的新一代无线通信系统及雷达系统，简化现有的通信体制 [55,57-59]。此外，由于数字可编程超表面支持空间域与时间域的联合编码，能够对电磁波谐波分量进行有效控制，因此可应用于新体制通信系统的搭建 [60-62]。作为下一代无线通信技术 5G+/6G 的关键技术储备之一，具有实时动态电磁响应调控能力的智能超表面 (又称可重构智能表面，reconfigurable intelligent surface，RIS) 还可以实现无线通信信道环境的重构，减弱或消除由于材料吸收、传播损耗以及多径效应等环境因素对通信效率的负面影响，可作为墙壁的一部分实现对室内、室外无线信号的智能调控 [63-65]。在这种智能化的超表面体系中，通常需要额外引入传感器以及加载智能算法的微处理器等作为反馈控制模块构成闭环反馈和控制回路，利用传感器实时感知外部环境变化并回传处理器，以此来实现智能电磁调控 (图 1.2)。这种具备自适应编码功能甚至具备机器学习功能的超表面为智能信息超材料的进一步发展以及可认知超材料的实现奠定了基础，将有利于超表面往信息化、智能化的方向发展，在未来 “万物互联” 的智慧都市中有重要的潜在应用。

总而言之，超表面具有不逊于三维超材料的电磁调控能力，兼具低剖面、低损耗、易加工等优势，在近年来的研究中取得了许多具有重要意义的成果，进一步推动了电磁功能器件向小型化、集成化、共形化、数字化与智能化的方向发展。

1.4　超表面应用探索

超表面因具备超薄的厚度、超低的损耗以及易于共形等特点，一经提出即受到国内外学者广泛关注。经过十来年的发展，其调控方式从早期的相位调制，到如今的幅度、极化、频率等其他电磁波固有性质的联合调制，其功能多样性得到了显著提升，在高效率透镜、电磁隐身、天线设计等方面均取得了许多重要的研究成果 [36,43-45]。尤其是近几年，随着现代无线通信与信息技术的飞速发展，诸如 5G 移动通信、无人驾驶、人工智能、智慧城市等新兴技术的发展，高速的信息传输与快速的信息处理成为当下电磁波领域的研究重点和热点。超表面的研究也从实验性验证、单元优化设计、单一学科研究逐渐发展为功能与性能并重、应用与研究结合、多样化与多学科交叉的局面，在物理机理探索不断推进的同时，向器件集成、实际应用延伸。电磁超表面的主要应用方向如图 1.3 所示。本节将围绕超表面的研究历程，从电磁波波束调节和生成、电磁成像、超表面天线、电磁隐身、无线能量收集和传输、信号处理与计算以及无线通信等几个主要方面，着重介绍超表面在电磁波调控领域的重要应用。

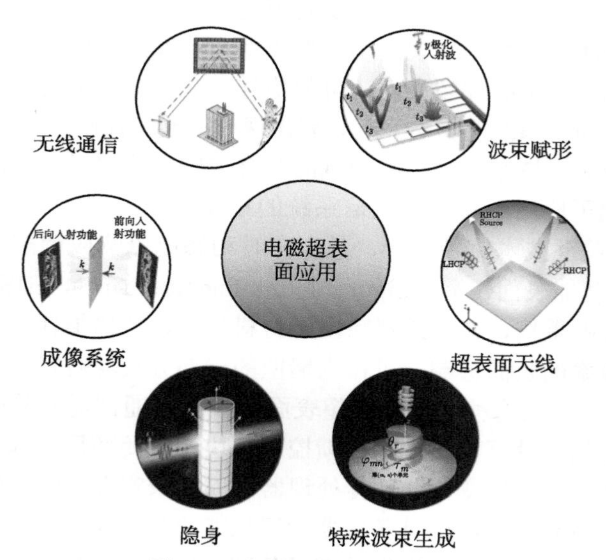

图 1.3　电磁超表面应用探索

LHCP：左旋圆极化；RHCP：右旋圆极化；RHCP Source：右旋圆极化激励源

1.4.1　波束调控与波束赋形

电磁超表面最重要的特性是其能够对电磁波进行任意的空间相位、幅度、极化等调节，形成特定的空间分布，进而实现精准的电磁波波前调控，因此可应用于实现电磁波束调节和生成。目前的研究中，除了大量应用超表面对反射或透射电磁波进行波束偏折、波束生成、波束扫描、波束赋形等控制外，还可利用超表面实现具有特殊性质的复杂波束，例如涡旋波束 (vortex beam)、贝塞尔波束 (Bessel beam)、艾里波束 (Airy beam) 以及矢量波束 (vector beam) 等，这类复杂波束在应用光学中占有重要地位。例如，涡旋波束可以携带具有不同拓扑荷的光学角动量，能应用于有效增加通信信道数量 [66-68]；理想贝塞尔波束的非衍射特性使得其能有效应用于光场探测 [69]、光刻 [70] 和粒子捕获 [71] 等方面；艾里波束的无衍射特性、横向自弯曲加速特性以及自愈合特性更使其在光子弹 [72]、微粒操控 [73]、等离子体 [74] 等领域具有良好的应用潜力；矢量波束 [75] 作为一种偏振态随空间变化的波束，与具有均匀偏振的波束不同，能提供更丰富的调控自由度，在亚衍射极限光聚焦与光镊技术等方面具有重要的应用潜力。然而，由于生成它们的传统器件 (例如螺旋相位板和光调制器等) 一般体积大、重量大且效率低下，不利于集成化、小型化发展。超表面的出现为这些特殊波束的产生提供了新的途径。功能设计过程中只需要人为调整单元的电磁特性，在超表面平面上提供不同的相位或幅度突变，重构反射或透射波的相位和幅度分布，即可实现复杂电磁波前调控。

1.4.2 电磁成像

随着光学成像技术的不断发展，单一透镜已无法满足人们对于成像系统的需求，因而需要通过多种类型的透镜组装来实现更多、更复杂的功能。但是组装系统一般体积大、笨重，且制作工艺复杂，难以满足大规模集成化、小型化、功能多样化的应用要求。在此背景下，具有亚波长厚度的超表面展现出了超强的近场调控能力 [76]。和超材料相比，由于超表面设计简单、易于共形且损耗较低，能在较低剖面上实现近场幅相分布重构，因而在全息成像 [77,78]、高效率透镜 [79,80] 以及偏振控制 [81,82] 等方面具有广泛的研究。从成像原理上来说，超表面电磁成像主要分为光场成像、偏振成像以及相位成像。前两者分别利用电磁波的振幅与偏振态实现成像，主要应用于微纳器件设计，例如偏振无关的可见光集成成像 [83] 和分割焦平面的偏振成像 [81] 等。在微波频段，则主要利用相位成像原理来实现电磁透镜、全息成像等相关应用。而根据相位调制方式的不同，又分为几何相位 [84]、传播相位 [85] 以及几何相位与传播相位的联合调控成像 [86] 等。总之，电磁超表面的发展为超薄、高效聚焦透镜及更为复杂的全息成像的实现提供了新的发展机遇。它因具有特有的超薄厚度和平面结构，不仅适用于系统及设备的集成化设计，而且在太赫兹、毫米波、微波频段均具有广泛的应用。

1.4.3 超表面天线

作为射频系统前端的重要组成部分，天线可以实现空间波和导行波的相互转换，在雷达探测、无线通信等领域起着极其重要的作用。电磁超表面作为一种新兴的技术领域，由于具有强大的电磁调控能力，随着研究的日益深入，其在天线设计上的独特优势与潜在价值也逐渐显现。超表面电磁波调制技术与传统天线技术相结合的设计方式，能为突破和解决传统天线所遇到的一些瓶颈问题提供新的设计思路和解决方案。事实上，根据超表面与天线结合方式的不同，存在多种分类方式。为简化表述以及方便读者理解，本书将有超表面参与设计的天线统称为超表面天线。

图 1.4 主要归纳了超表面与天线技术的融合方式及其带来的天线性能的改善。根据融合方式的不同，可概括为三大类：①类似于传统的透/反射阵天线，超表面本身作为天线的反射和透射面，其每个单元可视为天线的阵元，它们接收来自发射源 (馈源) 的能量，通过自身结构响应将能量以透射/反射波的形式辐射或散射到自由空间中，形成电磁波前调控，如异常反射/折射波束 [87,88]、动态波束扫描 [23,54]、近场能量聚焦 [89,90] 等；②超表面作为辅助器件增强天线的性能，如超表面可作为天线辐射体的覆盖层、基板或透镜等，以达到提升天线增益 [91,92]、降低天线剖面 [93]、扩展带宽 [94] 以及减小互耦 [95] 等目的；③超表面直接用作天线的辐射口径，辅以其他电磁调控功能，实现功能新颖的超表面天线，例如低散射天线 [96]、频率扫描天线 [97] 等。

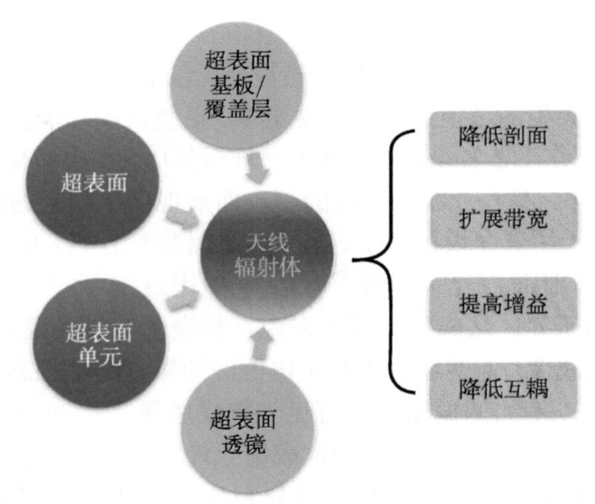

图 1.4　超表面与天线技术融合的不同方式及带来的天线性能的改善

超表面与天线的结合不仅可以为天线带来增益、带宽、剖面等性能上的提升，还有利于天线向小型化、集成化发展，例如基于超表面设计的低剖面圆极化天线 [98]、多输入多输出 (multiple input multiple output，MIMO) 天线 [99] 等，可满足现代无线通信发展对移动终端天线设备的需求。另外，随着 5G 商用网络的普及，毫米波段的无线通信将成为 5G 通信的关键技术之一。因此，毫米波超表面天线的研究也越来越受到研究人员的关注。例如，利用超表面覆层分别实现带宽展宽和增益提升的毫米

波超表面天线 [100]，以及工作于毫米波双频段的本征模超表面贴片天线 [101] 等。

1.4.4 电磁隐身

电磁隐身技术的目的在于减小目标的雷达散射截面积 (radar cross section, RCS)，降低目标被探测、发现和跟踪的概率，增强目标在复杂电磁环境下的生存能力。近年来，超表面的发展更为实现目标 RCS 缩减提供了新思路，其实现方式主要有：①吸收入射电磁波能量，减小目标对电磁波的散射；②将入射电磁波能量散射到特定方向，降低雷达探测方向上的回波能量；③对入射电磁波进行相位补偿，实现散射模式重塑，使目标表面具有和周围环境相同的散射，以达到迷惑探测器的目的；④利用变换光学 (transformation optics) 等原理设计特定的超表面结构，利用绕射或散射相消等方式实现隐身。总之，超表面的出现，丰富和拓展了电磁波散射模式下的调控手段，实现了诸如完美吸波 [102-104]、随机散射 [105,106]、隐身与幻觉装置 [9,107,108] 等丰富的电磁应用，在遥感、雷达探测以及国防工业的多个领域展现出重要的应用价值。

1.4.5 无线能量收集和传输

近年来，在物联网、移动通信和新能源汽车等新兴技术的推动下，智能电子和电气设备数量激增，作为器件和设备的供电方式，无线能量收集与传输 (wireless energy harvesting and transmission) 技术的开发显得日益重要 [109]。当前无线能量传输主要概括为三类：依靠磁感应现象实现的近距无线能量传输，依靠电磁谐振耦合实现的近中距无线能量传输，以及依靠高方向性微波、激光波束等实现的中远距无线能量传输 [110]。相对来说，基于非辐射式的近距或近中距无线能量传输作用距离短，通常在厘米–米量级，但传输效率高，目前已有成熟的商业产品和国际标准；而基于辐射方式实现的中远距无线能量传输则由于电磁波传播损耗等因素，传输效率较低，目前尚处于研究阶段。超表面的提出为实现无线能量收集与传输新体系提供了设计思路，由于其高效的电磁调控能力，同时兼具超薄、小型化、易共形等优势，可作为发射或接收阵列等替代传统的能量收发模块，应用于无线能量传输与收集系统中，例如磁耦合系统 [111]、医疗可植入设备 [112] 以及整流天线 [113] 等。基于电磁超表面实现的无线能量传输与收集的新理论和新技术，将有助于建立适用于多种复杂环境下的新型无线传能、环境能量收集系统，为小型便携式设备、无线传感器网络等提供新的能量供给来源。

1.4.6 信号处理与计算

超表面由于具有自然界所不具备的奇异电磁特性，能对入射电磁波的振幅、相位、偏振进行任意调控，同时还可以实现特定的色散调控，近年来也被广泛应用于信号处理和计算。用于信号处理和计算的超表面能以高速、高通量、低能耗方式实现一些特殊的计算任务，为模拟计算开辟了新的研究方向，例如进行空间积分、导数计算、卷积计算 [114]、Hilbert 变换 [115] 等。虽然已有一些机械、电子或混合模拟计算机系统可以实现简单的数学运算，但这些计算系统体积较大，而超表面的参与将有助于实现全波模拟计算系统的小型化。目前，电磁计算超表面已可以实现特定的数学运算 [114]、深度学习 [116]、量子纠缠 [117]、图像边界处理 [118] 等工作。

1.4.7　无线通信

随着现代无线通信技术的飞速发展，空间电磁环境日益复杂，人们对于通信速率、容量和质量的要求也日益提高，能实现灵活电磁响应调控的功能器件一直是该领域研究的热点。数字可编程超表面概念的提出为信息超材料功能多样性提供了硬件基础。可编程的相位、幅度、极化等编码形式迅速催生了一系列实时可调的电磁应用，大量基于可编程超表面的通信应用研究也相继被提出，包括智能表面技术与新型无线通信系统等，为新体制无线通信系统的发展开拓了方向。

智能超表面以可编程的方式对空间中的电磁波进行主动的自适应调控，可用于通信环境中的信号补盲、边缘地区信号增强等，如图 1.5(a) 和 (b) 所示。可重构智能表面 (RIS) 技术由可编程超表面发展而来，具有电磁特性实时可编程的特点，可以主动地根据环境智能地重构接收机、发射机之间的无线传播信道环境。当信号基站与用户之间被障碍物阻隔时，智能表面可以根据环境需求，通过调节散射波束角度，将基站的信号传递到用户处，重构基站与用户之间的传输信道 (图 1.5(a))。对于同时遭受来自其服务基站的高信号衰减和来自相邻基站的严重同信道干扰的小区边缘用户，通过在小区边缘部署智能表面，并适当调节其散射波束，可以在提高期望信号强度的同时抑制干扰信号 [119,120](图 1.5(b))。在近两年涌现的 RIS 原理性研究中，基于 RIS 的散射场增强 [121]、毫米波波束的实时调控 [122]、MIMO 实时传输 [123] 等都得到了实验验证。总之，RIS 的部署可以有效提高无线网络的吞吐量，改善信号覆盖性能，有望成为未来无线通信的核心技术之一。

此外，超表面还可与信号处理算法相结合，用于构建新型无线通信系统，直接作为信号发射机对入射电磁波进行调制。在传统无线通信系统中，调制过程是利用基带信号去控制载波信号的某个或几个参数，如幅度、相位、频率等，解调则是调制的反过程。调制后载波信号已携带有原始信息，经过射频模块进行频率变换到高频后便可以通过天线发射完成信息传输。由于超表面本身能提供实时的电磁波幅度、相位、频率等的调制，因此可利用其替代传统的射频与天线模块，构建全新的发射机架构。如图 1.5(c) 所示，在该架构中，传统发射机所需的射频与天线模块被超表面所代替，整个发射机只由信号源、馈源与超表面组成。系统构建过程中，须先将传输信息编码为二进制数据流，并将其映射为超表面单元的编码序列，利用 FPGA 生成相应的控制信号并加载至超表面。当单频载波入射时，其出射波即为携带信息的已调制波 [124-127]。在接收端，使用通用软件无线电外设 (universal software radio peripheral，USRP) 作为接收机，对已调制波进行接收与解调即可实现无线通信。目前已有大量实验工作证明，可编程超表面的引入大大简化了通信发射机架构，极大地拓展了电磁超表面的应用范围，将有助于推动超表面在未来新体制无线通信、保密通信及雷达探测等方面的潜在应用。

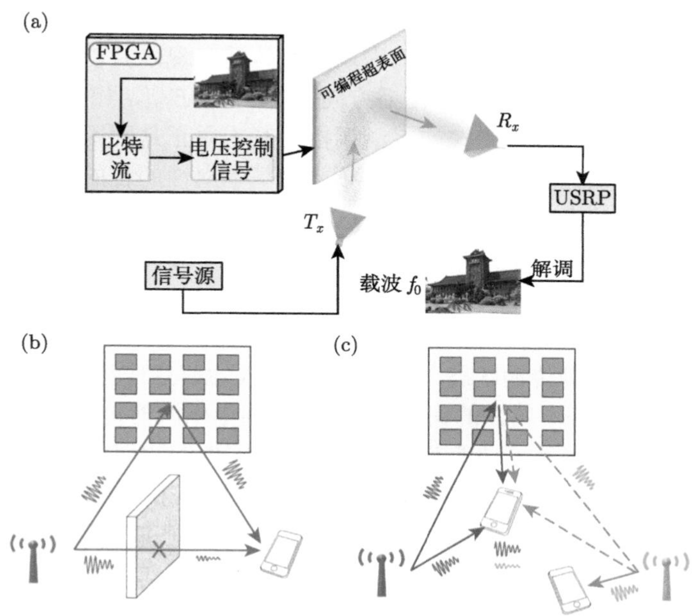

图 1.5 智能反射表面应用场景示意图
(a) 信号穿墙补盲；(b) 用户选择；(c) 超表面直接调制无线通信系统示意图

1.5 多功能超表面概述

相比于传统的电磁超材料，超表面的厚度远小于工作波长，大大缩减了电磁器件的厚度，更有利于实现器件小型化、平面化、多样化设计，丰富和拓展了人们对电磁波调控的手段和方法，对整个电磁波领域的研究发展起到了推动作用，从而成为电磁波及其相关交叉学科的研究重点和热点 [128-134]。早期的超表面设计往往针对电磁波一种或几种有限的性质进行调控，所设计的超表面仍存在功能单一、灵活性差、无法满足多应用场景的设计需求等问题，影响了超表面的可应用性。多功能超表面 (multi-functional metasurface) 的提出极大地满足了现代通信系统所提出的小型化、集成化、高速化的发展要求，有利于提高通信信道的传输效率和传输容量，因此一经提出即引起广泛关注 [135-137]。

为更好地阐述功能集成的概念与多功能设计方式，本节将从电磁波的基本属性及传输状态出发，介绍常见多功能超表面的设计方法，并对不同方法的典型设计案例进行概述。而不同设计方法的详细物理机理、设计流程及相关应用等将会在后续章节中结合具体设计实例，逐步详细、深入地展开。

1.5.1　电磁波的基本属性与传输状态

英国物理学家麦克斯韦 (J. C. Maxwell) 于 1864 年建立了著名的电磁场麦克斯韦方程组，表明电磁波可由电、磁场振荡传播实现，并以波动的形式传播能量和动量 [138]，波长 λ(频率 f)、传播方向 $\boldsymbol{k}$、幅度 $|E_{\mathrm{m}}|$、相位 φ 等都是电磁波的基本属性。而超表面对电磁波的灵活调控，其本质正是利用单元结构与电磁波的相互作用，达到调控其相位、幅度、频率等基本属性的目的，进而结合空间结构排布，实现复杂的电磁波空间调控。这就要求在进行单元结构设计时，要从电磁波的基本性质出发，分析结构单元对电磁波极化、方向、频率、幅相等基本属性的调控需要，有针对性地进行单元构建。而若在设计过程中，考虑对电磁波的一种或多种基本属性进行复用设计，与此同时兼顾结构单元对电磁波在透射、反射、散射、吸收等多种传输状态上调控的差异性，就有可能实现多功能设计。总之，立足于对电磁波基本属性的调控 [139]，并兼顾电磁波的传输状态，是多功能超表面设计的出发点，也是多功能超表面设计得以实现的物理基础，如图 1.6 所示。目前常用的多功能设计方式主要有极化复用 [140-145]、方向复用 [146-152]、频率复用 [107,108,142,153-160] 以及可重构设计 [159,161-166] 等，并在波束赋形、聚焦成像、电磁吸收与隐身以及表面波调控等方面均开展了广泛的研究。

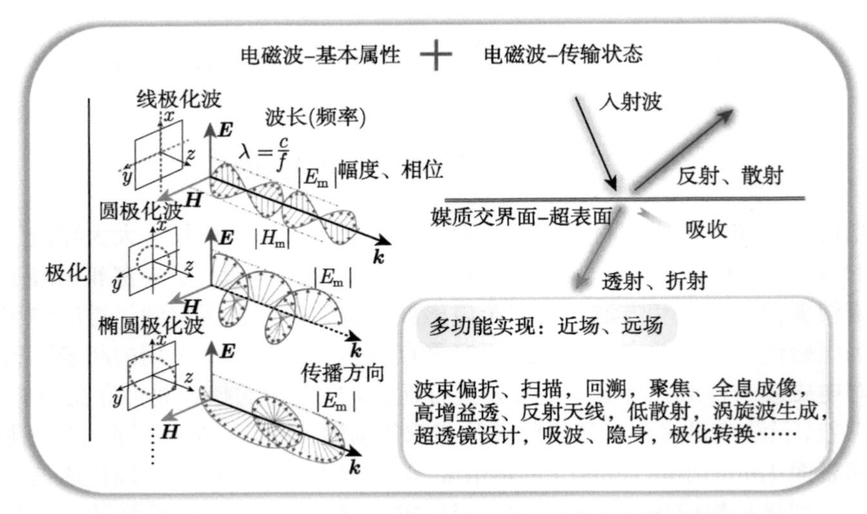

图 1.6　多功能超表面设计出发点：电磁波的基本属性及传输状态

1.5.2 多功能超表面设计方法与应用

事实上，无论哪种“多功能超表面”设计方案，都是从电磁波基本属性出发，从调控电磁波传输状态的角度去设计相应的结构单元。常见的多功能超表面单元设计方案如图 1.7 所示。本节主要从电磁波复用的角度来概述几种典型的多功能单元的构建方式与应用。

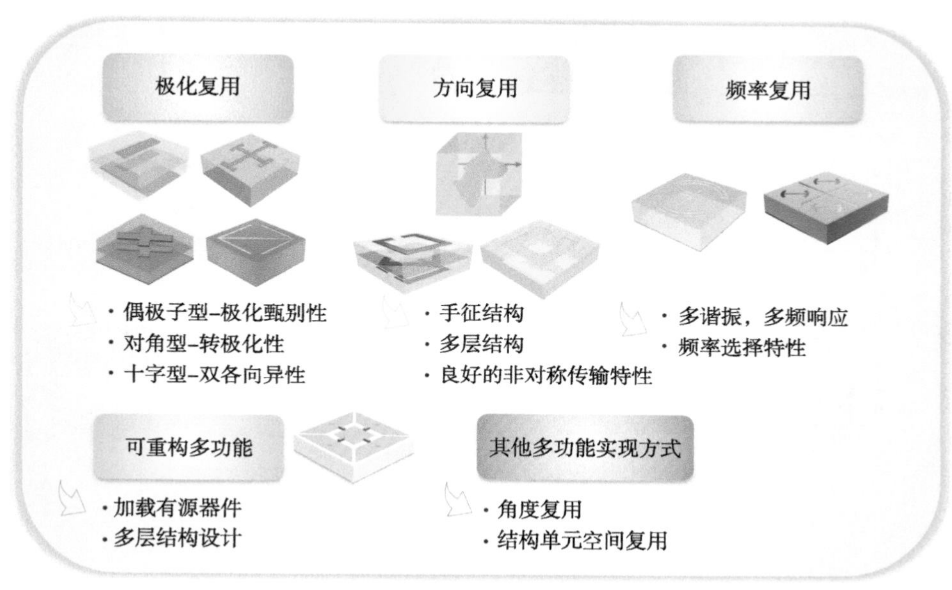

图 1.7 多功能超表面不同设计方案的结构单元主要特征

所谓极化复用即利用极化状态来进行功能设计，通过在不同极化通道下集成独立的电磁功能以期增加超表面的信息传输通道，并提高其功能利用效率。如图 1.7 所示，常见的极化复用超表面单元有偶极子型、对角型、十字型金属介质结构等。它们能针对不同极化或旋向的入射与出射电磁波进行功能调控，如短截线形的偶极子型金属结构，因其良好的极化甄别性能而被广泛用于实现极化选择；对角结构单元则因其旋转对称性，常用于转极化超表面设计；常见的十字型更因其独特的双各向异性特性，可广泛应用于双极化电磁波调制。电磁波调控过程中，以线极化为例 [141]，通过引入极化栅等结构，可以很好地对正交的 x 极化或 y 极化电磁波进行选择，实现两种极化波的高效反射或透射。在此基础上，若进一步结合相位调控，就可以实现特定极化状态下的电磁调控。如图 1.8 所示，正是利用极化栅结构的高极化选择性，实现了两个极化通道的功能集成：在 x 极化状态下实现高增益透射波束，在 y 极化状态下实现 RCS 缩减。同样地，在针对圆极化波的设计中，也可以通过引入具有高效转极化特性和宽带相位可调特性的结构单元，在不同旋向圆极化入射波情况下，实现具有不同模式数的反射涡旋波束 [142]。

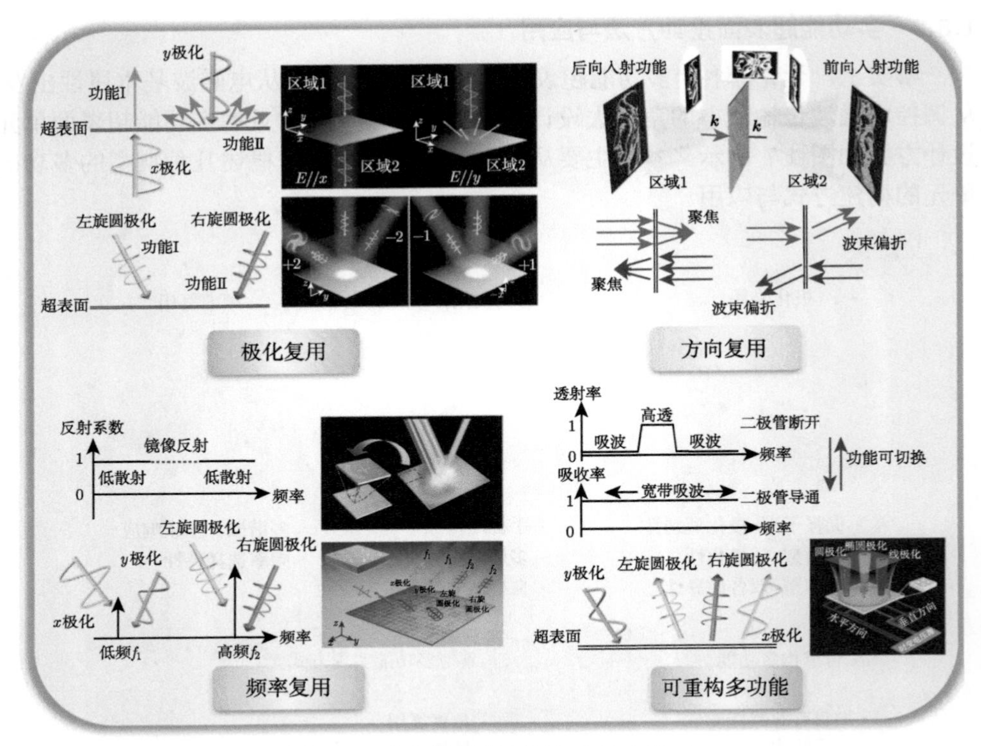

图 1.8　多功能超表面设计方法和实例

方向复用则是从电磁波传播方向这一基本属性出发，通过设计对电磁波入射/出射方向具有依赖性的超表面来实现多功能设计。方向复用超表面多采用具有手征特性的结构单元实现。当电磁波从前向或后向入射时，超表面呈现独立、差异化的电磁响应，由此针对不同方向来波进行独立功能设计，比如可以在两种入射情况下实现类似希腊双面神不同面孔的全息像等 [148](图 1.8 右上部分)。

频率复用即利用电磁波的频率特征来作为功能调控的手段。在单元设计过程中引入多模谐振或频率选择特性 (色散调控) 等，使超表面在不同频点或连续频段内实现不同的功能，以实现在频率维度上的调节与复用。在利用频率复用超表面进行多功能设计中，常采用多种金属谐振结构嵌套，或幅相特性灵活可调的单层/多层结构单元。前者可以同时引入多个谐振频率，后者则可以灵活地对电磁波的幅–频、相–频特性进行色散调控。如图 1.8 所示 (左下部分)，利用 0、1 两种单元在空间上的特定排布，并结合相–频特性色散调控，可实现宽带 RCS 缩减功能与窄带内镜面反射窗口相结合的频率选择性多功能超表面设计 [153]。此外，利用多谐振复合单元，还可对两个不同频段的电磁响应进行独立设计。设计中，为增加其功能多样性，在低频段针对 x 极化和 y 极化入射的电磁波分别实现波束定向、电磁波散射的功能，而在高频段则针对两种具有不同旋向的圆极化电磁波分别实现涡旋波生成、波束定向散射的功能，最终实现了双频四通道独立波前调控的多功能超表面设计 [154]。

在超表面不断研究与发展的过程中，还有许多其他功能复用设计方式，如角度复用、轨道角动量复用，以及极化–角度 [167,169]、频率–角度 [168]、频率–空间等多维度联合复用 [154,170-172] 等。这些不同的复用方式增加了超表面设计的自由度，为实现多信道传输提供了可能性。此外，还有一类实现多功能器件的方式是采用主动型、可重构超构表面。在前述介绍中，超表面设计主要通过调节单元上所形成的金属结构尺寸来改变单元的电磁谐振特性从而引入相位突变。通过精细的拓扑结构设计，获取任意的等效电磁参数组合或散射场的任意幅度和相位组合，进而实现电磁功能调控 [37]。虽然这种设计方式极大地拓宽了电磁材料的电磁响应范围，但也存在一些问题，如结构单元一旦确定，其等效电磁参数也随之固定，超表面将只能形成固定的电磁响应，满足特定的应用需求。在此背景下，可调控、可重构、数字化的超表面应运而生，这种超表面在维持无源超表面工作性能的基础上，可以根据需要或者外部环境的变化，通过改变自身电磁参数，动态调节电磁响应，以达到不同电磁调控的目的，在可调吸波器 [173-175]、高分辨率成像、无线通信以及信息感知等许多领域具有良好的应用前景。

1.6 可重构超表面概述

相比于传统无源超表面 [176]，可重构超表面能够提供动态的电磁响应调控，更有利于实现多维度与多功能的集成化设计。早期的有源超表面研究中，人们大多关注超表面的整体性能，其功能的切换主要依赖于阵面各单元的整体调控。虽然能够在一定程度上提供可变化/可切换的电磁性能或功能，但其在调控维度以及调控手段上仍受到很大的限制。在环境复杂化、功能多样化的需求下，为增加超表面功能调控的多样性，可重构超表面的调控形式不再拘泥于整体阵面单元的同时调控，而是逐渐向着逐列或逐行控制，甚至逐个单元控制的方向发展。毫无疑问，单元独立可调控的超表面能够提供更为丰富的调控形式与功能切换方案。伴随着机械、电子、半导体等领域技术的快速发展，实现可重构超表面的手段也越来越多，液晶 [177-179]、石墨烯 [180-182]、二氧化钒 [183-187]、二极管 [188-190] 以及其他可调谐材料或器件 [42,49,191-194] 等都可作为有源调控的手段。超表面研究过程中，将这些有源组件与结构单元设计相结合，通过电、光、温度、机械形变等外部激励来改变组件的电磁参数即可实现功能的可重构。由此衍生出了可重构超表面的常见分类。根据加载有源组件的差异，常见的实现方式可分为两类：基于可调材料与基于可调元件。而根据调控手段的不同，可重构超表面又可分为电控超表面、光控超表面、温控超表面、磁控超表面以及机械控超表面等，如图 1.9 所示。值得注意的是，针对特定的有源组件，其调控的手段也可能是多样的。例如，石墨烯作为一种典型的二维材料，在调控过程中既可以采用电调控又可以采用光调控 [192,195]；而对于液晶来说，尽管能够通过电压变化实现电磁响应的调控，但其本质上是通过改变材料的低频电场特性来实现材料高频/光学电磁特性调控，所以可称之为电–光可调超表面。

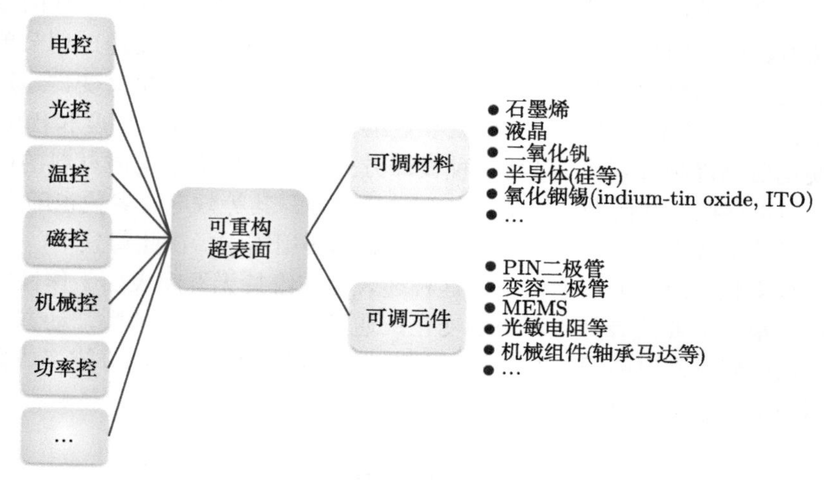

图 1.9　可重构超表面调控与常用实现方式

超表面研究的核心之一是结构单元的设计，而结构单元的电磁特性又极度依赖于其物理结构。因此，实现可重构最简单、最直观的方式即利用物理结构的形变，通过拉伸、旋转、弯折等机械形变来改变整个器件、材料或单元的构造 [196,197]，或者加载微机电系统 (micro-electro-mechanical-system，MEMS) 以及利用微流体等技术 [193,198] 来实现动态的电磁响应调控。通常而言，这种机械的调控方式虽然简单有效、调制范围较大，但其调制速度与调控准确度均受限。为实现较快的调制速率，在微波频段，常采用 PIN(positive-intrinsic-negative) 二极管、变容二极管等有源元件 [62,199] 来实现可重构超表面设计，通过外部电流/电压的变化来控制二极管的状态，进而实现动态可调的功能。而在更高频段，如太赫兹、红外及可见光波段，没有成熟的商用二极管等元件可以使用，因此多采用石墨烯、液晶、二氧化钒、氧化铟锡、二氧化硅等材料作为有源组件实现设计 [200-202]。总而言之，可重构超表面的研究极大地扩充了无源超表面的功能性，可以在不同的应用场合按照需求来动态调节和切换，但其性能往往也会受到可调器件或材料等的限制。如何增大调控范围、提高调制速率、降低结构复杂度及损耗、增加工作带宽等都是有源超表面研究未来亟待解决的问题，这也是研究工作者们一直以来所探索的方向。

1.7 本章小结

回顾电磁超材料的发展历程，从早期体积大且笨重的三维结构，到如今仅由单层结构即可实现丰富电磁功能调控的超表面，其功能多样性得到了显著提升，并衍生了超透镜 (metalen)、超镜面 (metamirror)、超表面天线 (metantenna) 和超光栅 (metagrating) 等新概念，从理论分析到调控方式均取得了长足的进步。关于超材料的研究视角也已经从早期所关注的负折射率实现，拓展到了微波、太赫兹、红外、可见光波等各频段电磁波的灵活调控，以及光电信息处理、无线通信等重要应用领域相关的电磁功能器件设计上，应用前景得到了极大的扩展，并逐步走向数字化、智能化 [203]。无论是面对物理特性的深入探究、功能器件的设计和发展，还是针对实际应用需求解决关键技术问题，都不断对超表面发展提出了更高的要求。

作为超表面设计的重要组成部分，多功能超表面和可重构超表面吸引了越来越多科研工作者的关注。多功能、可重构超表面也因其极具吸引力的潜在应用前景而被寄予了厚望。但目前少有对微波频段多功能超表面和可重构超表面设计进行系统、全面阐述的专业书籍。因此，本书以此为主题与撰写动机，着重介绍多功能超表面和可重构超表面的一般设计方法，从物理机理、设计流程、典型设计案例、重要应用等方面进行全方位的梳理和体系化的介绍。

1.8 本书安排

第 1 章主要简单介绍超材料及超表面的背景、广义斯涅耳律的提出、主要发展历程等，并对多功能超表面和可重构超表面的概念和设计方法等进行简要介绍。

第 2~4 章从电磁波幅度、相位、极化、方向等基本属性以及传输状态 (透射、反射等) 调控的角度出发，对多功能超表面的设计方法和实现方案进行详细阐述。第 2 章详细介绍极化复用超表面的实现，包括线极化复用、圆极化复用、极化转换以及幅、相调控等超表面的设计方法，及其在电磁波调控上的应用；第 3 章详细介绍方向复用超表面，包括基于手性结构的电磁波单向传播调控、双向非对称传输调控，双面超表面 (Janus metasurface) 的设计及其在聚焦、成像等方面的应用；第 4 章结合超表面对电磁波幅度 (能量)、频谱的调控，围绕超表面 Salisbury 屏、频率选择超表面等设计，对多功能超表面的频率复用设计方法展开详细介绍。

第 5~7 章着重介绍可重构超表面。第 5 章介绍能动态吸收电磁波的可重构超表面设计，包括吸波状态切换、吸波频率和吸收强度可调的基本实现方法；第 6 章讨论了可重构超表面对电磁波透、反射调控的一般设计方法，远、近场调控的实现及与极化、空间复用相结合的可重构多功能超表面设计方案，最后对时空

超表面 (spatiotemporal metasurface) 以及可共形低散射超表面进行了介绍；第 7 章着重介绍机械可重构超表面，重点对旋转、折叠等方式的机械形变可重构超表面的实现和设计方法进行了介绍，并给出了基于机械可重构超表面实现电磁波动态聚焦、动态回溯功能的两个设计案例。

第 8 章介绍了超表面在无线通信领域中的应用探索；第 9 章对多功能和可重构超表面的发展进行总结，展望超表面的后续发展、研究方向和应用前景。

参 考 文 献

[1] Veselago V G. The electrodynamics of substances with simultaneously negative values of ε and μ. Soviet Physics Uspekhi, 1968, 10(4): 509-514.

[2] Pendry J B, Holden A, Stewart W, et al. Extremely low frequency plasmons in metallic mesostructures. Physical Review Letters, 1996, 76(25): 4773-4776.

[3] Pendry J B, Holden A J, Robbins D J, et al. Magnetism from conductors and enhanced nonlinear phenomena. IEEE Transactions on Microwave Theory and Techniques, 1999, 47(11): 2075-2084.

[4] Smith D R, Padilla W J, Vier D, et al. Composite medium with simultaneously negative permeability and permittivity. Physical Review Letters, 2000, 84(18): 4184-4187.

[5] Shelby R A, Smith D R, Schultz S. Experimental verification of a negative index of refraction. Science, 2001, 292(5514): 77-79.

[6] Gömöry F, Solovyov M, Šouc J, et al. Experimental realization of a magnetic cloak. Science, 2012, 335(6075): 1466-1468.

[7] Schurig D, Mock J, Justice B J, et al. Metamaterial electromagnetic cloak at microwave frequencies. Science, 2006, 314(5801): 977-980.

[8] Chen H, Wu B, Zhang B, et al. Electromagnetic wave interactions with a metamaterial cloak. Physical Review Letters, 2007, 99(6): 063903.

[9] Ni X, Wong Z J, Mrejen M, et al. An ultrathin invisibility skin cloak for visible light. Science, 2015, 349(6254): 1310-1314.

[10] Pendry J B. Negative refraction makes a perfect lens. Physical Review Letters, 2000, 85(18): 3966-3969.

[11] Fang N, Lee H, Sun C, et al. Sub-diffraction-limited optical imaging with a silver superlens. Science, 2005, 308(5721): 534-537.

[12] Kundtz N, Smith D R. Extreme-angle broadband metamaterial lens. Nature Materials, 2010, 9(2): 129-132.

[13] Landy N I, Sajuyigbe S, Mock J J, et al. Perfect metamaterial absorber. Physical Review Letters, 2008, 100(20): 207402.

[14] Liu X, Starr T, Starr A F, et al. Infrared spatial and frequency selective metamaterial with near-unity absorbance. Physical Review Letters, 2010, 104(20): 207403.

[15] Landy N, Bingham C, Tyler T, et al. Design, theory, and measurement of a polarization-insensitive absorber for terahertz imaging. Physical Review B, 2009, 79(12): 125104.

[16] Pendry J, Martin-Moreno L, Garcia-Vidal F. Mimicking surface plasmons with structured surfaces. Science, 2004, 305(5685): 847-848.

[17] Holloway C L, Dienstfrey A, Kuester E F, et al. A discussion on the interpretation and characterization of metafilms/metasurfaces: the two-dimensional equivalent of metamaterials. Metamaterials, 2009, 3(2): 100-112.

[18] Yu N, Genevet P, Kats M A, et al. Light propagation with phase discontinuities: generalized laws of reflection and refraction. Science, 2011, 334(6054): 333-337.

[19] Zheng G, Muhlenbernd H, Kenney M, et al. Metasurface holograms reaching 80% efficiency. Nature Nanotechnology, 2015, 10(4): 308-312.

[20] Yue F, Zhang C, Zang X F, et al. High-resolution grayscale image hidden in a laser beam. Light: Science & Applications, 2018, 7: 17129.

[21] Iqbal S, Rajabalipanah H, Zhang L, et al. Frequency-multiplexed pure-phase microwave meta-holograms using bi-spectral 2-bit coding metasurfaces. Nanophotonics, 2020, 9(3): 703-714.

[22] Gao X, Yang Y W, Ma H, et al. A reconfigurable broadband polarization converter based on an active metasurface. IEEE Transactions on Antennas and Propagation, 2018, 66(11): 6086-6095.

[23] Chen K, Zhang N, Ding G, et al. Active anisotropic coding metasurface with independent real-time reconfigurability for dual polarized waves. Advanced Materials Technologies, 2020, 5(2): 1900930.

[24] Ding G, Chen K, Qian G, et al. Independent energy allocation of dual-helical multibeams with spin-selective transmissive metasurface. Advanced Optical Materials, 2020, 8(16): 2000342.

[25] Perruisseau-Carrier J. Dual-polarized and polarization-flexible reflective cells with dynamic phase control. IEEE Transactions on Antennas and Propagation, 2010, 58(5): 1494-1502.

[26] Yang J, Huang C, Wu X, et al. Dual-wavelength carpet cloak using ultrathin metasurface. Advanced Optical Materials, 2018, 6(14): 1800073.

[27] Sima B, Chen K, Luo X, et al. Combining frequency-selective scattering and specular reflection through phase-dispersion tailoring of a metasurface. Physical Review Applied, 2018, 10(6): 064043.

[28] Yan L, Zhu W, Karim M F, et al. Arbitrary and independent polarization control in situ via a single metasurface. Advanced Optical Materials, 2018, 6(21): 1800728.

[29] Chen H T, Taylor A J, Yu N. A review of metasurfaces: physics and applications. Reports on Progress in Physics, 2016, 79(7): 076401.

[30] Sun S, Yang K Y, Wang C M, et al. High-efficiency broadband anomalous reflection by gradient meta-surfaces. Nano Letters, 2012, 12(12): 6223-6229.

[31] Pfeiffer C, Grbic A. Metamaterial Huygens' surfaces: tailoring wave fronts with reflectionless sheets. Physical Review Letters, 2013, 110(19): 197401.

[32] Liu N, Mesch M, Weiss T, et al. Infrared perfect absorber and its application as plasmonic sensor. Nano Letters, 2010, 10(7): 2342-2348.

[33] Li W, Valentine J. Metamaterial perfect absorber based hot electron photodetection. Nano Letters, 2014, 14(6): 3510-3514.

[34] Bai G D, Ma Q, Cao W K, et al. Manipulation of electromagnetic and acoustic wave behaviors via shared digital coding metallic metasurfaces. Advanced Intelligent Systems, 2019, 1(5): 1900038.

[35] Zhang C, Cao W K, Yang J, et al. Multiphysical digital coding metamaterials for independent control of broadband electromagnetic and acoustic waves with a large variety of functions. ACS Applied Materials & Interfaces, 2019, 11(18): 17050-17055.

[36] Chen K, Feng Y, Monticone F, et al. A reconfigurable active Huygens' metalens. Advanced Materials, 2017, 29(17): 1606422.

[37] Chen M, Kim M, Wong A M H, et al. Huygens' metasurfaces from microwaves to optics: a review. Nanophotonics, 2018, 7(6): 1207-1231.

[38] Li Z, Yu S, Zheng G. Advances in exploiting the degrees of freedom in nanostructured metasurface design: from 1 to 3 to more. Nanophotonics, 2020, 9(12): 3699-3731.

[39] Alù A. Mantle cloak: invisibility induced by a surface. Physical Review B, 2009, 80(24): 245115.

[40] Shrekenhamer D, Chen W C, Padilla W J. Liquid crystal tunable metamaterial absorber. Physical Review Letters, 2013, 110(17): 177403.

[41] Miao Z, Wu Q, Li X, et al. Widely tunable terahertz phase modulation with gate-controlled graphene metasurfaces. Physical Review X, 2015, 5(4): 041027.

[42] Cui T, Bai B, Sun H B. Tunable metasurfaces based on active materials. Advanced Functional Materials, 2019, 29(10): 1806692.

[43] Nemati A, Wang Q, Hong M, et al. Tunable and reconfigurable metasurfaces and metadevices. Opto-Electronic Advances, 2018, 1(5): 18000901-18000925.

[44] Yang H, Yang F, Cao X, et al. A 1600-element dual-frequency electronically reconfigurable reflectarray at X/Ku-band. IEEE Transactions on Antennas and Propagation, 2017, 65(6): 3024-3032.

[45] Huang C, Yang J, Wu X, et al. Reconfigurable metasurface cloak for dynamical electromagnetic illusions. ACS Photonics, 2017, 5(5): 1718-1725.

[46] Della Giovampaola C, Engheta N. Digital metamaterials. Nature Materials, 2014, 13(12): 1115-1121.

[47] Cui T J, Qi M Q, Wan X, et al. Coding metamaterials, digital metamaterials and programmable metamaterials. Light: Science & Applications, 2014, 3: 218.

[48] Zeng B, Huang Z, Singh A, et al. Hybrid graphene metasurfaces for high-speed mid-infrared light modulation and single-pixel imaging. Light: Science & Applications, 2018, 7: 51.

[49] Wang Q, Rogers E T F, Gholipour B, et al. Optically reconfigurable metasurfaces and photonic devices based on phase change materials. Nature Photonics, 2015, 10: 60-65.

[50] Abadal S, Cui T J, Low T, et al. Programmable metamaterials for software-defined electromagnetic control: circuits, systems, and architectures. IEEE Journal on Emerging and Selected Topics in Circuits and Systems, 2020, 10(1): 6-19.

[51] Ma Q, Bai G D, Jing H B, et al. Smart metasurface with self-adaptively reprogrammable functions. Light: Science & Applications, 2019, 8: 98.

[52] Shan T, Pan X, Li M, et al. Coding programmable metasurfaces based on deep learning techniques. IEEE Journal on Emerging and Selected Topics in Circuits and Systems, 2020, 10(1): 114-125.

[53] Shuang Y, Zhao H, Ji W, et al. Programmable high-order OAM-carrying beams for direct-modulation wireless communications. IEEE Journal on Emerging and Selected Topics in Circuits and Systems, 2020, 10(1): 29-37.

[54] Zhang N, Chen K, Zheng Y, et al. Programmable coding metasurface for dual-band independent real-time beam control. IEEE Journal on Emerging and Selected Topics in Circuits and Systems, 2020, 10(1): 20-28.

[55] Zhao J, Yang X, Dai J Y, et al. Programmable time-domain digital-coding metasurface for non-linear harmonic manipulation and new wireless communication systems. National Science Review, 2019, 6(2): 231-238.

[56] Fu X, Cui T J. Recent progress on metamaterials: from effective medium model to real-time information processing system. Progress in Quantum Electronics, 2019, 67: 100223.

[57] Dai J Y, Tang W, Yang L X, et al. Realization of multi-modulation schemes for wireless communication by time-domain digital coding metasurface. IEEE Transactions on Antennas and Propagation, 2020, 68(3): 1618-1627.

[58] Liaskos C, Nie S, Tsioliaridou A, et al. Realizing wireless communication through software-defined Hyper surface environments. 2018 IEEE 19th International Symposium on a World of Wireless, Mobile and Multimedia Networks, 2018: 14-15.

[59] Cui T J, Liu S, Bai G D, et al. Direct transmission of digital message via programmable coding metasurface. Research, 2019, 2019: 2584509.

[60] Zhang L, Chen X Q, Liu S, et al. Space-time-coding digital metasurfaces. Nature Communications, 2018, 9: 4334.

[61] Zhang L, Chen X Q, Shao R W, et al. Breaking reciprocity with space-time-coding digital metasurfaces. Advanced Materials, 2019, 31(41): 1904069.

[62] Taravati S, Eleftheriades G V. Microwave space-time-modulated metasurfaces. ACS Photonics, 2022, 9(2): 305-318.

[63] Dai L, Wang B, Wang M, et al. Reconfigurable intelligent surface-based wireless communications: antenna design, prototyping, and experimental results. IEEE Access, 2020, 8: 45913-45923.

[64] Tang W, Chen M Z, Chen X, et al. Wireless communications with reconfigurable intelligent surface: path loss modeling and experimental measurement. IEEE Antennas and Wireless Propagation Letters, 2020, 20(1): 421-439.

[65] Basar E. Reconfigurable intelligent surface-based index modulation: a new beyond MIMO paradigm for 6G. IEEE Transactions on Antennas and Propagation, 2020, 68(5): 3187-3196.
[66] Ding G, Chen K, Jiang T, et al. Full control of conical beam carrying orbital angular momentum by reflective metasurface. Optics Express, 2018, 26(16): 20990-21002.
[67] Hell S W. Far-field optical nanoscopy. Science, 2007, 316(5828): 1153-1158.
[68] Padgett M, Bowman R. Tweezers with a twist. Nature Photonics, 2011, 5(6): 343-348.
[69] Fahrbach F O, Simon P, Rohrbach A. Microscopy with self-reconstructing beams. Nature Photonics, 2010, 4(11): 780-785.
[70] Duocastella M, Arnold C B. Bessel and annular beams for materials processing. Laser & Photonics Reviews, 2012, 6(5): 607-621.
[71] Novitsky A, Qiu C W, Wang H. Single gradientless light beam drags particles as tractor beams. Physical Review Letters, 2011, 107(20): 203601.
[72] Abdollahpour D, Suntsov S, Papazoglou D G, et al. Spatiotemporal Airy light bullets in the linear and nonlinear regimes. Physical Review Letters, 2010, 105(25): 253901.
[73] Baumgartl J, Mazilu M, Dholakia K. Optically mediated particle clearing using Airy wavepackets. Nature Photonics, 2008, 2(11): 675-678.
[74] Minovich A, Klein A E, Janunts N, et al. Generation and near-field imaging of Airy surface plasmons. Physical Review Letters, 2011, 107(11): 116802.
[75] Yue F, Wen D, Xin J, et al. Vector vortex beam generation with a single plasmonic metasurface. ACS Photonics, 2016, 3(9): 1558-1563.
[76] Ni X, Emani N K, Kildishev A V, et al. Broadband light bending with plasmonic nanoantennas. Science, 2012, 335(6067): 427.
[77] Ni X, Kildishev A, Shalaev V. Metasurface holograms for visible light. Nature Communications, 2013, 4: 2807.
[78] Chen W T, Yang K Y, Wang C M, et al. High-efficiency broadband meta-hologram with polarization-controlled dual images. Nano Letters, 2014, 14(1): 225-230.
[79] Khorasaninejad M, Chen W T, Devlin R C, et al. Metalenses at visible wavelengths: diffraction-limited focusing and subwavelength resolution imaging. Science, 2016, 352 (6290): 1190-1194.
[80] Arbabi E, Arbabi A, Kamali S M, et al. MEMS-tunable dielectric metasurface lens. Nature Communications, 2018, 9: 812.
[81] Wu P C, Chen J W, Yin C W, et al. Visible metasurfaces for on-chip polarimetry. ACS Photonics, 2017, 5(7): 2568-2573.
[82] Arbabi E, Kamali S M, Arbabi A, et al. Full-Stokes imaging polarimetry using dielectric metasurfaces. ACS Photonics, 2018, 5(8): 3132-3140.
[83] Fan Z B, Qiu H Y, Zhang H L, et al. A broadband achromatic metalens array for integral imaging in the visible. Light: Science & Applications, 2019, 8: 67.
[84] Guo W L, Wang G M, Hou H S, et al. Multi-functional coding metasurface for dual-band independent electromagnetic wave control. Optics Express, 2019, 27(14): 19196-19211.

[85] Ding G, Chen K, Luo X, et al. Dual-helicity decoupled coding metasurface for independent spin-to-orbital angular momentum conversion. Physical Review Applied, 2019, 11(4): 044043.

[86] Yang W, Chen K, Dong S, et al. Direction-duplex Janus metasurface for full-space electromagnetic wave manipulation and holography. ACS Applied Materials & Interfaces, 2023, 15(22): 27380-27390.

[87] Wei Z, Cao Y, Su X, et al. Highly efficient beam steering with a transparent metasurface. Optics Express, 2013, 21(9): 10739-10745.

[88] Li Y, Zhang J, Qu S, et al. Ultra-wideband, high-efficiency beam steering based on phase gradient metasurfaces. Journal of Electromagnetic Waves and Applications, 2015, 29(16): 2163-2170.

[89] Saeidi C, van der Weide D. A figure of merit for focusing metasurfaces. Applied Physics Letters, 2015, 106(11): 113110.

[90] Xu H X, Tang S, Wang G M, et al. Multifunctional microstrip array combining a linear polarizer and focusing metasurface. IEEE Transactions on Antennas and Propagation, 2016, 64(8): 3676-3682.

[91] Han Y, Zhang J, Li Y, et al. Miniaturized-element offset-feed planar reflector antennas based on metasurfaces. IEEE Antennas and Wireless Propagation Letters, 2016, 16: 282-285.

[92] Epstein A, Wong J P, Eleftheriades G V. Cavity-excited Huygens' metasurface antennas for near-unity aperture illumination efficiency from arbitrarily large apertures. Nature Communications, 2016, 7: 10360.

[93] Clavijo S, Diaz R E, McKinzie W E. Design methodology for Sievenpiper high-impedance surfaces: an artificial magnetic conductor for positive gain electrically small antennas. IEEE Transactions on Antennas and Propagation, 2003, 51(10): 2678-2690.

[94] Chen K, Yang Z, Feng Y, et al. Improving microwave antenna gain and bandwidth with phase compensation metasurface. AIP Advances, 2015, 5(6): 067152.

[95] Liu F, Guo J, Zhao L, et al. Dual-band metasurface-based decoupling method for two closely packed dual-band antennas. IEEE Transactions on Antennas and Propagation, 2019, 68(1): 552-557.

[96] Zhao Y, Gao J, Cao X, et al. In-band RCS reduction of waveguide slot array using metasurface bars. IEEE Transactions on Antennas and Propagation, 2016, 65(2): 943-947.

[97] Liu X, Chen B, Zhang J, et al. Frequency-scanning planar antenna based on spoof surface plasmon polariton. IEEE Antennas and Wireless Propagation Letters, 2016, 16: 165-168.

[98] Guo W L, Wang G M, Ji W Y, et al. Broadband spin-decoupled metasurface for dual-circularly polarized reflector antenna design. IEEE Transactions on Antennas and Propagation, 2020, 68(5): 3534-3543.

[99] Liu D Q, Luo H J, Zhang M, et al. An extremely low-profile wideband MIMO antenna

for 5G smartphones. IEEE Transactions on Antennas and Propagation, 2019, 67(9): 5772-5780.

[100] Yang W, Chen K, Luo X, et al. Polarization-selective bifunctional metasurface for high-efficiency millimeter-wave folded transmitarray antenna with circular polarization. IEEE Transactions on Antennas and Propagation, 2022, 70(9): 8184-8194.

[101] Li T, Chen Z N. Design of dual-band metasurface antenna array using characteristic mode analysis (CMA) for 5G millimeter-wave applications. 2018 IEEE-APS Topical Conference on Antennas and Propagation in Wireless Communications (APWC), 2018: 721-724.

[102] Zhou Z, Chen K, Zhao J, et al. Metasurface Salisbury screen: achieving ultra-wideband microwave absorption. Optics Express, 2017, 25(24): 30241-30252.

[103] Li T, Chen K, Ding G, et al. Optically transparent metasurface Salisbury screen with wideband microwave absorption. Optics Express, 2018, 26(26): 34384-34395.

[104] Zheng Y, Chen K, Jiang T, et al. Multi-octave microwave absorption via conformal metamaterial absorber with optical transparency. Journal of Physics D: Applied Physics, 2019, 52(33): 335101.

[105] Chen K, Cui L, Feng Y, et al. Coding metasurface for broadband microwave scattering reduction with optical transparency. Optics Express, 2017, 25(5): 5571-5579.

[106] Cui L, Wang W, Ding G, et al. Polarization-dependent bi-functional metasurface for directive radiation and diffusion-like scattering. AIP Advances, 2017, 7(11): 115214.

[107] Luo X Y, Guo W L, Ding G, et al. Composite strategy for backward-scattering reduction of a wavelength-scale cylindrical object by an ultrathin metasurface. Physical Review Applied, 2019, 12(6): 064027.

[108] Luo X Y, Guo W L, Chen K, et al. Active cylindrical metasurface with spatial reconfigurability for tunable backward scattering reduction. IEEE Transactions on Antennas and Propagation, 2020, 69(6): 3332-3340.

[109] Eteng A A, Goh H H, Rahim S K A, et al. A review of metasurfaces for microwave energy transmission and harvesting in wireless powered networks. IEEE Access, 2021, 9: 27518-27539.

[110] Garnica J, Chinga R A, Lin J. Wireless power transmission: from far field to near field. Proceedings of the IEEE, 2013, 101(6): 1321-1331.

[111] Wang B, Teo K H, Nishino T, et al. Experiments on wireless power transfer with metamaterials. Applied Physics Letters, 2011, 98(25): 254101.

[112] Li L, Liu H, Zhang H, et al. Efficient wireless power transfer system integrating with metasurface for biological applications. IEEE Transactions on Industrial Electronics, 2017, 65(4): 3230-3239.

[113] El Badawe M, Almoneef T S, Ramahi O M. A metasurface for conversion of electromagnetic radiation to DC. AIP Advances, 2017, 7(3): 035112.

[114] Silva A, Monticone F, Castaldi G, et al. Performing mathematical operations with metamaterials. Science, 2014, 343(6167): 160-163.

[115] Liu W, Li M, Guzzon R S, et al. A fully reconfigurable photonic integrated signal processor. Nature Photonics, 2016, 10(3): 190-195.

[116] Liu C, Ma Q, Luo Z J, et al. A programmable diffractive deep neural network based on a digital-coding metasurface array. Nature Electronics, 2022, 5(2): 113-122.

[117] Stav T, Faerman A, Maguid E, et al. Quantum entanglement of the spin and orbital angular momentum of photons using metamaterials. Science, 2018, 361(6407): 1101-1104.

[118] Zhu T, Zhou Y, Lou Y, et al. Plasmonic computing of spatial differentiation. Nature Communications, 2017, 8: 15391.

[119] Wu Q, Zhang R. Towards smart and reconfigurable environment: intelligent reflecting surface aided wireless network. IEEE Communications Magazine, 2019, 58(1): 106-112.

[120] Liang Y C, Chen J, Long R, et al. Reconfigurable intelligent surfaces for smart wireless environments: channel estimation, system design and applications in 6G networks. Science China Information Sciences, 2021, 64: 200301.

[121] Arun V, Balakrishnan H. RFocus: beamforming using thousands of passive antennas. 17th USENIX Symposium on Networked Systems Design and Implementation (NSDI 20), 2020: 1047-1061.

[122] Tang W, Chen X, Chen M Z, et al. Path loss modeling and measurements for reconfigurable intelligent surfaces in the millimeter-wave frequency band. IEEE Transactions on Communications, 2022, 70(9): 6259-6276.

[123] Dunna M, Zhang C, Sievenpiper D, et al. ScatterMIMO: enabling virtual MIMO with smart surfaces. Proceedings of the 26th Annual International Conference on Mobile Computing and Networking, 2020: 1-14.

[124] Chen Y T, Wang H L, Sun S, et al. Computer-vision based gesture-metasurface interaction system for beam manipulation and wireless communication. Advanced Science, 2023, 11(5): 2305152.

[125] Zhao H, Shuang Y, Wei M, et al. Metasurface-assisted massive backscatter wireless communication with commodity Wi-Fi signals. Nature Communications, 2020, 11: 3926.

[126] Zheng Y, Chen K, Xu Z, et al. Direct-modulation wireless communication with real-time programmable metasurface. 2021 IEEE MTT-S International Wireless Symposium (IWS), 2021: 1-3.

[127] Dai J Y, Tang W K, Zhao J, et al. Wireless communications through a simplified architecture based on time-domain digital coding metasurface. Advanced Materials Technologies , 2019, 4(7): 1900044.

[128] Jha P K, Ni X, Wu C, et al. Metasurface-enabled remote quantum interference. Physical Review Letters, 2015, 115(2): 025501.

[129] Moreno G, Yakovlev A B, Bernety H M, et al. Wideband elliptical metasurface cloaks in printed antenna technology. IEEE Transactions on Antennas and Propagation, 2018, 66(7): 3512-3525.

[130] Wang J, Li Y, Jiang Z H, et al. Metantenna: when metasurface meets antenna again. IEEE Transactions on Antennas and Propagation, 2020, 68(3): 1332-1347.

[131] Huo P, Zhang S, Liang Y, et al. Hyperbolic metamaterials and metasurfaces: fundamentals and applications. Advanced Optical Materials, 2019, 7(14): 1801616.

[132] Ding F, Pors A, Bozhevolnyi S I. Gradient metasurfaces: a review of fundamentals and applications. Reports on Progress in Physics, 2017, 81(2): 026401.

[133] Pfeiffer C, Zhang C, Ray V, et al. High performance bianisotropic metasurfaces: asymmetric transmission of light. Physical Review Letters, 2014, 113(2): 023902.

[134] Kamali S M, Arbabi E, Arbabi A, et al. A review of dielectric optical metasurfaces for wavefront control. Nanophotonics, 2018, 7(6): 1041-1068.

[135] Huang C, Zhang C, Yang J, et al. Reconfigurable metasurface for multifunctional control of electromagnetic waves. Advanced Optical Materials, 2017, 5(22): 1700485.

[136] Chen S, Liu W, Li Z, et al. Metasurface-empowered optical multiplexing and multifunction. Advanced Materials, 2020, 32(3): 1805912.

[137] Liu W, Yang Q, Xu Q, et al. Multifunctional all-dielectric metasurfaces for terahertz multiplexing. Advanced Optical Materials, 2021, 9(19): 2100506.

[138] Kong J A. Electromagnetic Wave Theory. Massachusetts: Wiley-Interscience, 1990.

[139] Chen S, Li Z, Liu W, et al. From single-dimensional to multidimensional manipulation of optical waves with metasurfaces. Advanced Materials, 2019, 31(16): 1802458.

[140] Deng L, Deng J, Guan Z, et al. Malus-metasurface-assisted polarization multiplexing. Light: Science & Applications, 2020, 9: 101.

[141] Guo W, Chen K, Wang G, et al. Transmission-reflection-selective metasurface and its application to RCS reduction of high-gain reflector antenna. IEEE Transactions on Antennas and Propagation, 2020, 68(3): 1426-1435.

[142] Guo W L, Wang G M, Luo X Y, et al. Ultrawideband spin-decoupled coding metasurface for independent dual-channel wavefront tailoring. Annalen der Physik, 2020, 532(3): 1900472.

[143] Guan C, Liu J, Ding X, et al. Dual-polarized multiplexed meta-holograms utilizing coding metasurface. Nanophotonics, 2020, 9(11): 3605-3613.

[144] Wang Z X, Wu J W, Wu L W, et al. High efficiency polarization-encoded holograms with ultrathin bilayer spin-decoupled information metasurfaces. Advanced Optical Materials, 2020, 9(5): 2001609.

[145] Mueller J B, Rubin N A, Devlin R C, et al. Metasurface polarization optics: independent phase control of arbitrary orthogonal states of polarization. Physical Review Letters, 2017, 118(11): 113901.

[146] Shang G, Li H, Wang Z, et al. Transmission-reflection-integrated multiplexed Janus metasurface. ACS Applied Electronic Materials, 2021, 3(6): 2638-2645.

[147] Ansari M A, Kim I, Rukhlenko I D, et al. Engineering spin and antiferromagnetic resonances to realize an efficient direction-multiplexed visible meta-hologram. Nanoscale Horizons, 2020, 5(1): 57-64.

[148] Chen K, Ding G, Hu G, et al. Directional Janus metasurface. Advanced Materials, 2020, 32(2): 1906352.

[149] Chen K, Feng Y, Cui L, et al. Dynamic control of asymmetric electromagnetic wave transmission by active chiral metamaterial. Scientific Reports, 2017, 7: 42802.

[150] Xu H X, Wang C, Hu G, et al. Spin-encoded wavelength-direction multitasking Janus metasurfaces. Advanced Optical Materials, 2021, 9(11): 2100190.

[151] Luan J, Yang S, Liu D, et al. Polarization and direction-controlled asymmetric multifunctional metadevice for focusing, vortex and Bessel beam generation. Optics Express, 2020, 28(3): 3732-3744.

[152] Jing Y, Li Y, Zhang J, et al. Full-space-manipulated multifunctional coding metasurface based on "Fabry-Perot-like" cavity. Optics Express, 2019, 27(15): 21520-21531.

[153] Yang W, Chen K, Zhao J, et al. Frequency-multiplexed spin-decoupled metasurface for low-profile dual-band dual-circularly polarized transmitarray with independent beams. IEEE Transactions on Antennas and Propagation, 2024, 72(1): 642-652.

[154] Luo X Y, Guo W L, Qu K, et al. Quad-channel independent wavefront encoding with dual-band multitasking metasurface. Optics Express, 2021, 29(10): 15678-15688.

[155] Sima B, Chen K, Zhang N, et al. Wideband low reflection backward scattering with an inter-band transparent window by phase tailoring of a frequency-selective metasurface. Journal of Physics D: Applied Physics, 2021, 55(1): 015106.

[156] Asadchy V S, Ra'di Y, Vehmas J, et al. Functional metamirrors using bianisotropic elements. Physical Review Letters, 2015, 114(9): 095503.

[157] Wang S, Wu P C, Su V C, et al. Broadband achromatic optical metasurface devices. Nature Communications, 2017, 8: 187.

[158] Boroviks S, Deshpande R A, Mortensen N A, et al. Multifunctional metamirror: polarization splitting and focusing. ACS Photonics, 2018, 5(5): 1648-1653.

[159] Ratni B, de Lustrac A, Piau G P, et al. Reconfigurable meta-mirror for wavefronts control: applications to microwave antennas. Optics Express, 2018, 26(3): 2613-2624.

[160] Qin F, Gao S, Luo Q, et al. A triband low-profile high-gain planar antenna using Fabry-Perot cavity. IEEE Transactions on Antennas and Propagation, 2017, 65(5): 2683-2688.

[161] Hu Q, Chen K, Zhang N, et al. Arbitrary and dynamic Poincaré sphere polarization converter with a time-varying metasurface. Advanced Optical Materials, 2022, 10(4): 2101915.

[162] Yang W, Chen K, Zheng Y, et al. Angular-adaptive reconfigurable spin-locked metasurface retroreflector. Advanced Science, 2021, 8(21): 2100885.

[163] Qian G, Zhao J, Ren X, et al. Switchable broadband dual-polarized frequency-selective rasorber/absorber. IEEE Antennas and Wireless Propagation Letters, 2019, 18(12): 2508-2512.

[164] Wang M, Ma H F, Tang W X, et al. Programmable controls of multiple modes of spoof surface plasmon polaritons to reach reconfigurable plasmonic devices. Advanced

Materials Technologies, 2019, 4(3): 1800603.

[165] Popov V, Ratni B, Burokur S N, et al. Non-local reconfigurable sparse metasurface: efficient near-field and far-field wavefront manipulations. Advanced Optical Materials, 2021, 9(4): 2001316.

[166] Li L, Jun Cui T, Ji W, et al. Electromagnetic reprogrammable coding-metasurface holograms. Nature Communications, 2017, 8: 197.

[167] Deng Z L, Deng J, Zhuang X, et al. Facile metagrating holograms with broadband and extreme angle tolerance. Light: Science & Applications, 2018, 7: 78.

[168] Deng Z L, Ye X, Qiu H Y, et al. Full-visible transmissive metagratings with large angle/wavelength/polarization tolerance. Nanoscale, 2020, 12(40): 20604-20609.

[169] Zhang K, Wang Y, Burokur S N, et al. Generating dual-polarized vortex beam by detour phase: from phase gradient metasurfaces to metagratings. IEEE Transactions on Microwave Theory and Techniques, 2021, 70(1): 200-209.

[170] Arbabi E, Arbabi A, Kamali S M, et al. Multiwavelength metasurfaces through spatial multiplexing. Scientific Reports, 2016, 6: 32803.

[171] Mehmood M Q, Mei S, Hussain S, et al. Visible-frequency metasurface for structuring and spatially multiplexing optical vortices. Advanced Materials, 2016, 28(13): 2533-2539.

[172] Zhao W, Liu B, Jiang H, et al. Full-color hologram using spatial multiplexing of dielectric metasurface. Optics Letters, 2016, 41(1): 147-150.

[173] Wu T, Li W, Chen S, et al. Wideband frequency tunable metamaterial absorber by splicing multiple tuning ranges. Results in Physics, 2021, 20: 103753.

[174] Kim H K, Lee D, Lim S. Frequency-tunable metamaterial absorber using a varactor-loaded fishnet-like resonator. Applied Optics, 2016, 55(15): 4113-4118.

[175] Yuan H, Zhu B, Feng Y. A frequency and bandwidth tunable metamaterial absorber in x-band. Journal of Applied Physics, 2015, 117(17): 173103.

[176] He Q, Sun S, Xiao S, et al. High-efficiency metasurfaces: principles, realizations, and applications. Advanced Optical Materials, 2018, 6(19): 1800415.

[177] Koh S G, Koide T, Morita T, et al. Ionic liquid-loaded metal-organic framework system for nanoionic device applications. Japanese Journal of Applied Physics, 2021, 60(SB): Sbbk10.

[178] Diaz A, Park J H, Khoo I C. Design and transmission-reflection properties of liquid crystalline optical metamaterials with large birefringence and sub-unity or negative-refractive index. Journal of Nonlinear Optical Physics & Materials, 2007, 16(4): 533-549.

[179] Perez-Palomino G, Barba M, Encinar J A, et al. Design and demonstration of an electronically scanned reflectarray antenna at 100 GHz using multiresonant cells based on liquid crystals. IEEE Transactions on Antennas and Propagation, 2015, 63(8): 3722-3727.

[180] Amin M, Siddiqui O, Abutarboush H, et al. A THz graphene metasurface for polarization selective virus sensing. Carbon, 2021, 176: 580-591.

[181] Biswas S R, Gutiérrez C E, Nemilentsau A, et al. Tunable graphene metasurface reflectarray for cloaking, illusion, and focusing. Physical Review Applied, 2018, 9(3): 034021.

[182] Huang C, Ji C, Zhao B, et al. Multifunctional and tunable radar absorber based on graphene-integrated active metasurface. Advanced Materials Technologies, 2021, 6(4): 2001050.

[183] Kim M, Jeong J, Poon J K S, et al. Vanadium-dioxide-assisted digital optical metasurfaces for dynamic wavefront engineering. Journal of the Optical Society of America B, 2016, 33(5): 980.

[184] Song S, Ma X, Pu M, et al. Tunable multiband polarization conversion and manipulation in vanadium dioxide-based asymmetric chiral metamaterial. Applied Physics Express, 2018, 11(4): 042004.

[185] Chae J Y, Lee D, Lee D W, et al. Direct transfer of thermochromic tungsten-doped vanadium dioxide thin-films onto flexible polymeric substrates. Applied Surface Science, 2021, 545: 148937.

[186] Gray A X, Hoffmann M C, Jeong J, et al. Ultrafast terahertz field control of electronic and structural interactions in vanadium dioxide. Physical Review B, 2018, 98(4): 045104.

[187] Kim J, Choi S, Lee S L, et al. Dimension effect of sapphire substrate in current-switching device based on vanadium dioxide thin film controlled by photothermal effect. Journal of Nanoscience and Nanotechnology, 2021, 21(8): 4285-4292.

[188] Wang Z, Ge Y, Pu J, et al. 1 bit electronically reconfigurable folded reflectarray antenna based on pin diodes for wide-angle beam-scanning applications. IEEE Transactions on Antennas and Propagation, 2020, 68(9): 6806-6810.

[189] Pan X, Yang F, Xu S, et al. A 10240-element reconfigurable reflectarray with fast steerable monopulse patterns. IEEE Transactions on Antennas and Propagation, 2021, 69(1): 173-181.

[190] Luo Z, Wang Q, Zhang X G, et al. Intensity-dependent metasurface with digitally reconfigurable distribution of nonlinearity. Advanced Optical Materials, 2019, 7(19): 1900792.

[191] Han Z, Colburn S, Majumdar A, et al. MEMS-actuated metasurface Alvarez lens. Microsystems & Nanoengineering, 2020, 6: 79.

[192] Tsilipakos O, Tasolamprou A C, Pitilakis A, et al. Toward intelligent metasurfaces: the progress from globally tunable metasurfaces to software-defined metasurfaces with an embedded network of controllers. Advanced Optical Materials, 2020, 8(17): 2000783.

[193] Zhu W, Song Q, Yan L, et al. A flat lens with tunable phase gradient by using random access reconfigurable metamaterial. Advanced Materials, 2015, 27(32): 4739-4743.

[194] Chu C H, Tseng M L, Chen J, et al. Active dielectric metasurface based on phase-change

medium. Laser & Photonics Reviews, 2016, 10(6): 986-994.

[195] Kim S, Jang M S, Brar V W, et al. Electronically tunable perfect absorption in graphene. Nano Letters, 2018, 18(2): 971-979.

[196] Yang X, Xu S, Yang F, et al. A mechanically reconfigurable reflectarray with slotted patches of tunable height. IEEE Transactions on Antennas and Propagation, 2018, 17(4): 555-558.

[197] Gutruf P, Zou C, Withayachumnankul W, et al. Mechanically tunable dielectric resonator metasurfaces at visible frequencies. ACS Nano, 2016, 10(1): 133-141.

[198] Perruisseau-Carrier J, Skrivervik A K. Monolithic MEMS-based reflectarray cell digitally reconfigurable over a 360 degrees phase range. IEEE Antennas and Wireless Propagation Letters, 2008, 7: 138-141.

[199] Cui T J, Liu S, Zhang L. Information metamaterials and metasurfaces. Journal of Materials Chemistry C, 2017, 5(15): 3644-3668.

[200] Huang Y W, Lee H W H, Sokhoyan R, et al. Gate-tunable conducting oxide metasurfaces. Nano Letters, 2016, 16(9): 5319-5325.

[201] Zhao X, Wang Y, Schalch J, et al. Optically modulated ultra-broadband all-silicon metamaterial terahertz absorbers. ACS Photonics, 2019, 6(4): 830-837.

[202] Shen N H, Massaouti M, Gokkavas M, et al. Optically implemented broadband blueshift switch in the terahertz regime. Physical Review Letters, 2011, 106(3): 037403.

[203] Qiu C W, Zhang T, Hu G W, et al. Quo vadis, metasurfaces? Nano Letters, 2021, 21(13): 5461-5474.

第 2 章 极化复用多功能超表面

2.1 引 言

极化 (或偏振) 作为电磁波的最基本属性之一，表征了电磁波电场矢量在空间中的指向性质。利用电磁波极化复用的方式可以有效提升系统功能集成度，例如，自旋方向相反的圆极化波完全正交，传输过程中互不干扰，同时圆极化波具有极化稳定性，因此在卫星系统中有着广阔的应用前景。

极化复用超表面通过在不同极化通道下集成独立的电磁功能，以期增加超表面的信息传输和处理通道，提高其功能利用效率。本章将重点阐述极化复用多功能超表面的设计方法及应用。首先，介绍线极化相位复用超表面，总结该类超表面单元的一般性设计方法，并将其分别拓展到双线极化、极化选择性透反超表面。其次，介绍此类超表面在散射缩减及天线设计中的应用探索。然后，介绍几何相位和圆极化复用原理及相关超表面单元的一般性设计方法，并从反射和透射两种工作模式出发，介绍它们在复杂波束形成以及天线设计中的具体应用。最后，对极化调控实现幅度/相位独立调控的工作进行梳理，总结出该类超表面的一般设计思路和通用设计流程。

2.2 线极化复用超表面

线极化相位超表面可以实现诸多新奇的物理现象或新型电磁器件，如奇异折/反射、超透镜、涡旋波形成、极化扭转与电磁隐身等，继而有望应用于现代无线通信、雷达探测、卫星通信等领域。随着电子信息系统的集成化发展，人们希望利用单一口径超表面就能同时实现多个电磁功能。但是，传统单极化超表面工作模式单一，其承载的信息容量或实现的功能均受到限制，因此双极化复用相位调制多功能超表面应运而生。双极化复用超表面可对正交的不同线极化入射波进行独立调控，增加了对线极化电磁波调控的自由度。双极化复用超表面器件最早见于双极化的透、反射阵中，这类单器件多通道独立复用方式是一种实用的提高信息容量和安全性的方法，在通信和信息加密等面向多路复用的应用中具有良好前景。随着超表面的不断发展，其可设计功能也被拓展到更多的双极化多功能器件中，如双功能波束偏折器件、多模涡旋波产生器件、双功能散射调制器件等。

2.2.1　超表面单元一般设计方法

传统光学元件中，电磁波在介质中传输会产生光程差，因此通过改变介质厚度的方式可改变光程差，从而实现电磁波相位的调节。而在超表面技术中，通过改变超表面亚波长单元的结构谐振特性，即可在不改变厚度的情况下实现对电磁波相位的调控，这种相位通常被称为谐振型相位 [1]。谐振型相位通常作用于特定线极化电磁波，因此也被称为线性相位。另一方面，与光学元件类似，谐振型相位也可用于模拟电磁波在介质中传播时引起的相位变化，也可称为传播相位 (propagation phase)。谐振型相位单元是微波频段超表面实现相位调制的一种重要途径，其具体工作机理及一般实现方式是通过调节单元上所刻蚀的金属结构尺寸来改变单元的电磁谐振特性，从而引入相位突变，其性质既可以设计为各向同性也可以设计为各向异性。举例说明，如图 2.1(a) 和 (b) 所示，金属圆环形单元 [2] 和方形贴片单元 [3] 就是典型的各向同性单元。它们的明显特征是在两个正交方向 (水平和垂直) 具有完全相同的结构，因此在水平和垂直极化电磁波照射下的电磁响应完全一致，从而表现出各向同性的电磁特性。图 2.1(c) 和 (d) 所示的 “H”

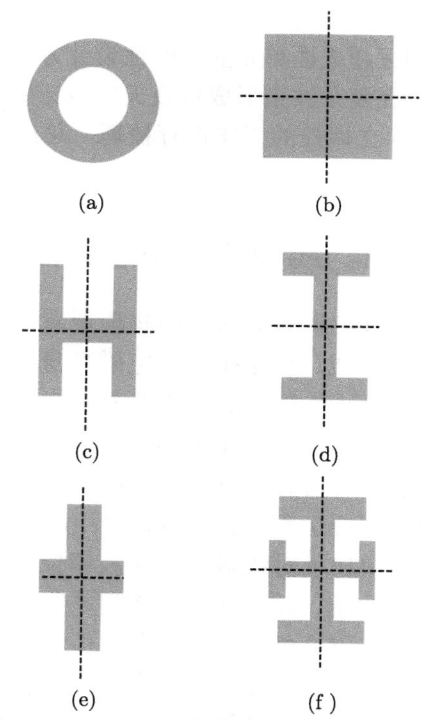

图 2.1　常见的线极化复用超表面单元结构
(a) 和 (b) 各向同性单元；(c) 和 (d) 各向异性单元；(e) 和 (f) 双各向异性单元

字形金属单元 [4] 和 "I" 字形金属单元 [5] 则是比较经典的各向异性结构。这种单元旋转 90° 以后不能与原结构完全重合，因此在两种正交极化波照射下的电磁特性不一致，从而呈现出各向异性的特征。一般而言，对于各向异性单元，要实现两种正交极化波下的相位独立调制，单元在正交极化电磁波照射下的响应，需要分别只取决于单元沿这两个正交方向上的结构参数，典型的结构如图 2.1(e) 和 (f) 展示的十字形金属贴片单元 [6] 和耶路撒冷 "十" 字形金属单元 [7]。它们一般在两个正交方向上具有相似的结构，而且由于结构正交，该类单元在沿正交方向上电磁响应与结构参数之间的关系相同。

耶路撒冷 "十" 字形金属单元是一种经典的双极化相位独立调控超表面单元结构，如图 2.1(f) 所示。以此为例，这类双各向异性单元的设计过程可以总结如下：首先，确定单元沿某一方向的结构，调节该方向的结构参数 (如臂长) 可以有效控制单元在沿该方向极化的电磁波照射下的电磁响应，在其正交方向设置相同的结构，可形成针对另外一个极化方向的谐振结构。其次，在研究该单元是否具有极化独立特性时，可保持某一方向的结构参数不变，改变其正交方向的结构参数 (如臂长)，观察其电磁响应变化的规律。最后，若单元具备了极化独立特性，则可以保持某一臂长不变，改变另一臂长，观察该单元在沿该臂方向极化的电磁波照射下的相位覆盖范围是否能够达到设计需求。

2.2.2 双线极化电磁波相位的独立调控

作为反射型超表面单元的具体设计实例，图 2.2 中展示了一种耶路撒冷 "十" 字形金属单元结构 [8]。单元周期长度为 $p = 6$ mm，共由三层结构构成：上表面为正交 "I" 形金属结构，其中 $w_x = w_y = 2$ mm，$w = 0.4$ mm；中间层为介质基板，其相对介电常数为 4.3，损耗角正切为 0.025，厚度为 $h = 2$ mm；下表面是厚度为 0.018 mm 的金属层。

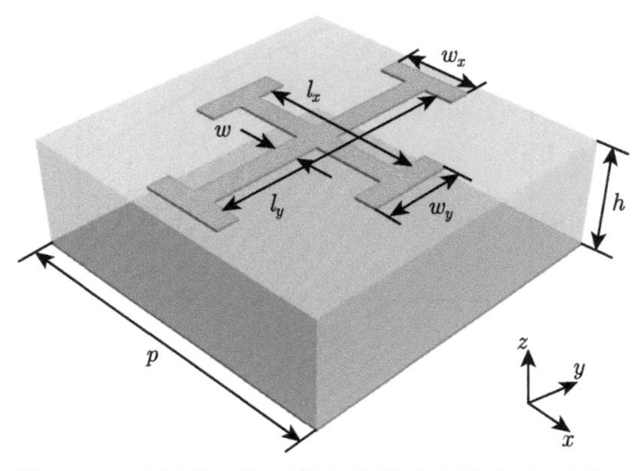

图 2.2 反射型双线极化相位独立调制超表面单元

图 2.3(a) 为单元结构在 10 GHz 处的反射幅度与相位响应曲线。当 l_y 保持不变时，随着 l_x 从 0.5 mm 增加到 5.2 mm，单元在 x 极化波入射下的反射相位 φ_{xx} 从 240° 减小到 −90°，而在 y 极化波入射下的反射相位 φ_{yy} 保持不变。因此，改变沿 x 轴方向的臂长 l_x 不会影响 y 极化波照射下的反射相位响应，同时单元结构的反射幅度响应始终保持在接近于 1 的水平，表现出高效的反射特性。同样地，固定 l_x 而改变 l_y 的数值，单元结构具有相似的反射幅度与相位响应，这时单元在 y 极化波入射下的反射相位 φ_{yy} 将随之产生变化，而在 x 极化波入射下的反射相位 φ_{xx} 保持不变。图 2.3(b) 为单元结构在 4 种不同长度 l_y 取值下，φ_{yy} 随频率变化的曲线。基于上述分析，利用此种双各向异性超表面单元，通过分别调节结构沿 x 轴和 y 轴方向的尺寸参数 l_x 和 l_y，可以分别独立调控单元在 x 极化波和 y 极化波照射下的反射相位 φ_{xx} 和 φ_{yy}，因此可应用于双线极化相位复用超表面的功能设计中。

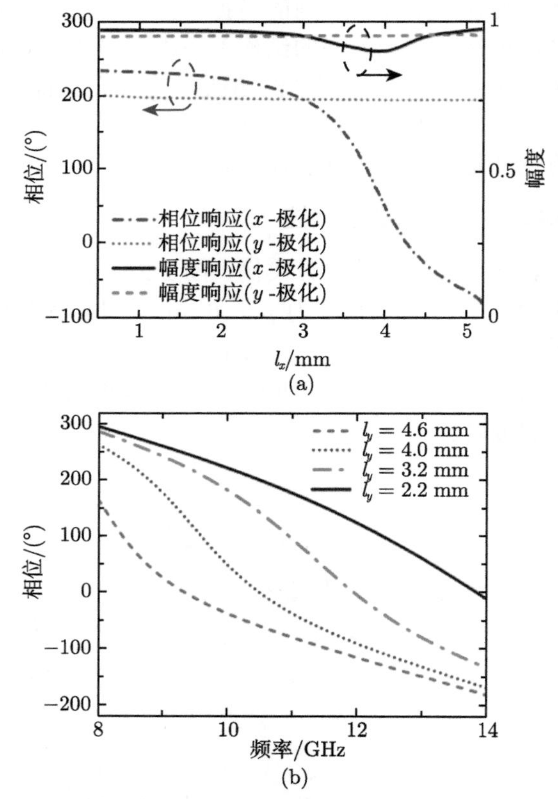

图 2.3　反射型双线极化相位调制超表面单元的电磁响应

(a) 改变 x 轴方向臂长 l_x 实现对入射 x 极化电磁波的相位调制；(b) 改变 y 轴方向臂长 l_y 实现对入射 y 极化电磁波的相位调制

2.2.3 极化选择型透/反超表面

极化线栅是一种经典的极化选择器件，其主体由一系列等间距、垂直或水平排列的金属条带构成。在理想情况下，当入射波的极化方向与极化线栅金属条带平行时，电磁波被极化线栅反射，表现出高反射特性；与之相反，当入射波的极化方向与极化线栅金属条带垂直时，电磁波可以完全透过，此时线栅表现出高透射特性。因此，适当地设计线栅结构，使其具有相位调制功能，即可实现极化选择型透射/反射超表面。该类器件通常具有宽频带、低损耗等特点，在微波、毫米波、亚毫米波以及远红外波段应用广泛。

极化线栅的性能主要由栅条宽度 w、栅条间距 p 以及波长 λ 三者共同决定 [9,10]。当电磁波极化方向平行于极化线栅排列方向时，电磁波反射系数为

$$r_{\parallel}=\frac{1}{1+\dfrac{2p}{\lambda}\ln\dfrac{p}{2\pi w}} \tag{2.1}$$

当电磁波极化方向与极化线栅排列方向相互垂直时，电磁波反射系数为

$$r_{\perp}=\frac{\dfrac{2\pi^2w^2}{\lambda p}}{1+\left(\dfrac{2\pi^2w^2}{\lambda p}\right)^2} \tag{2.2}$$

图 2.4 展示了一种在极化线栅基础上改进的线极化选择型透/反超表面单元 [11]。该单元由三层金属与两层介质组成，单元周期长度 $p=5$ mm，介质的相对介电常数 $\varepsilon_{\mathrm{r}}=4.3$，损耗角正切 $\tan\delta=0.003$，厚度 $h=1$ mm，金属贴片尺寸 $l_x=3.5$ mm，$l_y=3.3$ mm。从图 2.4(b) 单元的透视结构示意图可以看出，单元

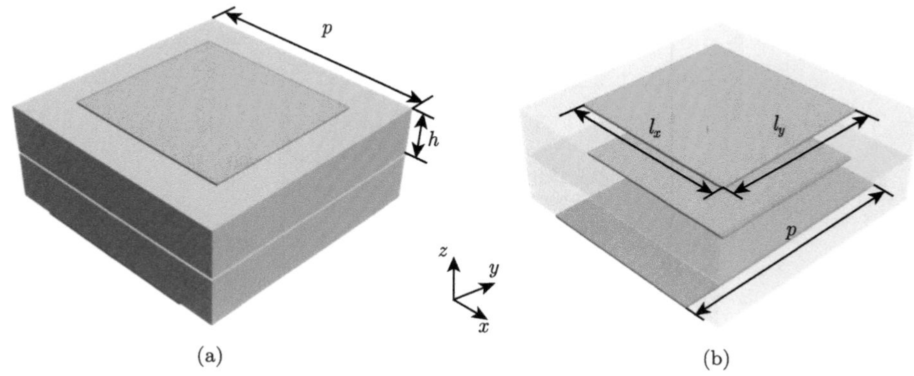

图 2.4 线极化选择型透/反超表面单元
(a) 自由视图；(b) 透视图

第一层和第二层金属贴片具有同样的尺寸参数，且它们沿 x 方向的宽度 l_x 与底层的极化线栅宽度一致，用以降低上层贴片对底层极化线栅透射性能的影响。此外，单元上方两层金属贴片沿 y 方向的长度 l_y 为主要调节变量，引入对前向的 y 极化入射波照射下的相位调控自由度。

图 2.5 为具有不同 l_y 数值的极化选择型透/反超表面单元的电磁特性仿真分析结果，其中单元 1 和单元 2 分别代表参数 l_y 为 3.3 mm 和 1 mm 时的单元结构。图 2.5(a) 给出了两个单元在沿 $+z$ 方向入射 y 极化电磁波照射下的反射率与反射相位。由图可知，这两个单元对 y 极化电磁波的反射几乎相等，因此这两个单元构成的超表面始终对 y 极化电磁波呈现类似于金属板的高反射特性。图 2.5(b) 给出了两个单元在 $+z$ 方向入射 x 极化电磁波照射下的透射率与透射相位响应。

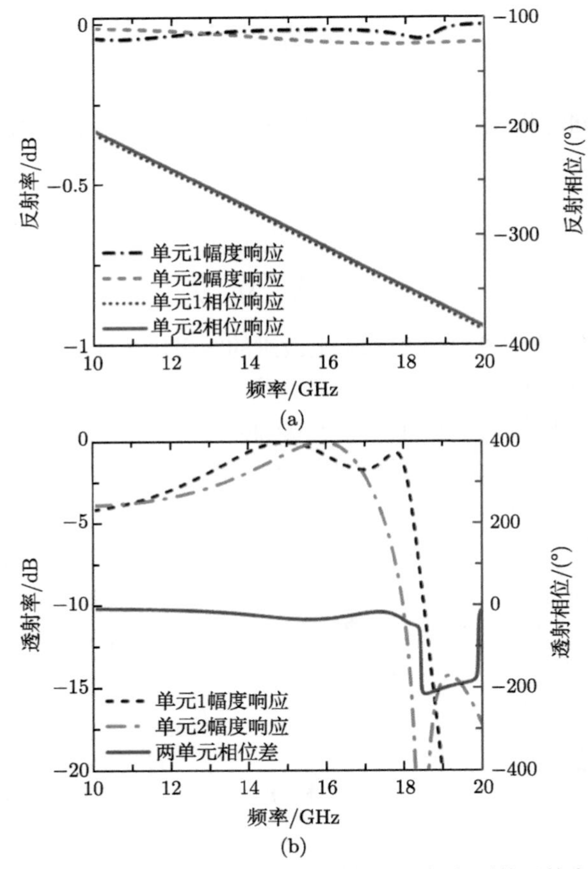

图 2.5　具有不同 l_y 数值的极化选择型透/反超表面单元的电磁特性

(a) 两种单元在沿 $+z$ 方向传播的 y 极化电磁波下均具有高反射特性；(b) 两种单元在沿 $+z$ 方向传播的 x 极化电磁波下均具有高透射特性

两个单元均能够在 15 GHz 处对 x 极化电磁波实现高效透射，且它们在宽带范围内相位基本一致。上述结果表明，该极化选择型透/反超表面单元由于底层金属栅条的存在，可对 y 极化电磁波保持高效的同极化反射，而对 x 极化电磁波保持高透射特性。改进后的超表面单元针对沿 $-z$ 方向入射的 y 极化电磁波具有反射相位调制功能，这一功能将在 2.2.4 节进行具体分析。

2.2.4 线极化多功能超表面及其在低散射天线中的应用

雷达天线在军事领域中往往是重要的制胜武器，同时拥有强探测能力和有效的隐身功能是雷达天线的迫切需求。传统单一功能的反射阵或透射阵天线由于口径面的存在使得天线整体的背向雷达散射截面积 (RCS) 较高。基于此，可以利用上述线极化复用多功能超表面来构建具有低散射特性的超表面阵列天线。

低散射超表面可以分为电磁吸波型低散射超表面和相位调制型低散射超表面。基于电磁吸波的低散射超表面，其本质在于利用损耗型材料或电阻器件将入射到超表面上的电磁能转化为内能耗散掉 [12,13]。基于相位调制实现的低散射超表面，其本质在于调控散射波以降低超表面的背向 RCS[14-17]。实际上，相位调制型超表面又可以分为基于散射相消的低散射超表面 [14,15] 和基于随机漫散射的低散射超表面 [16,17]。经典的基于散射相消的低散射超表面，一般通过将具有 180° 相差的两种单元按照棋盘格状的分布排列在一个二维表面上，以达到散射相消，进而降低其背向 RCS 的效果 [15]。基于随机漫散射的低散射超表面通常利用相位单元的随机分布来模拟粗糙表面的漫散射效果 [18]，不仅有效降低了反射板的背向 RCS，还确保不出现强散射方向。在实际的低散射超表面的设计过程中，可以根据不同的应用场景选用不同的 RCS 缩减方法。

2.2.3 节中介绍的线极化相位复用超表面单元常常被用于双极化多功能器件中，即利用这一类型单元构建的单一口径的超表面在不同极化的电磁波照射下呈现出两个不同的功能。本节将利用前述的超表面单元，重点介绍具有低散射特性的极化多功能超表面及其在高性能天线器件上的应用。

1. 低散射反射阵天线

图 2.2 中介绍的双极化相位复用超表面单元，通过独立调控 x 和 y 极化电磁波入射下的反射相位 φ_{xx} 和 φ_{yy}，可以使超表面在这一对线极化电磁波入射下实现不同的电磁调控功能。比如，该单元结构可以应用于低散射平板抛物面天线的设计中 [8]。当 y 极化电磁波入射到超表面上时，为了实现随机散射的效果，超表面口径上的相位呈空间随机分布，如图 2.6(a) 所示。当 y 极化电磁波照射至超表面时，能量将以漫散射的形式随机分布到各个方向上，因此大大抑制了背向散射的强度。该超表面共由 40×40 个单元构成，整体尺寸为 240 mm× 240 mm。当 y 极化电磁波入射时，相比于同等面积的金属板，该超表面可以在 8.8 ~12.2 GHz

范围内实现宽带 RCS 缩减，且缩减值均大于 10 dB，如图 2.6(b) 所示。该结果表明超表面对 y 极化电磁波具有明显的背向散射抑制作用，验证了设计的有效性。

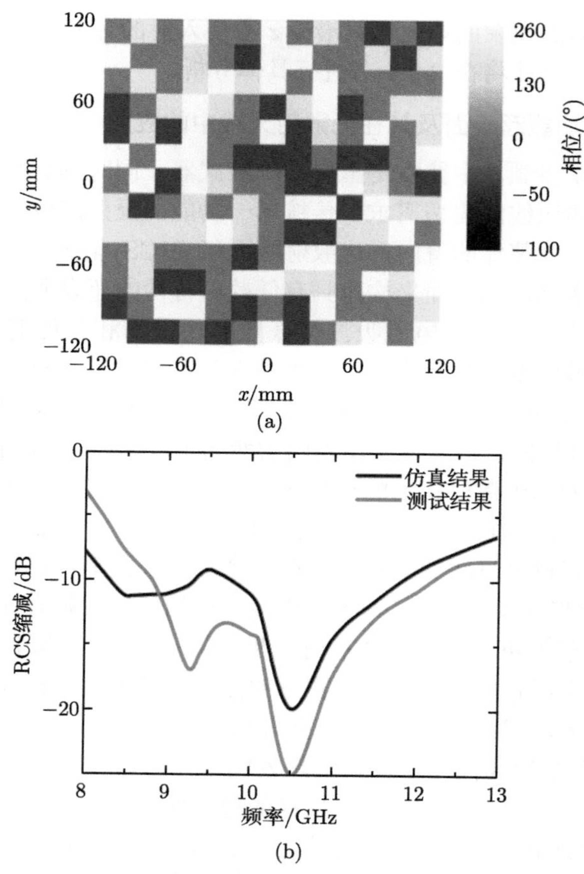

图 2.6 低散射电磁超表面相位分布及其散射特性

(a) 随机相位分布示意图；(b) 超表面在 y 极化电磁波下的散射特性仿真分析与测试结果

另一方面，对于 x 极化电磁波，超表面可作为平板抛物面天线使电磁波经过反射相位补偿后形成高定向性辐射，实现平面反射阵天线功能。如图 2.7(a) 所示，为了将馈源发出的球面波转化成平面波，φ_{xx} 在口径上的分布设计为具有聚焦特性的空间分布。天线中心工作频率为 9.5 GHz，波导天线馈源 45° 斜入射至超表面中心以避免其对反射波束的遮挡，馈源距超表面垂直距离为 190 mm。图 2.7(b) 给出了天线在中心频率 9.5 GHz 处的归一化远场 E 面方向图的仿真分析与实验测试结果。由图可知，仿真分析结果与测试结果吻合较好，从而实现了双线极化相位复用超表面在高增益、低散射平面天线中的应用。

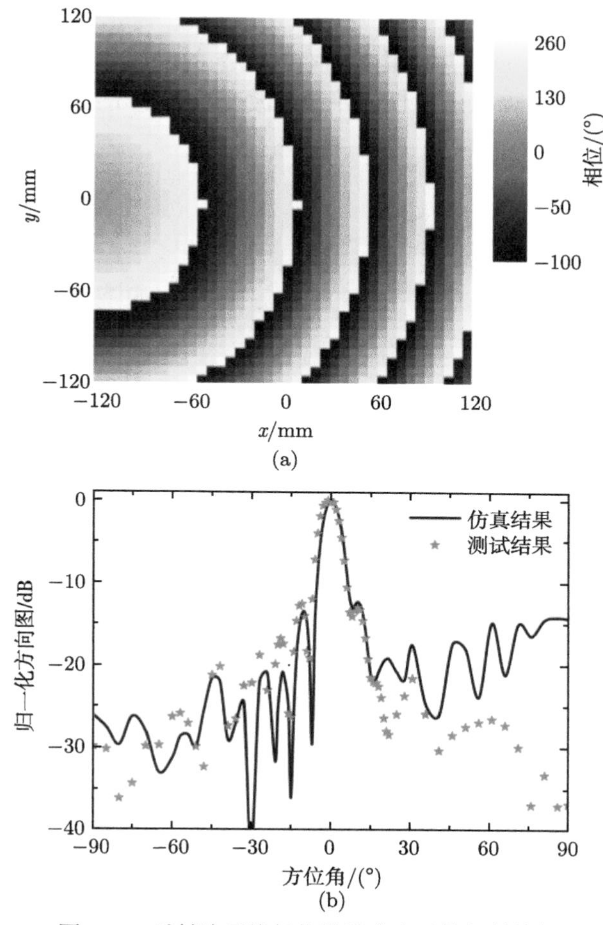

图 2.7 反射阵天线相位补偿分布及其辐射特性

(a) 实现反射阵天线的相位补偿分布；(b) 低散射电磁超表面天线在 9.5 GHz 处归一化远场 E 面方向图的仿真分析与实验测试结果

上述低散射超表面的设计是通过相位调制的方式，将入射电磁波的能量分散到其他的角度空间上来降低背向 RCS 值。此外，通过加载损耗型材料或元器件实现电磁吸波也能有效降低目标物体的背向散射。图 2.8 展示了一种表面加载电阻元件的吸波型低散射双各向异性超表面单元 [19]，利用极化选择特性同时实现宽带电磁吸波与高效相位调制功能。这种集双功能于一体的设计方案更符合现代无线通信系统中小型化、集成化的发展趋势。如图 2.8(a) 所示，单元共由 3 层金属和 2 层介质基板构成，底层为全金属地板，中间和顶层金属的平面化结构分别如图 2.8(b) 和 (c) 所示。单元的周期长度 $p = 6.4\ \text{mm}$，介质基板厚度 $h = 1.524\ \text{mm}$，相对介电常数 $\varepsilon_{\text{r}} = 3.55$，损耗角正切 $\tan\delta = 0.0027$。其他参数分别为 $\alpha = 60°$，

$g = 0.2$ mm，$t_1 = 1$ mm，$t_2 = 0.7$ mm，$d_y = 2.88$ mm，$l_y = 2.5$ mm。顶层金属沿 x 方向的结构与中间金属结构始终保持 0.7 的缩放比例。利用层间耦合形成的类似于 Fabry-Perot 谐振的特性，并通过改变参数 l_x 的数值，可实现反射相位的全覆盖。

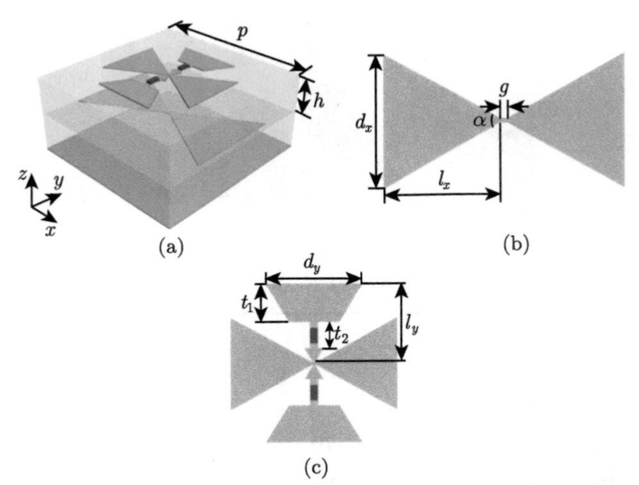

图 2.8　表面加载电阻元件的吸波型低散射双各向异性超表面单元

(a) 单元整体结构示意图；(b) 单元中间金属层结构俯视图；(c) 单元顶层结构俯视图，其中黑色部分为所加载电阻元件

另一方面，上层金属沿 y 方向的结构关于中心对称地加载了两个电阻元件，用于在宽带范围内实现对 y 极化入射波的有效吸收。由于金属底板的存在，超表面单元始终工作于全反射模式。因此，超表面单元的反射系数可表示为

$$R = (Z_\mathrm{s} - \eta_0)\,/\,(Z_\mathrm{s} + \eta_0) \tag{2.3}$$

其中，Z_s 为单元整体的输入阻抗，η_0 为自由空间波阻抗。这里介绍的单元旨在实现极化选择型的相位独立调制功能，且两种正交线极化之间具有较低的极化串扰，即不存在转极化分量，因此超表面的理想阻抗张量可以用下式进行表示：

$$Z_\mathrm{s} = \begin{bmatrix} Z_x & 0 \\ 0 & Z_y \end{bmatrix} \tag{2.4}$$

为了实现对 y 极化入射波的宽带吸波效果，式 (2.4) 中 Z_y 应具有合适的实部，从而实现与自由空间的阻抗相匹配以抑制反射，同时又能吸收入射电磁波能量。在实际应用中，主要依靠有损材料来对实部进行调节，经过大量研究探索，目前引

入有损元件的有效方法包括引入磁损耗、介电损耗、贴片电阻和集总元件 [20-22]。因电阻可以实现精确的控制，所以这里使用贴片电阻来实现阻抗匹配。

图 2.9(a) 为上述吸波型低散射超表面单元在 y 极化波照射下的反射特性，该单元在 9.5 GHz 和 13.5 GHz 处分别存在两个吸波谐振峰，验证了在 y 极化波照射下的宽带吸波特性。其物理机理可以通过观察带内阻抗的实部与虚部数值的变化来分析，阻抗的实部接近于自由空间波阻抗 η_0，而虚部接近于 0，因此能够在宽带范围内与自由空间的阻抗匹配。最终，作为设计机理的验证，超表面样品由 40×40 个吸波型低散射超表面单元构成，总体尺寸为 256 mm×256 mm。图 2.9(b) 是超表面在 y 极化波入射下的归一化远场散射方向图仿真分析结果。很明显，与相同尺寸的金属板相比，超表面的背向 RCS 得到了很好的抑制，散射缩减约为 20 dB。不仅如此，在其他角度方向上也可以直接观测到散射强度的减少，表明入射电磁波能量大部分被吸收。这与相位调制型低散射超表面完全不同，后者虽然也具有较低的背向 RCS，但在其他方向可能具有较高的散射副瓣。

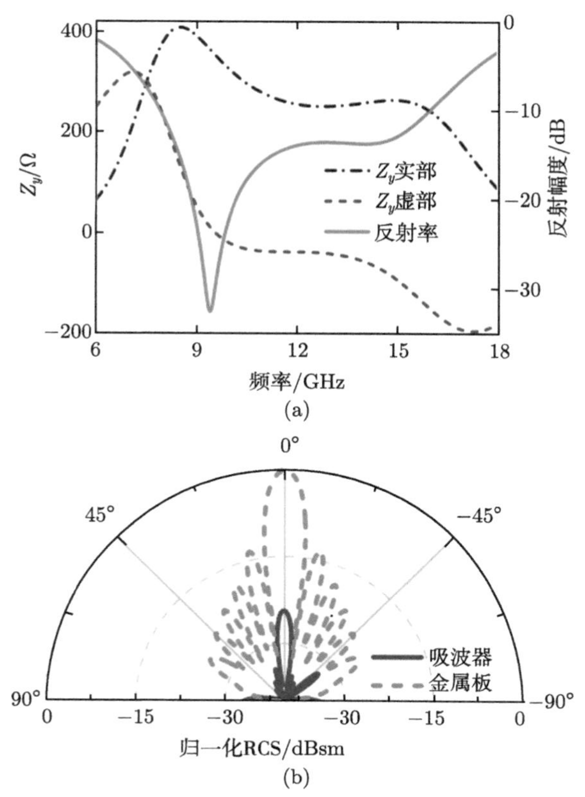

图 2.9　表面加载电阻的吸波型低散射超表面单元反射特性及超表面阵列的散射特性

(a) 表面加载电阻的吸波型低散射超表面单元反射特性仿真分析结果；(b) 散射方向图

与前面介绍的反射阵天线类似，对于 x 极化的入射波，其口径上的反射相位设计为与图 2.7(a) 相近的聚焦相位分布，从而可将波导馈源发射的球面波转化成平面波，形成高定向性的远场辐射。在此，馈源依旧设置成 45° 斜入射至超表面中心，馈源距超表面的垂直距离为 150 mm，中心频率设置在 10 GHz。如图 2.10(a) 所示，在微波暗室中测量了所组装天线样品的散射特性，测试结果如图 2.10(b) 所示。天线在 y 极化波正入射时的散射特性测试结果与仿真分析结果基本保持一致。在所设计 10 GHz 频率处，测试结果依旧能够保持接近 −20 dB 的 RCS 缩减。最后，将组装后的天线置于微波暗室测量其辐射特性。天线在中心频率 10 GHz 处的 E 面与 H 面上的仿真分析与实验测试的归一化二维辐射方向图如图 2.10(c) 和 (d) 所示。实验测试结果与仿真分析结果吻合较好，验证了低散射反射阵天线的定向高增益辐射。此外，主瓣辐射方向上的交叉极化分量均被抑制在 −24 dB 以下，具有良好的极化纯净度。

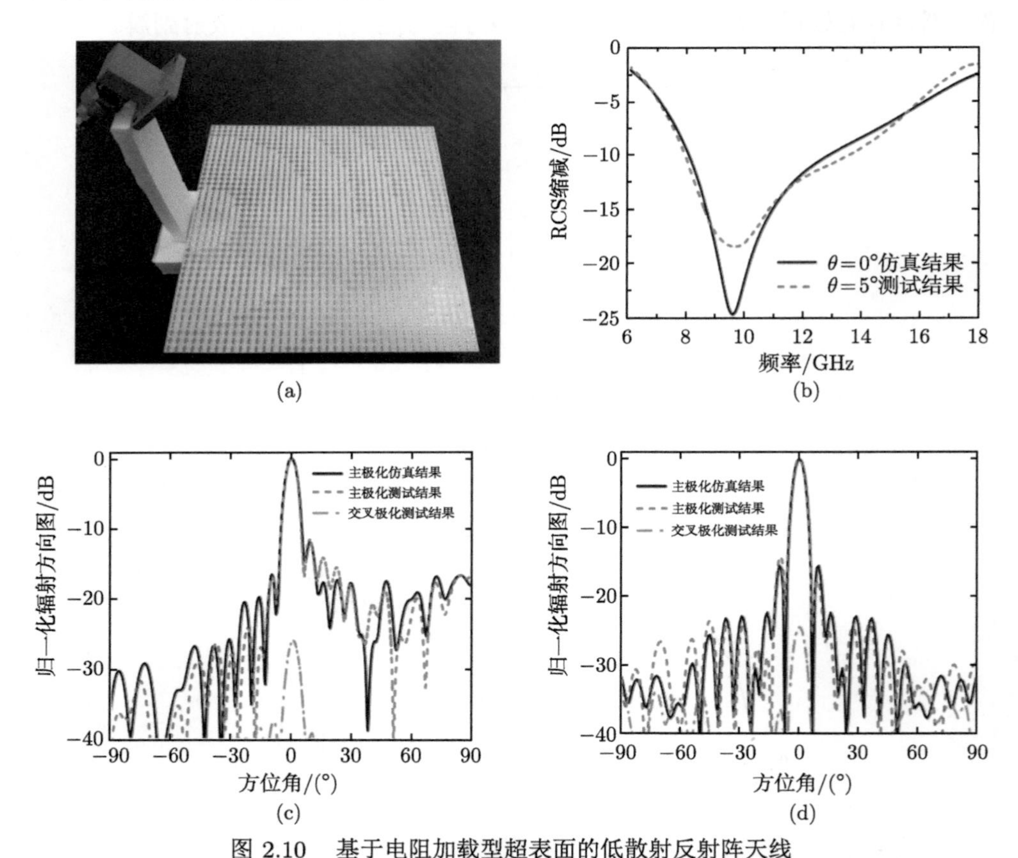

图 2.10　基于电阻加载型超表面的低散射反射阵天线

(a) 天线样品实物图；(b) 反射阵天线在沿 $-z$ 方向传播的 y 极化电磁波入射下的背向散射特性仿真分析与实验测试结果；低散射反射阵天线在 10 GHz 处归一化远场 E 面 (c) 与 H 面 (d) 方向图的仿真分析及实验测试结果

2. 低散射折叠反射阵天线

针对沿 $+z$ 方向入射波，图 2.4 所示单元构成的超表面能够根据入射电磁波的不同极化特性实现选择性的透射、反射响应。由前述分析可知，具有不同 l_y 参数的两种单元对沿 $+z$ 方向传播的电磁波具有相同的电磁响应特性 (如图 2.5 所示)。这是因为当电磁波从底层 (沿 $+z$ 方向) 照射至超表面时，单元的电磁响应特性主要由底层的金属极化栅决定，而这两个单元结构具有相同的极化栅结构参数。这里将进一步研究当电磁波沿 $-z$ 方向传播，即从上方照射超表面情况下的单元结构电磁响应特性。首先，根据互易定理可知，对于沿 $-z$ 和 $+z$ 方向入射的 x 极化波，单元具有相同的透射响应。其次，研究单元对沿 $-z$ 方向传播的 y 极化电磁波的反射情况，由于两种单元的参数 l_y 具有不同的尺寸 (对于单元 1，$l_y = 3.3$ mm；对于单元 2，$l_y = 1$ mm)，两个单元在 y 极化波照射下的反射幅度与反射相位差分别如图 2.11(a) 与 (b) 所示。仿真分析结果表明在所设计频段内，两个单元对沿 $-z$ 方向传播的 y 极化波具有全反射特性，以及 180° 相位差带来的 1-比特相位调制特性，这为基于该单元的双线极化复用超表面的散射波调制功能奠定了基础。

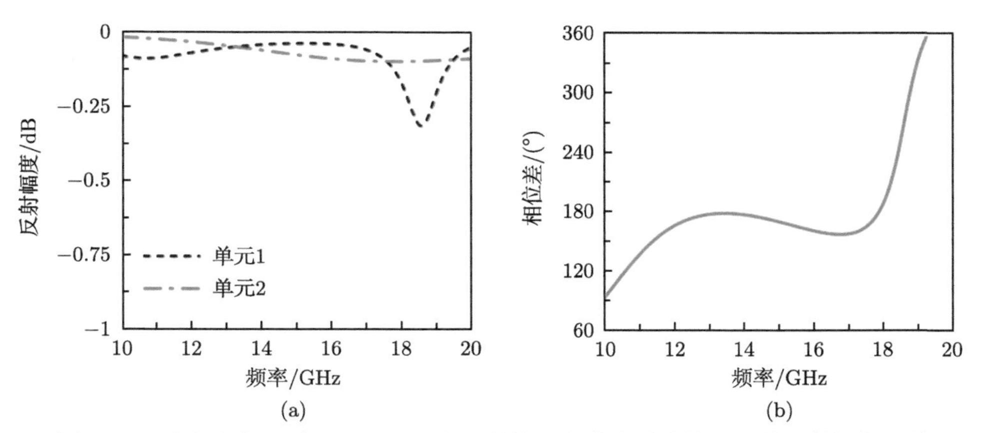

图 2.11 改变参数 l_y 实现对 $-z$ 方向入射的 y 极化电磁波的 1-比特反射相位调制

(a) 具有不同 l_y 参数的两种单元在 y 极化电磁波入射下同极化反射幅度仿真分析结果；(b) 具有不同 l_y 参数的两种单元在 y 极化波入射下同极化反射相位差仿真分析结果

图 2.12 展示了极化选择型透/反一体超表面在低散射折叠反射阵天线中的应用 [11]。在这里，低散射极化复用超表面不再仅仅充当辅助性装置，而是融入到折叠反射阵天线的结构设计之中。超表面由图 2.4 中介绍的单元 1 和单元 2 按照棋盘格分布形式排列构成，如图 2.12(a) 所示。作为天线的副反射面，它需要对沿 $+z$ 方向传播的 y 极化波实现类似于金属板的镜面反射，构成镜像效应，因此能

够对反射阵的焦距进行一次折叠，将天线剖面降低至普通反射阵的一半高度。简而言之，基于该极化选择型透/反超表面构成的低散射折叠反射阵天线的工作原理大致概括为：位于底层转极化相位调制超表面中心的馈源发出的 y 极化球面波经上方极化选择型透/反一体超表面反射后，会被底层转极化相位调制超表面转换为 x 极化的平面波，最终顺利通过极化选择型透/反超表面在远场形成高增益笔状波束。另一方面，对于沿 $-z$ 方向传播的前向 y 极化入射波，副反射面在极化栅的基础上叠加上了对 y 极化反射波的相位调制，通过棋盘格形式的 1-比特相位分布，可进一步实现漫散射效果，以降低其背向 RCS。

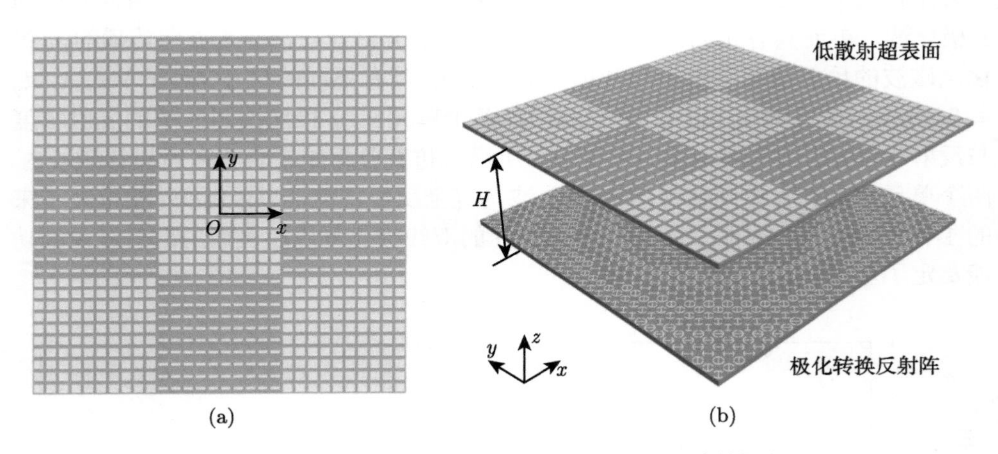

图 2.12　利用图 2.3 所示超表面构建的低背向散射超表面
(a) 棋盘格分布低背向散射超表面；(b) 棋盘格分布超表面在低背向散射高性能天线中的应用

上述单元所具有的 1-比特相位编码特性可以用于构造低散射超表面，与相同大小的金属板相比，低散射超表面所实现的 RCS 缩减值可以通过下列公式进行估算 [23]：

$$\text{RCS Reduction} = 20\lg\left|sA_1\mathrm{e}^{\mathrm{j}\varphi_1} + (1-s)\,A_2\mathrm{e}^{\mathrm{j}\varphi_2}\right| \tag{2.5}$$

其中，s 表示单元 1 在超表面中的占比；A 表示反射幅度，φ 表示反射相位，下标 1、2 分别对应两种单元。假设两种单元的反射幅度都等于 1，利用式 (2.3) 可计算得到，实现 10 dB RCS 缩减的前提是两个单元的反射相位差介于 143° ~217° 之间。此外，从式 (2.5) 分析可得，为了实现最佳的 RCS 缩减效果，超表面中的两种单元数量需保持相等。

为了充分验证上述设计理念，如图 2.13(a) 所示，利用印刷电路板工艺对所设计的低散射极化选择型超表面以及转极化反射表面 (白色虚线框内) 进行了加工及组装。首先，将组装后的低散射折叠反射阵天线置于微波暗室测量其辐射特性。天线在中心频率 15 GHz 处 xOz 面上的二维辐射方向图的仿真与测试结果如图 2.13(b) 所示。可以看出，加载了低散射的副反射面以后，折叠反射阵天线依然可以实现定向的高增益辐射，表明设计的低散射极化选择型透/反超表面保持了极化栅的特性，不影响折叠反射阵的辐射工作特性。最终，天线峰值增益在 16 GHz 处，测试值为 23.1 dB，对应于天线峰值效率为 25.4%；天线测得的 3 dB 增益带宽为 12.8～17.2 GHz，相对带宽为 29.3%。

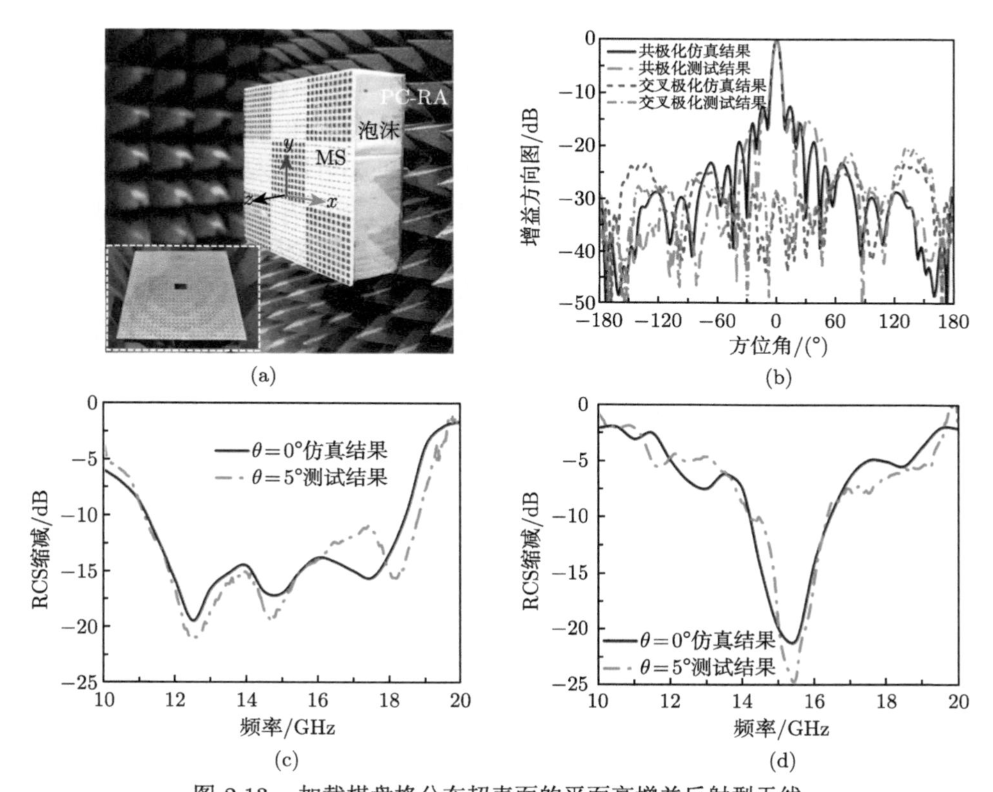

图 2.13 加载棋盘格分布超表面的平面高增益反射型天线

(a) 天线样品实物图；(b) 平面高增益反射型天线远场 E 面方向图仿真与测试结果；天线在沿 $-z$ 方向传播的 y 极化 (c) 及 x 极化 (d) 电磁波入射下的背向散射特性仿真与测试结果。((a) 中 “MS” 为 “超表面”，“PC-RA” 为 “转极化反射阵”)

在此基础上，利用弓形架测量系统测试了天线样品的散射特性，如图 2.13(c) 及 (d) 所示。图 2.13(c) 给出了天线在 y 极化波正入射条件下相对于同等面积金属板的背向 RCS 缩减效果，其中仿真分析曲线与实验测试曲线基本一致，均表明该天线在 11.2～18.4 GHz 范围内能有效实现 10 dB RCS 缩减，与理论预测的 RCS 缩减带宽吻合较好。另一方面，由于副反射面对 x 极化波表现为全透射特性，因此其在 x 极化波照射下依然具有较低的背向 RCS。如图 2.13(d) 所示，副反射面在 x 极化波照射下能够在 13.9～16.2 GHz 范围内相较于同等面积金属板实现超过 10 dB 的 RCS 缩减效果。

最终，所设计的低 RCS 折叠反射阵天线继承了反射阵宽带优势的同时，也将馈源集成到了主反射面的后方，不仅有效降低了天线剖面，还非常便于馈源和阵面的集成。此外，所设计的折叠反射阵天线还获得了较宽的 RCS 缩减带宽，在新型移动通信、卫星通信等领域中有望得到应用。

3. 低散射微带阵列天线

作为另一个应用实例，图 2.14 展示了一种中心工作频率为 10 GHz 的反射 1-比特相位调制极化选择型透/反一体超表面单元，将其作为微带天线阵列顶部的覆层组合工作 [24]。加载超表面后，天线阵列原有的辐射性能基本不受影响。同时，得益于超表面单元对后向 y 极化电磁波具有 1-比特相位调制的能力，天线阵列的背向 RCS 得到了明显抑制。具体而言，该单元由三层金属与两层厚度相同的介质基板构成，每个单元的上面两层金属为尺寸相同的贴片结构，多层设计有助于拓展工作带宽。单元周期长度 $p = 7.6$ mm，$l_x = 5.4$ mm。通过调节上方两层贴片沿 y 方向的长度 l_y，可对 y 极化入射电磁波实现反射相位的调节。底层金属被设计为极化线栅结构，其沿 x 方向的宽度与上方两层金属相同，可以实现极化选择型透/反功能。

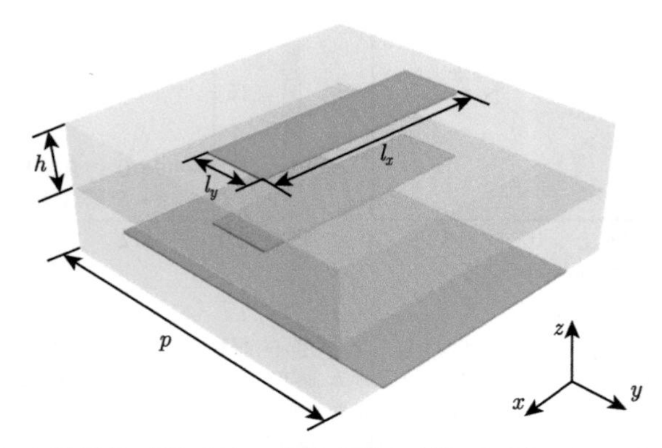

图 2.14　用于背向散射缩减的反射 1-比特相位调制极化选择型透/反一体超表面单元

图 2.15 为具有不同 l_y 数值的两种超表面单元对后向入射波的电磁响应仿真分析结果。其中，单元 1 和单元 2 对应的参数 l_y 数值分别为 5 mm 和 1.5 mm。当 x 极化电磁波垂直入射到单元表面时，单元的透射率大部分保持在 -2 dB 以上，且两个单元之间的相位相差不大。对于 y 极化的入射波，在 10 GHz 附近，单元的反射率保持在 -1 dB 以上，且图 2.15(b) 中所示两种单元在 7.4～12.1 GHz 频率范围内的反射相位差可以保持在 $180° \pm 37°$ 范围内，满足 RCS 缩减 10 dB 的要求。

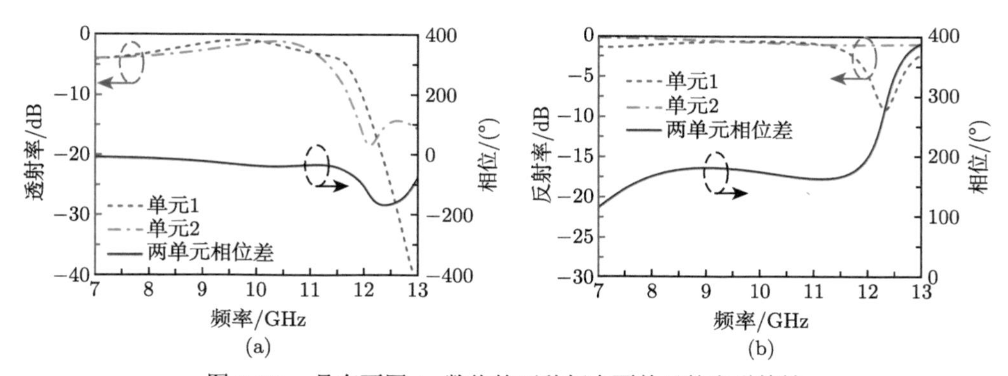

图 2.15 具有不同 l_y 数值的两种超表面单元的电磁特性

(a) 两种单元在沿 $+z$ 方向传播的 x 极化电磁波下均具有高透射特性，透射相位相近；(b) 两种单元在沿 $-z$ 方向传播的 y 极化电磁波下均具有高反射特性，透射相位差处于 180° 附近，用于实现反射 1-比特相位调制

为了进一步实现背向散射缩减的功能，将这两种单元按照两种排布方式进行排列：4×4 的超单元组成随机分布和 8×8 的超单元组成棋盘格分布，分别如图 2.16(a) 和 (b) 所示。当 y 极化电磁波垂直入射到超表面时，棋盘格形式分布会将入射波分裂成四个散射波束，而随机分布结构由于其单元的非周期性排布，会发生不规则的漫反射，从而将入射能量“打散”，实现背向 RCS 的缩减。将上述两个超表面加载至微带天线阵列上表面，在不影响天线辐射性能的同时可起到降低天线背向 RCS 的作用。所使用的微带天线阵列结构如图 2.16(c) 和 (d) 所示。天线采用相对介电常数为 2.2、损耗角正切为 0.002 的聚四氟乙烯 (F4B) 材料作为介质基板，中心工作频率设置为 10 GHz。将贴片单元按照 4×4 阵列进行排布，单元间距为 24 mm。馈电网络设置在地板的下层，通过金属过孔与辐射贴片相连。

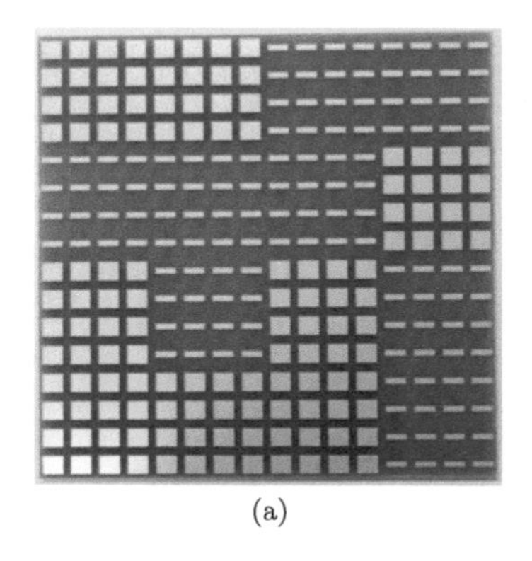
(a)

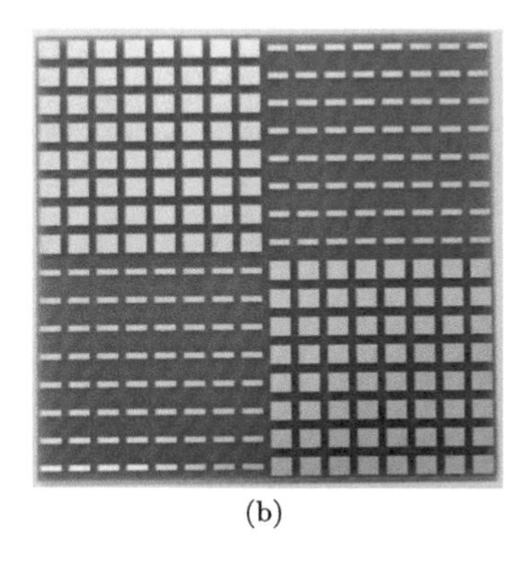
(b)

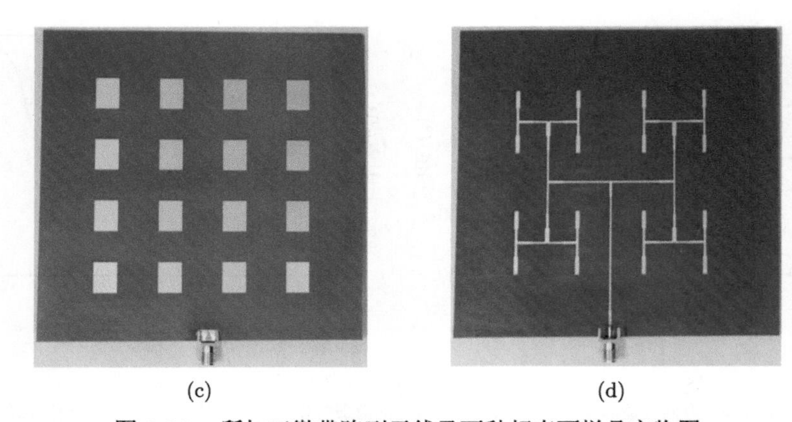

(c)　　(d)

图 2.16　所加工微带阵列天线及两种超表面样品实物图

(a) 微带阵列天线顶层贴片结构；(b) 微带阵列天线底层馈电结构；(c) 棋盘格分布低散射超表面；(d) 随机散射超表面

实验验证中，首先将组装后的天线阵列在微波暗室中测试其背向散射特性，测试结果如图 2.17(a) 和 (b) 所示。加载了低散射超表面的天线阵列对 x、y 极化探

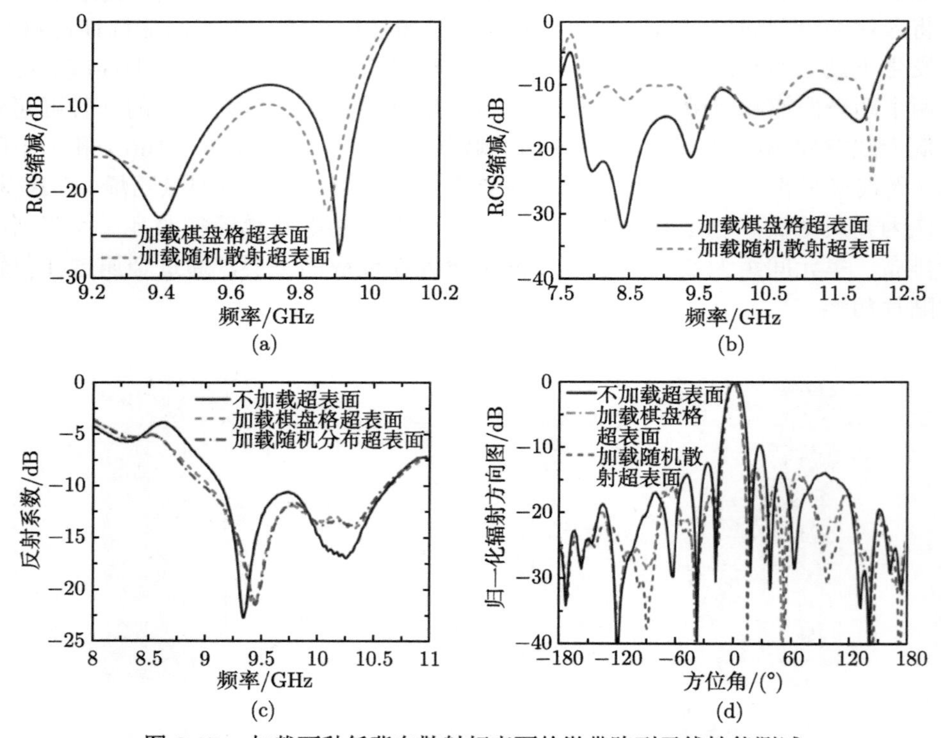

(a)　　(b)

(c)　　(d)

图 2.17　加载两种低背向散射超表面的微带阵列天线性能测试

(a) x 极化波照射下的测试结果；(b) y 极化波照射下的测试结果；(c) 微带阵列天线反射系数测试结果；(d) 微带阵列天线远场 E 面方向图测试结果

测波的散射均有一定程度的抑制。对于 x 极化波，可以在约 7%的相对带宽内实现 10 dB RCS 缩减，这是由于阵列天线此时处于接收的状态 (天线端口接匹配负载)，背向散射强度也得到了降低；对于 y 极化波，由于超表面的低散射作用，背向散射能量低，RCS 的缩减效果也更为明显，10 dB RCS 缩减频带为 7.8~12.1 GHz，覆盖了整个 X 波段。相较于同等大小的金属板，在 y 极化入射波的照射下，超表面获得的 10 dB RCS 缩减带宽约为 43.2%，与单元反射相位差处于 $143^\circ \sim 217^\circ$ 范围内的理论带宽基本一致。

本节从基本理论出发，介绍了线极化复用超表面的一般设计方案，并展示了多种双极化复用单元及其在低散射超表面天线中的应用。随着超表面技术的进一步发展，线极化复用超表面除了应用于透、反射阵天线实现低散射以外，还可以用以设计实现具有其他复杂功能的超表面器件，这一设计理念在多功能通信、多功能探测、多功能隐身等新兴技术方面具有良好的应用前景。

2.3 圆极化复用超表面

与线极化波不同，圆极化波在传播时其电场矢量的尾端在空间描出的轨迹为圆形，即其电场矢量始终围绕着传播方向进行旋转，人们根据旋转方向的不同将两种圆极化波分别定义为左旋圆极化波 (left-handed circularly polarized，LCP) 和右旋圆极化波 (right-handed circularly polarized，RCP)。相较于线极化波，圆极化波在避免极化失配及降低多径衰减等方面具有明显的优势。如线极化波在传输过程中 (如穿过大气层时) 极化方向可能会发生改变，因此接收天线也需要相应地调整极化角以保证极化匹配，而圆极化波则不会出现这样的问题。因此，圆极化波在卫星通信、雷达、导航等方面有着广泛的应用。传统圆极化电磁设备往往受限于其复杂的结构和有限的自由度，不利于电磁器件的智能化、集成化发展。超表面的出现，为圆极化波前的调控注入了新的活力，在增加更多调控自由度的同时极大地降低了器件的整体剖面。本节将从几何相位和圆极化复用的原理出发，归纳出应用于圆极化电磁波调控的超表面一般性设计方法，并通过实例介绍其在散射缩减、涡旋波束调控、波束能量分配等方面的应用探索。

2.3.1 几何相位超表面单元的一般设计方法

对于圆极化入射波，超表面单元仅通过改变旋转角度就可以实现对其透射/反射波的连续相位调制 [25]，由这类单元组成的超表面通常称为几何相位超表面。如图 2.18(a) 所示，以工作于透射模式的几何相位单元为例，当左旋圆极化波或右旋圆极化波入射到单元上时，在它们的透射交叉极化通道中将会被分别附加上 $\pm 2\theta$ 的相位变化。基于这种机制，只需按照一定规律设计超表面中单元的旋转角分布，无须改变其他物理参数，即可实现对输出圆极化波波前的任意调控。该理论最早可以追溯到 1956 年印度拉曼研究所 S. Pancharatnam 教授的一项研究 [26]。他在研究中发现，当此类各向异性微结构绕 z 轴逆时针旋转一定的角度 θ 时，电磁波在极化状态改变的过程中会被附加上一个额外的相位因子 $\mathrm{e}^{\mathrm{j}2\theta}$。如图 2.18(b) 所示，庞加莱球 (Poincare sphere) 可以直观地表征这一过程。庞加莱球是一个三维球体，其三个坐标轴分别为斯托克斯参数 S_1、S_2 和 S_3。球上的每一点都代表一种极化 (偏振) 态，其北极和南极分别表示右旋圆极化波和左旋圆极化波 [27]。在圆极化波的交叉极化通道中，其偏振态相当于发生了从北极 (南极) 到南极 (北极) 的演变。以北极到南极为例，图 2.18(b) 中路径 A 和路径 B 分别对应于旋转角为 0° 和旋转角为 θ 时的演变路径。两条路径包围的立体角决定了经由旋转微结构出射的圆交叉极化波之间的相位差，其大小等于 2θ。在 1984 年，英国布里斯托大学的 M. V. Berry 教授首次提出几何相位的概念。Berry 教授在研究中发现，一个绝热物理系统在经过某一路径 (一定的参数空间或态空间) 演变回到初始状态后，会在原状态的基础上被附加一个额外的相位因子 [28]，并且这个相位因子只和该系统演变的几何路径有关，因此被称为几何相位。为了纪念 Pancharatnam 教授和 Berry 教授在这方面杰出的贡献，几何相位也被称为 Pancharatnam-Berry(PB) 相位。

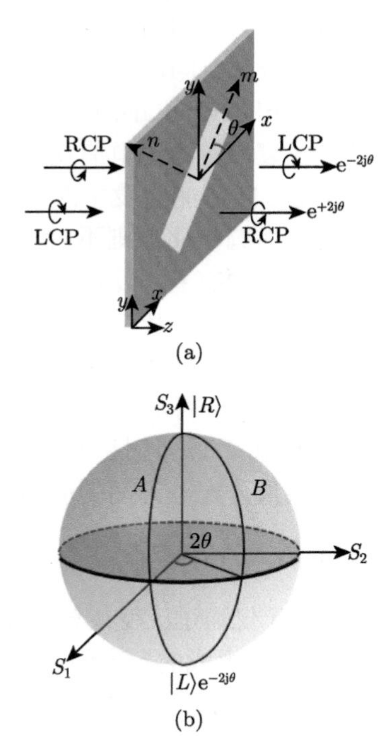

图 2.18 几何相位原理

(a) 基于几何相位单元的相位调制机理；(b) 几何相位的庞加莱球表征方式

上述几何相位的相位调制机理可以通过琼斯矩阵 (Jones matrix) 从数学的角度给予解释。当电磁波入射到由几何相位单元周期性延拓构成的阵列上时，可以用线极化表征下的透射矩阵 $\boldsymbol{T}=\boldsymbol{M}(\theta)\begin{bmatrix} t_{mm} & t_{mn} \\ t_{nm} & t_{nn} \end{bmatrix}\boldsymbol{M}(\theta)^{-1}$ 和反射矩阵 $\boldsymbol{R}=\boldsymbol{M}(\theta)\begin{bmatrix} r_{mm} & r_{mn} \\ r_{nm} & r_{nn} \end{bmatrix}\boldsymbol{M}(\theta)^{-1}$ 来描述其物理过程。其中，m 和 n 代表单元的两个主轴；t 和 r 分别表示透射和反射系数，其第一个和第二个下标分别表示出射和入射的偏振态。$\boldsymbol{M}(\theta)=\begin{bmatrix} \cos\theta & \sin\theta \\ -\sin\theta & \cos\theta \end{bmatrix}$ 是表征单元旋转 θ 时的旋转矩阵。为了更直观地观察旋转单元对圆极化波的相位调制效果，通过圆极化和线极化之间的基矢变换 $\boldsymbol{T}^{\mathrm{cir}}=\dfrac{1}{2}\begin{bmatrix} 1 & 1 \\ -\mathrm{j} & \mathrm{j} \end{bmatrix}^{-1}\boldsymbol{T}\begin{bmatrix} 1 & 1 \\ -\mathrm{j} & \mathrm{j} \end{bmatrix}$ 和 $\boldsymbol{R}^{\mathrm{cir}}=\dfrac{1}{2}\begin{bmatrix} 1 & 1 \\ -\mathrm{j} & \mathrm{j} \end{bmatrix}^{-1}\boldsymbol{R}\begin{bmatrix} 1 & 1 \\ -\mathrm{j} & \mathrm{j} \end{bmatrix}$，最终得到如下形式：

$$\begin{aligned}\boldsymbol{T}^{\mathrm{cir}}&=\begin{bmatrix} t_{\mathrm{rr}} & t_{\mathrm{rl}} \\ t_{\mathrm{lr}} & t_{\mathrm{ll}} \end{bmatrix}\\&=\begin{bmatrix} \frac{1}{2}[t_{mm}+t_{nn}+\mathrm{j}(t_{mn}-t_{nm})] & \frac{1}{2}\mathrm{e}^{\mathrm{j}2\theta}[t_{mm}-t_{nn}-\mathrm{j}(t_{mn}+t_{nm})] \\ \frac{1}{2}\mathrm{e}^{-\mathrm{j}2\theta}[t_{mm}-t_{nn}-\mathrm{j}(t_{mn}+t_{nm})] & \frac{1}{2}[t_{mm}+t_{nn}+\mathrm{j}(t_{mn}-t_{nm})] \end{bmatrix}\end{aligned} \tag{2.6}$$

$$\begin{aligned}\boldsymbol{R}^{\mathrm{cir}}&=\begin{bmatrix} r_{\mathrm{rr}} & r_{\mathrm{rl}} \\ r_{\mathrm{lr}} & r_{\mathrm{ll}} \end{bmatrix}\\&=\begin{bmatrix} \frac{1}{2}[r_{mm}+r_{nn}+\mathrm{j}(r_{mn}-r_{nm})] & \frac{1}{2}\mathrm{e}^{\mathrm{j}2\theta}[r_{mm}-r_{nn}-\mathrm{j}(r_{mn}+r_{nm})] \\ \frac{1}{2}\mathrm{e}^{-\mathrm{j}2\theta}[r_{mm}-r_{nn}-\mathrm{j}(r_{mn}+r_{nm})] & \frac{1}{2}[r_{mm}+r_{nn}+\mathrm{j}(r_{mn}-r_{nm})] \end{bmatrix}\end{aligned} \tag{2.7}$$

上式中下标 r 和 l 分别代表右旋圆极化和左旋圆极化。需要注意的是，在反射式的几何相位超表面中，由于反射波相对于入射波发生了传播方向的改变，因此反射琼斯矩阵中的 r_{ll} 和 r_{rr} 对应于透射模式中的交叉极化通道。如公式 (2.6) 和 (2.7) 所示，无论是透射模式还是反射模式，入射到几何相位超表面上的圆极化波均会在交叉极化通道中获得一个与旋转角的 2 倍相关的相位因子。除此之外，对于一对正交的圆极化波，它们获得的相位因子是关联并且相反的，这刚好从数学的角度直观地展示了几何相位的机理。

由公式 (2.6) 和 (2.7) 分析可得，圆极化波入射到几何相位单元上时仅在交叉极化通道存在相位调制，而在同极化通道内没有相位调制。因此，要想高效地调制圆极化波波前，可通过合理设计超表面单元的结构使其交叉极化的幅度接近于 1。从超表面中出射的电磁波包含入射圆极化波的转极化分量和同极化分量，因此理想情况下抑制其同极化分量就能保持较高的转极化效率。以透射超表面为例，在公式 (2.6) 中，圆极化的共极化透射系数主要由 t_{mm}、t_{nn}、t_{mn} 和 t_{nm} 四项决定。为了简化设计过程，在此考虑旋转角 $\theta=0°$ 时的情况。此时，t_{mm}、t_{nn}、t_{mn} 和 t_{nm} 四项分别等于单元采用 x 极化和 y 极化表征下的四个透射系数：t_{xx}、t_{yy}、t_{xy} 和 t_{yx}。进一步地分析透射矩阵可得，当 $|t_{xx}|=|t_{yy}|=1$ 并且 t_{xx} 和 t_{yy} 相位相差 180° 时，单元的交叉极化幅度达到最大值 1。对于反射超表面，以上结论同样适用，即 $|r_{xx}|=|r_{yy}|=1$ 并且 r_{xx} 和 r_{yy} 相位相差 180° 时，单元反射场中同极化分量的幅度也可以达到最大值 1。

基于上述分析，可以总结出几何相位单元设计及其对电磁波调控的一般设计方法。如图 2.19 所示，以反射式几何相位单元为例，首先明确设计的理论要求，然后设计出满足要求的各向异性单元结构，最后将单元进行旋转形成一定的空间分布即可实现对圆极化波前进行调制。由于几何相位单元旋转时对两个正交圆极化波的相位调制互相关联并且相反，因此当单元的旋转角 θ 从 0° 变化到 180° 时，两个圆极化波的相位调制范围会分别覆盖 ±360°。为了更好地将超表面物理与信息技术相结合，人们也常利用二进制数字编码来表征具有不同相位调制的超表面单元。图 2.19 中所示的 1-比特、2-比特和 3-比特单元分别指的是将 360° 的相位调制离散为 2、2^2 和 2^3 种状态。以 3-比特编码为例，二进制编码 000 至 111 依次表示相位调制为 ±0°, ± 45°, ± 90°, ⋯ , ± 315° 的单元。类似地，1-比特的编码方式包含 ±0° 和 ±180° 两种相位状态，2-比特编码包含 ±0°、±90°、±180°、±270° 四种相位状态。需要注意的是，这里的“±”指的是单个单元对右旋圆极化波和左旋圆极化波具有相反的相位调制。

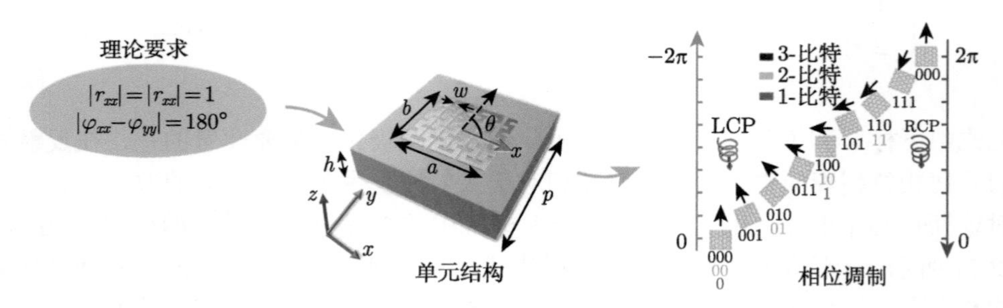

图 2.19　几何相位单元设计及相位调制原理

单元其他物理参数分别为 $p=8$ mm，$h=2$ mm，$a=4.6$ mm，$b=4.25$ mm，$w=0.25$ mm

带宽是电磁器件中一项重要的指标，因此几何相位单元的带宽也是设计时需要关注的要素。理论上，只要设计的单元能在宽带范围内满足上文提到的幅度和相位差的要求，那么单元就可以对入射的圆极化波进行宽带且高效的相位调制。举例说明，图 2.19 所示的结构就是一种宽带的几何相位单元 [29]，它由相对介电常数为 4.3 的介质基板、金属铜背板及顶部的金属蛇形线图案组成。金属铜背板及金属蛇形线的厚度均为 0.018 mm。如图 2.20 所示的仿真分析结果，当旋转角为 0° 时，金属背板保证了该单元具有接近于 1 的线极化同极化反射幅度 (r_{xx} 和 r_{yy})。同时各向异性的蛇形线结构提供了多谐振模式，使单元两个线极化同极化反射系数之间的相位差可以在宽带范围内保持在 180° 附近。基于以上仿真分析，将该几何相位单元进行旋转即可在 12~21.5 GHz 的宽带范围内对入射的圆极化波进行高效的相位调制。

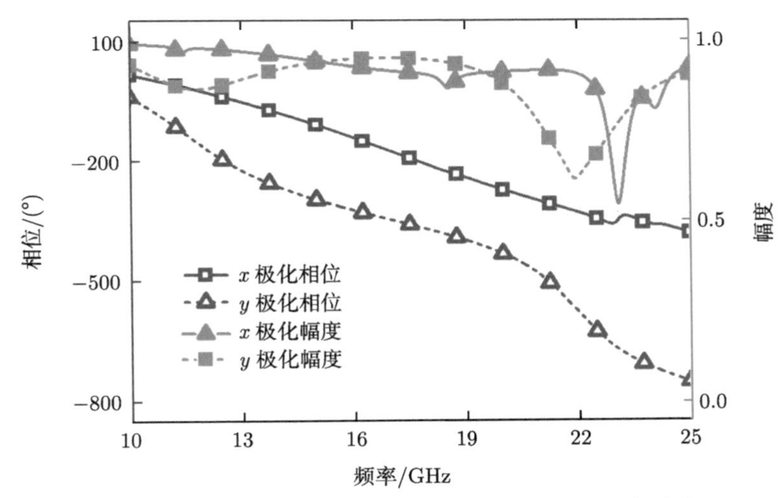

图 2.20 宽带几何相位单元的线极化同极化幅/相频响应

如图 2.21 所示，除了基于蛇形线结构的宽带单元，优化后的金属条带、十字形、开口谐振环和 H 形等各向异性结构均能被用作几何相位单元。实际上，几何相位单元结构具有多样性，其形式并不固定，其基本要求是需要单元在线极化波入射下的电磁响应特性满足图 2.19 中的理论要求。

本小节介绍了几何相位的基本原理，归纳总结了该类单元的一般性设计方法，并通过宽带几何相位超表面单元实例证明了理论和方法的可靠性，为后续几何相位超表面器件的设计提供了理论支撑和方法借鉴。

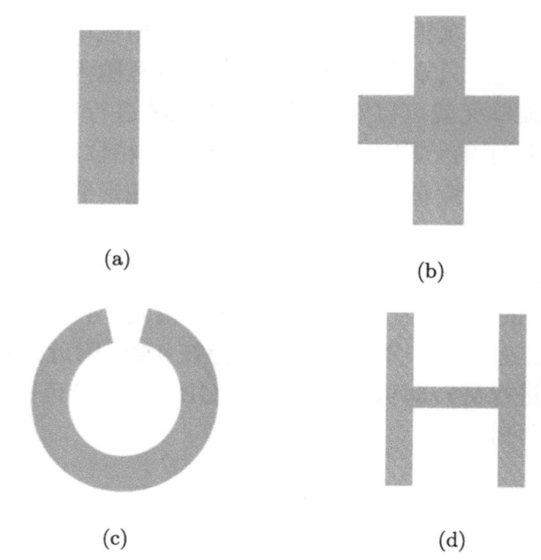

(a) (b) (c) (d)

图 2.21　其他几何相位单元结构
(a) 条形结构；(b) 十字形结构；(c) 开口谐振环结构；(d)H 形结构

2.3.2　几何相位编码超表面在波束调控和散射缩减中的应用

几何相位的调制机理使圆极化电磁波的波前调控更为便捷，同时数字化的表征方式进一步简化了超表面的设计过程，因此几何相位编码超表面在电磁波的散射场调控中有着广阔的应用前景，本小节将具体以波束调控和散射缩减为例进行介绍。

1. 基于几何相位编码超表面的波束调控

不同编码的单元对圆极化波的相位响应也不相同，通过将它们按照一定的空间规律进行序列化排布，即可实现多种电磁调控功能。当编码单元在某个方向上形成相位梯度时，即可对出射波束的偏转角度进行灵活调控。出射波束的俯仰角可由广义斯涅耳定律 [30] 计算得到 $\vartheta = |\arcsin(\lambda\Delta\phi/(2\pi p))|$。在此公式中，$\lambda$ 为对应频点处的波长，p 为单元周期长度，$\Delta\phi$ 为指定方向上相邻两个单元调制相位的差值。图 2.22(a) 所示的序列为一个包含了 4×4 个 2-比特编码单元的宏单元。在 y 轴方向上，相邻两个单元之间的相位差为 $\pm90°$(对于右旋圆极化波和左旋圆极化波而言相位梯度相反)，因此会产生一个发生异常偏折的单波束。在 x 轴方向上，相邻的两个宏单元 (包含两个相同的小单元，周期为 $2p$) 之间的相位差为 $180°$，使得出射的电磁波因发生相消干涉而分裂为两个波束。结合 x 轴方向和 y 轴方向上的相位排布，当这些宏单元组成超表面时，可根据广义斯涅耳定律计算出波束方向，当频率为 17 GHz、右旋圆极化入射时，两个异常反射波束与 yOz 面

的夹角为 $\pm\arcsin(\lambda/(4p)) = \pm 33.7°$，同时它们的方位角依次为 236.3° 和 303.7°。将 6×6 个宏单元组成超表面并进行全波仿真分析，得到了图 2.22(b)~(d) 所示的远场散射结果。图 2.22(a) 中右旋圆极化波入射时的远场仿真分析结果与根据广义斯涅耳定律计算的波束分裂和偏转的角度吻合较好。如图 2.22(c) 所示，当左旋圆极化波入射时，反射波束与图 2.22(b) 中的结果关于 xOz 面镜像对称。这是因为此时每个单元的相位调制虽然均与右旋圆极化波相反，但图 2.22(a) 中的编码序列在 x 轴方向上仍然表现为波束分裂的功能，在 y 轴方向上的相位梯度则变为与原来相反，具体表现为波束沿着该轴的偏转方向与原来相反，因此最终远场散射结果与右旋圆极化波入射时呈镜像对称。

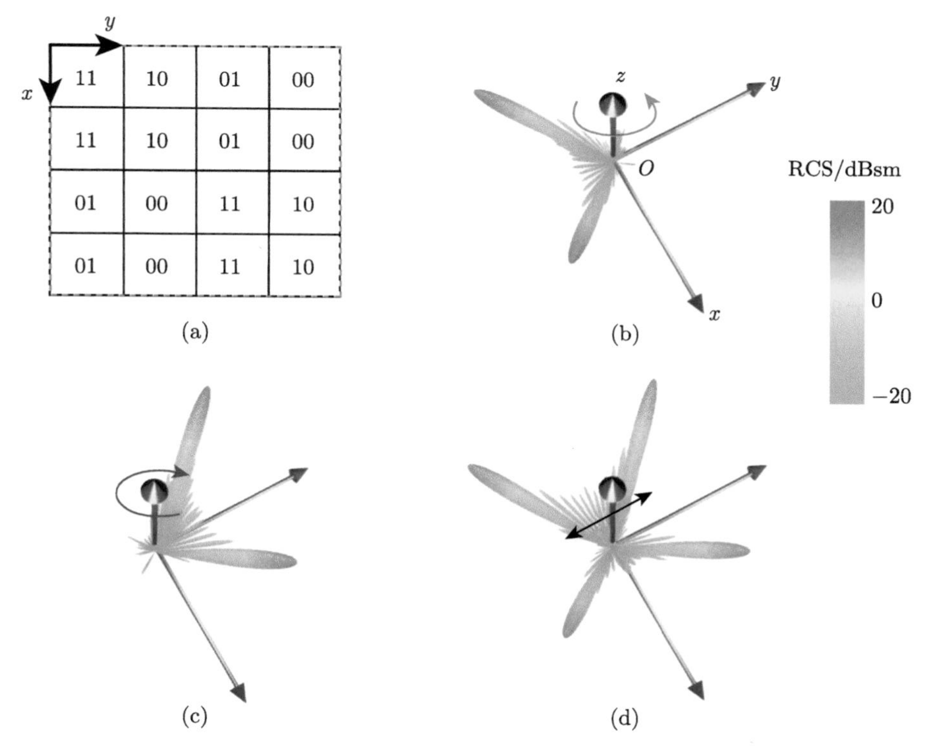

图 2.22 编码序列及三维远场散射仿真分析结果

(a) 超表面的编码序列分布；(b)~(d) 右旋、左旋圆极化波和线极化波分别入射下的远场散射结果

图 2.22(d) 展示了线极化波入射到超表面阵列上的远场仿真分析结果，呈现出右旋圆极化波和左旋圆极化波分别入射时所产生的波束相叠加的散射模式。在这里对线极化波的极化方向没有限制，因为任意取向的线极化波均可以被分解为右旋圆极化波和左旋圆极化波的叠加，因此这种几何相位编码超表面具有线极化取向不敏感的特性。

这部分介绍了宽带几何相位编码超表面在波束调控中的应用。通过将圆极化相位调制进行离散化编码处理，大大降低了超表面器件的设计复杂度，同时构建了电磁空间与数字空间之间的桥梁，推动了超表面的发展。仿真分析结果与理论结果吻合较好，宽带的波束调控和散射缩减几何相位编码器件在无线通信和隐身等领域有着广阔的应用前景。

2. 几何相位编码超表面实现散射缩减

在实际应用中，几何相位超表面除了可以实现高效的波束调控外，还可以用于产生类似于漫反射的电磁散射现象。这种帮助目标实现背向 RCS 缩减的器件可以通过对几何相位编码超表面单元进行随机排布来实现 [29]。

当电磁波入射到目标平滑的反界面上时，会在入射波的镜像方向上产生一个强反射波。此时被观测目标将会呈现出较大的 RCS 值，因而很容易被探测到。为了解决这一问题，人们通常采用随机表面来模拟漫反射界面，从而破坏反射波的波前，使其朝着各个方向随机散射以降低雷达探测威胁。几何相位编码超表面单元的相位仅取决于其旋转角，因此只需使阵列中各单元的旋转角呈现出一定的随机分布，就可以使反射波的能量被散射到各个方向，来降低背向的 RCS 值。天线阵理论可以具体地解释这一机理，假设反射式的随机表面中共有 $M \times N$ 个单元。当平面波照射在随机表面上时，其总散射场可以看作每一个单元辐射出的场的叠加，具体可表示为

$$E = \sum_{i=1}^{M} \sum_{j=1}^{N} E_{i,j}(\vartheta, \varphi) \cdot \mathrm{e}^{\mathrm{j}\varphi_{i,j}} \tag{2.8}$$

该公式中的 (ϑ, φ) 分别表示俯仰角和方位角，$E_{i,j}$ 和 $\varphi_{i,j}$ 分别表示第 (i, j) 个单元的辐射电场和相位因子。对于随机表面而言，阵列中每个单元的相位调制是随机的。

根据前述理论和仿真分析，同一几何相位编码超表面对右旋圆极化波和左旋圆极化波具有关联的电磁调控功能，且任意线极化波入射时产生的功能都是二者的叠加。因此，针对圆极化波相位调制的几何相位随机编码超表面在线极化波入射时同样适用，并且也具有线极化取向不敏感的特性。如图 2.23(a) 所示，当一线极化波入射到此类随机编码超表面上时，整体反射场的波前被打散，从而使能量被随机分配到空间中各个方向上，避免了较强的背向散射 [29]。作为原理验证，最终制备的随机表面样品和实验测试结果如图 2.23(b) 所示。在微波暗室中的远场测试结果表明，该随机编码超表面的能量反射率在 12~23 GHz 的宽带范围内均低于 10%，并且不受入射波线极化取向的影响。

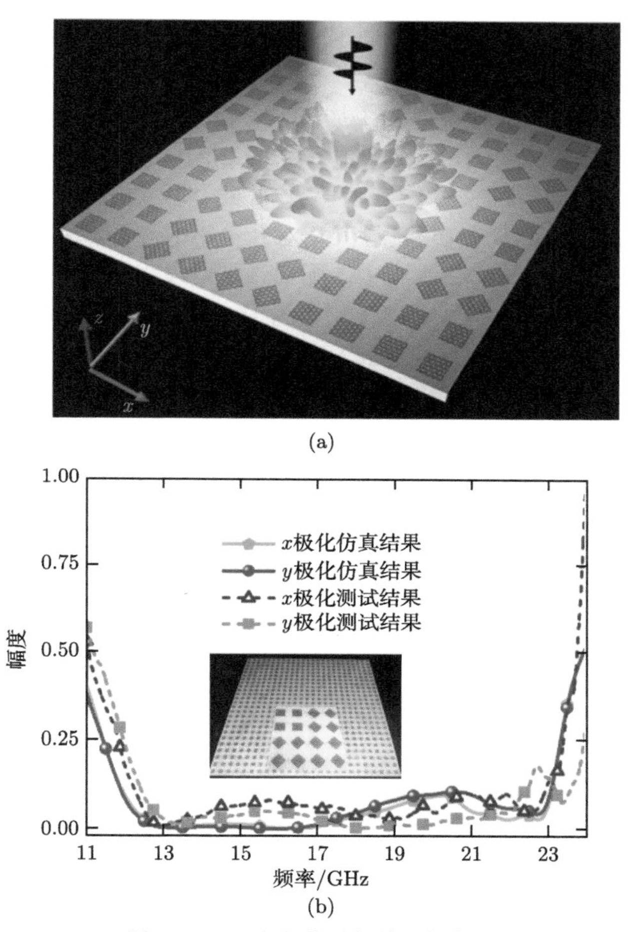

图 2.23 几何相位随机编码超表面

(a) 几何相位随机编码超表面示意图；(b) 随机表面样品及实验测试结果

2.3.3 几何相位超表面在涡旋波束调控中的应用

电磁波的轨道角动量 (orbital angular momentum，OAM) 因其模式的无限性和模式之间的正交性，在无线通信和光通信领域有着极大的应用前景 [31]。在微波段目前已有许多方法可以产生携带轨道角动量的涡旋波束，如微带阵列天线、多环阵列天线方法等。但这些方法通常需要设计复杂的馈电网络和优化大量的结构参数，并且剖面较高，难以应用于紧凑的集成化系统中。几何相位超表面作为一种低剖面的电磁波调控平台，仅需要改变旋转角就可以对圆极化波的相位进行连续调制，因此可以极大地降低涡旋波调控器件的剖面和设计复杂度。本小节主要介绍基于反射型几何相位超表面对轨道角动量的模式和涡旋波束锥角进行灵活调控的方法。

当圆极化平面波照射到超表面上时，通过合理设计几何相位单元的旋转角排布，可以对出射场进行灵活的波束赋形。特别地，当单元的旋转角在二维平面上具有一定的螺旋分布时，会在反射波中加载上一定拓扑荷的轨道角动量。在此以微波频段的反射型超表面为例，首先设计了如图 2.24(a) 所示的单元结构 [32]。该单元包含三层结构: 金属背板、介质层和顶层刻蚀的耶路撒冷十字形金属图案。介质层是厚度为 2 mm 的 F4B 介质基板，其相对介电常数和损耗角正切分别为 2.65 和 0.001。金属背板和顶层的耶路撒冷十字图案均是厚度为 0.018 mm 的金属铜箔。单元的周期长度 p 为 6 mm，其中心工作频点为 15.5 GHz。经过优化后，顶层耶路撒冷十字形结构的其他结构参数分别为 $a = 0.2\,\text{mm}$，$w = 1.8\,\text{mm}$，$l_x = 2.73\,\text{mm}$，$l_y = 4\,\text{mm}$。α 是单元逆时针旋转时相对于 x 轴的角度。此处两个金属臂设计为不同长度 (l_x 和 l_y)，以满足单元在 x 极化波和 y 极化波的照射下，它们的同极化反射相位保持 180° 的相位差。图 2.24(b) 展示了单元在 x 极化波和 y 极化波入射时的同极化反射幅度和相位的仿真分析曲线，单元的旋转角度为 0°。此时，两个线极化波在 14~17 GHz 范围内的反射幅度均接近于 1，并且二者的相位差都维持在 180° 附近，满足前述章节中提到的几何相位单元的设计要求。为了进一步验证圆极化波入射下 (以左旋圆极化波为例) 该单元的相位调制效果，图 2.24(c) 中给出了单元在不同

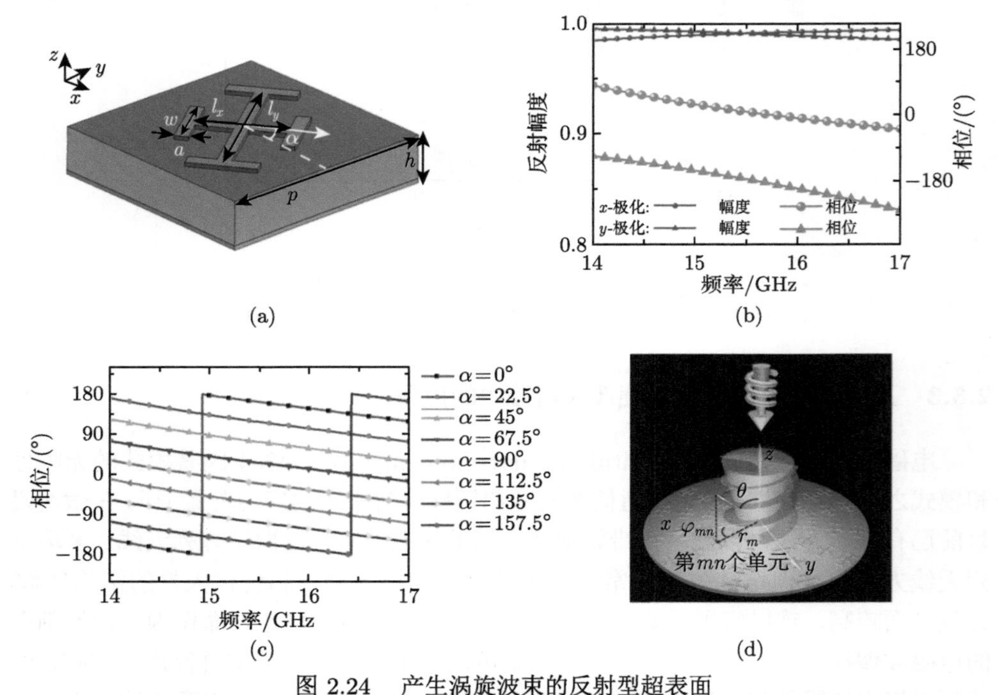

图 2.24　产生涡旋波束的反射型超表面

(a) 反射型几何相位单元结构；(b) 单元的反射幅度/相位响应；(c) 单元具有不同旋转角时的圆极化相位响应；(d) 超表面产生涡旋波束的原理示意图

旋转角下的相位仿真分析曲线。当单元的旋转角以 22.5° 的间隔增加时，反射场中的左旋圆极化波相位则以 45° 的间隔逐次递减。同样地，若入射波为右旋圆极化波，则其相位响应恰好与左旋圆极化波相反，即以 45° 的间隔逐次递增，该变化规律符合前述章节中单元间相位切换等于 $\pm\Delta 2\alpha$ 的结论。

通过将该单元按照一定的空间分布构成超表面，可实现对涡旋波束的轨道角动量模式和锥角的灵活调控。对于超表面而言，其远场辐射模式等于每个单元二次辐射的叠加。由于携带轨道角动量的涡旋波束具有环形的能量分布，因此为了尽可能使能量分布得更均匀，这里主要考虑了几何相位单元组成的同心环阵列。如图 2.24(d) 所示，以同心环阵列的几何中心为原点，建立柱坐标系。r_m 表示第 m 个同心环阵列中单元的径向坐标。mn 和 φ_{mn} 则分别表示第 m 个同心环阵列中第 n 个单元的序号和方位角 (方位角取值范围为 0° ~ 360°)。为了满足涡旋波束中携带轨道角动量 (拓扑荷为 l) 所需的相位分布 $\mathrm{e}^{\mathrm{j}l\varphi}$，这里需要在每个环阵列中都设置 $2\pi l$ 的相位变化，即第 m 个环阵列中的单元需要满足 $2\pi l/N_m$ 的周向相位梯度。同时为了进一步对涡旋波束的锥角进行有效调制，还在径向的两个相邻单元之间设置了一定的相位梯度。若将这种径向相位梯度表示为 $\delta = \Delta a_n$，那么超表面中任意一个单元的反射相位 a_{mn} 都可以表示为 [32]

$$a_{mn} = a_{m1} + 2\pi l(n-1)/N_m + \delta(m-1) \tag{2.9}$$

从上式中可以看出，在超表面阵列中主要存在两种相位梯度：第一种是控制轨道角动量模式数的周向相位梯度；第二种是存在于不同环阵列中的径向相位梯度，它主要用于控制涡旋波束的锥角。简而言之，当该超表面的单元径向周期 p，以及阵列中环的总数 ($M = 30$) 被确定下来后，超表面总体的辐射特性将由 l 和 δ 这两个变量决定。

在此以 $\delta = \pi/5$，$l = -7$ 为例进行说明。由于先前设计的耶路撒冷十字形几何相位单元 (图 2.24) 对于右旋圆极化波和左旋圆极化波具有高效并且互相关联的相位调制，因此只讨论左旋圆极化波正入射的情况。图 2.25(a) 和 (b) 展示的相位分布分别基于与 $\delta = \pi/5$ 对应的径向相位梯度和与 $l = -7$ 对应的周向相位梯度。图 2.25(c) 所示的相位分布则是将前两种相位梯度直接按照对应位置相加的结果。从图中可以看出，这三种分布中的相位均为连续变化，但这在实际仿真分析和样品制备的过程中难以实现，因为图中的每个相位值均需要对应的几何相位单元来实现，而超表面单元并非无限小，而是具有一定的物理尺寸。因此，将图 2.25(c) 中设计的相位分布用超表面实现时，需要将连续的相位分布进行离散化处理。对于图 2.24 中单元按照离散相位分布排布成的超表面，通过全波仿真分析，得到了如图 2.25(d) 和 (f) 所示的归一化远场散射结果，它们分别对应于图 2.24(a)~(c) 中的三种相位分布。结果表明，当相位分布中仅存在 $\delta = \pi/5$ 的径向相位梯度时，该超表面可以生成锥角为 18° 的锥形波束；对于仅含有 $l=-7$ 的周向相位梯度的超表面，产生了锥角为 10° 的涡旋波束。而同时加载了径向相位梯度和周向相位梯度的超表面获得了更强的涡旋波束调制能力。如图 2.25(f) 所示，对于携带模式为 -7 的轨道角动量的涡旋波束，其锥角可被有效调节为 23°，同时其旁瓣电平也得到了明显的抑制。

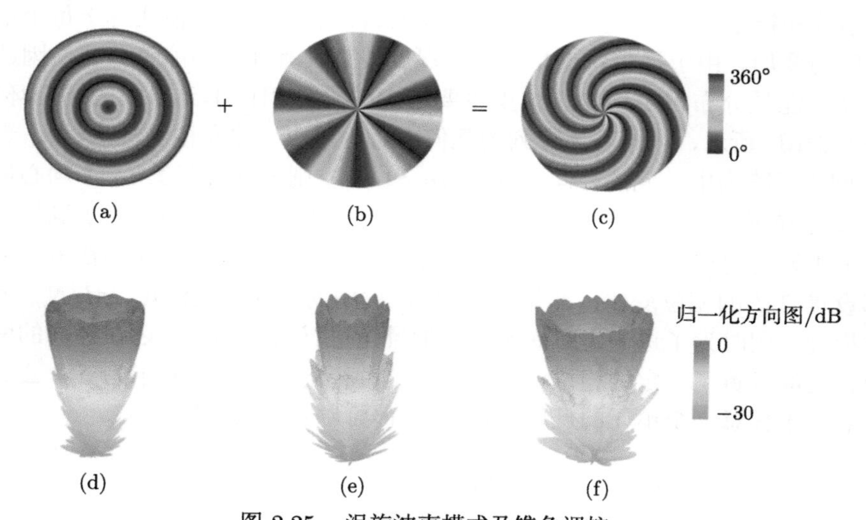

图 2.25　涡旋波束模式及锥角调控

(a) $\delta=\pi/5$ 时的径向相位梯度；(b) $l=-7$ 时的周向相位梯度；(c) $\delta=\pi/5$，$l=-7$ 时超表面的相位分布；(d)～(f)15.5 GHz 的左旋圆极化波入射时的归一化远场散射仿真分析结果

在实际应用过程中，可对涡旋波束锥角实现有效调控，远不止上述实例中列举出来的单个角度 (23°)。实际上，当涡旋波束需要携带的轨道角动量模式被确定后，可以通过改变 δ 的取值来连续调节其锥角大小，该结论在仿真分析和实验测试中都得到了验证 [32]。

在本小节中，通过理论仿真分析和实验验证，证明了几何相位超表面可以为涡旋波束的产生和调控提供更加灵活的自由度，能够对涡旋波束携带的轨道角动量模式以及波束锥角实现独立、灵活的操纵。该方法大大简化了涡旋波生成器的设计过程，为该类波束的产生和灵活调控提供了一条新的途径。

2.3.4　圆极化复用超表面的一般设计方法

几何相位超表面可以仅凭借单元旋转角度的改变实现对圆极化波的相位调控，但当正交圆极化电磁波入射时，其出射的波前互相关联。这种限制是由其固有物理机理决定的，即几何相位单元对两种圆极化波的相位调制始终是相反的。因此，一旦超表面中单元的空间排布被确定，它就只能为两种圆极化波提供相反的相位空间变化，从而呈现的电磁功能也具有关联性，例如生成一对传播方向镜像对称的偏折波束，或者生成模式数相反的轨道角动量涡旋波。为了从根本上解决自旋 (圆极化性) 耦合的问题，需要将几何相位和传播相位相结合，并同时设计这两类相位 [33]。在本小节中将详细介绍双圆极化复用的原理，并归纳出自旋解耦超表面的一般性设计方法。

对于超表面单元，可以根据工作原理将其相位响应分为两类，即几何相位和传播相位 (或称之为谐振相位、线性相位等)。其中，几何相位的基本理论在前面章节中已经详细描述，即通过将单元旋转任意角度 α 可针对圆极化波产生 $\pm 2\alpha$ 的相位调制。而对于传播相位，则是通过调整超表面单元的结构参数等手段来改变单元在两个线极化通道内的相位响应。在此过程中，单元的旋转角不发生变化。具体地说，可以在单元旋转角为 0° 时，通过改变单元的几何尺寸来实现对正交的 x 极化和 y 极化同极化透射/反射相位的独立调控，这部分内容在 2.2.3 节中已经详细描述。而通过将几何相位和传播相位相结合，可以实现对两种正交圆极化波相位的独立调控。

在此以反射式的圆极化自旋解耦超表面单元为例，对其进行理论分析。对于由超表面单元按照周期性延拓组成的阵列而言，若入射的电场和反射的电场分别表示为 $\boldsymbol{E}^{\mathrm{i}}$ 和 $\boldsymbol{E}^{\mathrm{r}}$，电磁波垂直入射时的反射琼斯矩阵为 $\boldsymbol{R}$，那么就存在 $\boldsymbol{E}^{\mathrm{r}}=\boldsymbol{R}\boldsymbol{E}^{\mathrm{i}}$ 的转换关系。由于自旋解耦理论与圆极化波密切相关，故琼斯矩阵可以采用圆极化基底来表征，表示为如下形式 [33,34]：

$$\boldsymbol{R}=\begin{bmatrix} R_{\mathrm{LL}} & R_{\mathrm{LR}} \\ R_{\mathrm{RL}} & R_{\mathrm{RR}} \end{bmatrix}=\begin{bmatrix} \eta \mathrm{e}^{-\mathrm{j}2\alpha} & \delta \\ \delta & \eta \mathrm{e}^{\mathrm{j}2\alpha} \end{bmatrix} \tag{2.10}$$

式中，R_{LL}，R_{LR}，R_{RL} 和 R_{RR} 均为圆极化基底下的反射系数，下标中的两个字符分别表示反射波和入射波的极化状态，其中 L 和 R 分别代表左旋圆极化波和右旋圆极化波。α 是超表面单元的旋转角度，δ 和 η 是与单元的线极化响应有关的两个参量，可以根据公式 $\delta=(R_{xx}\mathrm{e}^{\mathrm{j}\varphi_{xx}}+R_{yy}\mathrm{e}^{\mathrm{j}\varphi_{yy}})/2$ 和 $\eta=(R_{xx}\mathrm{e}^{\mathrm{j}\varphi_{xx}}-R_{yy}\mathrm{e}^{\mathrm{j}\varphi_{yy}})/2$ 进行计算。其中，R_{xx} 和 R_{yy} 分别是旋转角为 0°，x 极化波和 y 极化波入射时，单元的同极化反射幅度响应。同样地，φ_{xx} 和 φ_{yy} 是此时两个同极化反射系数的相位响应，即通过改变结构参数可以进行调节的传播相位。从公式 (2.10) 中可以看出，只有当两个同极化反射系数的幅度都等于 1，并且 φ_{xx} 和 φ_{yy} 之间相差 180° 时，矩阵中具有相位调制能力的两个对角项的幅度才可以达到最大值 ($\eta=1$)。此时，公式 (2.10) 中的琼斯矩阵可以进一步简化为

$$\boldsymbol{R}=\begin{bmatrix} \mathrm{e}^{\mathrm{j}(\varphi_{xx}-2\alpha)} & \delta \\ \delta & \mathrm{e}^{\mathrm{j}(\varphi_{xx}+2\alpha)} \end{bmatrix} \tag{2.11}$$

从上式可以看出，在反射型超表面的左旋到左旋和右旋到右旋的极化通道中 (相

当于透射型超表面中的交叉极化通道)，它们的相位调制 (φ_{LL} 和 φ_{RR}) 由传播相位和单元旋转角度共同决定，即存在以下关系：

$$\varphi_{\mathrm{LL}} = \varphi_{xx} - 2\alpha \tag{2.12}$$

$$\varphi_{\mathrm{RR}} = \varphi_{xx} + 2\alpha \tag{2.13}$$

实际上，实现对两种圆极化波入射下同极化反射相位的独立调控，即相当于可以实现 φ_{LL} 和 φ_{RR} 的任意组合。为了更直观地展示几何相位、传播相位和两个需独立调制的圆极化相位之间的关系，在此对公式 (2.12) 和 (2.13) 进行线性运算，得到如下对应关系 [34]：

$$\alpha = (\varphi_{\mathrm{RR}} - \varphi_{\mathrm{LL}})/4 \tag{2.14}$$

$$\varphi_{xx} = (\varphi_{\mathrm{RR}} + \varphi_{\mathrm{LL}})/2 \tag{2.15}$$

$$\varphi_{yy} = (\varphi_{\mathrm{RR}} + \varphi_{\mathrm{LL}})/2 - \pi \tag{2.16}$$

其中，公式 (2.16) 是为了保证 φ_{xx} 和 φ_{yy} 之间存在 180° 的相位差。由上式可以看出，对于任意组合的左、右旋相位分布，都可以根据以上三个公式计算出所需要的 α，φ_{xx} 和 φ_{yy}。因此，只需要设计合理的结构参数来实现指定的 φ_{xx} 和 φ_{yy}，并将单元旋转 α，就可以实现对两种圆极化波相位的完全解耦，这在单元层面为后续自旋解耦超表面的实现提供了理论支撑。

在完成了对自旋解耦理论的讨论后，接下来需要将前述理论中提到的参量用具体的单元物理结构来实现。由于需要将几何相位与传播相位相结合，因此所设计的单元结构应当具备实现这两种相位调节的能力。对于几何相位，可以通过旋转角的改变来实现，而对于传播相位，则需要具体结合单元结构的参数来实现对两个正交方向线极化波入射下的相位调节和覆盖。在此以图 2.26(a) 中设计的十字形基本单元为例进行说明。该单元由五层结构组成，包括一层金属背板、两层介质基板和两层十字形金属谐振器。两层金属谐振器和金属背板均由厚度为 0.018 mm 的金属铜箔构成。介质基板为 Taconic TRF-43 材料, 其厚度和相对介电常数分别为 $h = 1.63$ mm 和 4.3 mm，损耗角正切为 0.0035。超表面单元的周期为 $p = 6$ mm，中心工作频率设计为 16 GHz，顶部十字形谐振器的宽度为 a = 1 mm。单元中主要有三个变量分别为：旋转角 α，顶部谐振器沿着 x 轴方向和 y 轴方向的长度 l_x 和 $l_y(\alpha = 0°$ 时)。为了尽可能增加改变谐振器长度对传播相位的调节范围，单元中采用了两层堆叠的谐振器结构。同时，顶部金属图案的尺寸与第二层金属图案的尺寸缩放系数为 0.9，这种设计可以在满足相位调制的同时起到拓展工作带宽的作用。

图 2.26(b) 是单元旋转角为 0° 时，单元在 x 极化入射下同极化反射幅度 R_{xx} 和相位 φ_{xx} 随 l_x 变化的曲线。当 l_x 从 1 mm 变化到 5 mm 时，φ_{xx} 可以获得 360° 的相位覆盖，同时幅度均维持在 0.93 以上。由于结构的对称性，以上结论对 y 极化波入射时改变 l_y 的情况同样适用。除了高效和相位覆盖范围较宽以外，这种十字形单元还具有一项明显的优势，即两个正交的线极化之间几乎不存在极化串扰。具体而言，当 l_x 改变时，φ_{xx} 可以得到有效的相位调制，但 φ_{yy} 几乎不会随之改变。同样地，φ_{yy} 也不会受到 l_x 变化的影响。这种正交线极化之间极低的串扰为传播相位 φ_{xx} 和 φ_{yy} 的独立调控奠定了良好的基础。

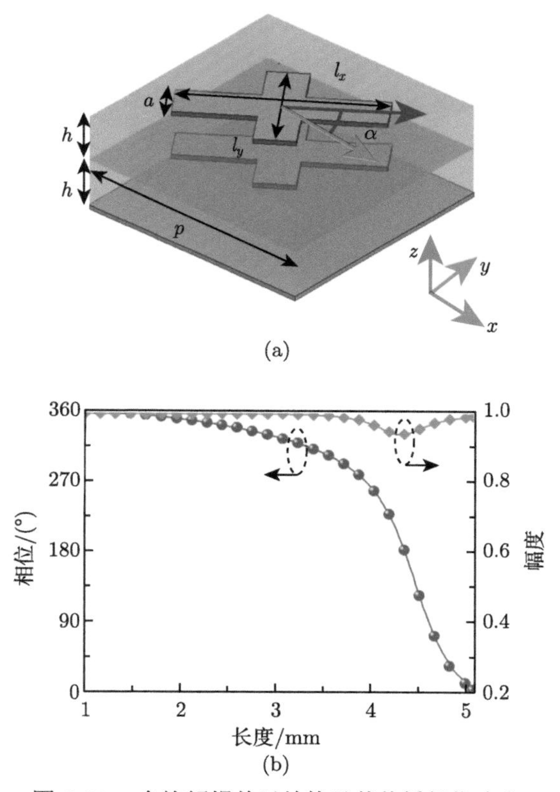

图 2.26 自旋解耦单元结构及其传播相位响应

(a) 超表面单元；(b)16 GHz 线极化波入射时，单元旋转角为 0° 时线极化反射相位与金属臂长的关系

在明确了传播相位的调制机理后，进一步将其与几何相位结合即可实现自旋解耦超表面单元的设计。图 2.27 中给出了自旋解耦单元设计的一般方法及其相位调制机理。对于需要实现的双圆极化相位调制目标 φ_{RR} 和 φ_{LL}，首先根据图中的理论公式计算出所需的旋转角和两个正交方向上的传播相位。然后设计出能够同

时实现几何相位和传播相位调制的超表面单元。最终根据不同的相位调制需求确定对应的物理参数，即可在单元层面实现自旋解耦。以图 2.26 中的十字形单元为例，图 2.27 展示了 3-比特编码自旋解耦单元的样例。为了方便表示，3-比特编码中原有的二进制编码 “000”，“001”，$\cdots$ ，“111” 在这里简化表示为数字编码 “0”，“1”，$\cdots$，“7”，依次表示 0°，45°，90°，135°，180°，225°，270°，315° 的调制相位。覆盖 360° 的调制相位被离散为 8 种状态，因此双圆极化复用的编码单元共有 $8^2 = 64$ 种组合方式。如编码为 “3/4” 的单元，指的是对左旋圆极化波和右旋圆极化波调制相位分别为 135° 和 180° 的单元。根据这两个相位需求，可根据图 2.27 中公式计算出所需的旋转角和传播相位依次为 $\alpha = 11.25°$，$\varphi_{xx} = 157.5°$，$\varphi_{yy} = 337.5°$。进一步地，再根据图 2.26(b) 中传播相位和长度的对应关系，即可得到该编码单元中谐振器金属臂的长度分别为 $l_x = 4.43$ mm 和 $l_y = 2.67$ mm。为了简单起见，所有编码单元的相位调制均以编码 “0/0” 的实际相位为基准。

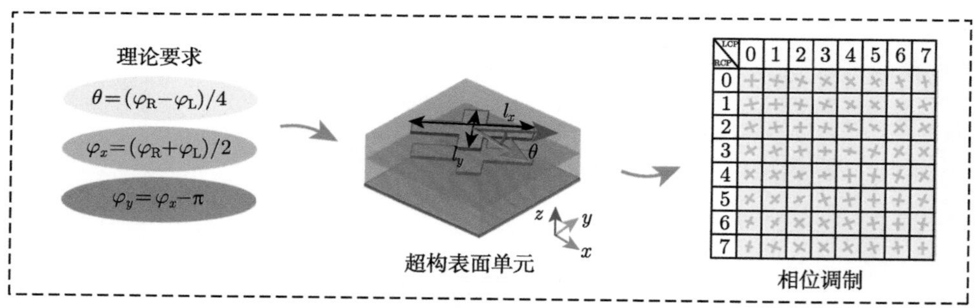

图 2.27　自旋解耦单元设计及相位调制原理

本小节主要以反射型超表面单元为例，进行了自旋解耦理论的推导和一般设计方法的归纳。进一步地，将自旋解耦单元按照一定的空间规律进行排布，构成的超表面即可在两个圆极化波入射时产生不同的电磁功能。具体而言，一旦两个圆极化波通道中的相位分布需求被确定，只需要按照图 2.27 中的公式计算出对应的旋转角和传播相位分布，进而按照此规律在空间中对设计的自旋解耦单元进行排布即可实现双圆极化复用超表面的设计。

2.3.5　反射型超表面及其涡旋波束调控

轨道角动量因其模式的无限性和正交性被认为是进一步提高通信系统信道容量的有效途径，因此灵活操纵携带轨道角动量的涡旋波束是当前的一项研究热点。在基于传统圆极化超表面 (如几何相位超表面) 生成涡旋波束时，一对正交圆极化波入射下难以生成模式完全独立的轨道角动量，但是此限制可以通过自旋解耦超表面实现突破。在此以反射型超表面为例，分别介绍基于反射型圆极化复用超表面的任意自旋–轨道角动量转换器和超宽带多模涡旋波束生成器。

1. 基于反射型圆极化复用超表面的任意自旋–轨道角动量转换器

针对光子而言，其动量包含线动量和角动量，其中角动量又可以进一步划分为自旋角动量和轨道角动量 [35]。自旋角动量 $\sigma\hbar(\sigma=\pm1)$ 对应于圆极化波的极化状态，其中 $\hbar$ 为约化普朗克常量，$\sigma=1$ 和 -1 分别对应于右旋圆极化波和左旋圆极化波。轨道角动量 $l\hbar$(l 为轨道角动量模式数，也称拓扑荷数) 则以 $\mathrm{e}^{\mathrm{j}l\varphi}$ 这种螺旋相位因子的形式由电磁波携带 (φ 为方位角)。由于理论上 l 具有无穷多种取值，并且具有不同模式的轨道角动量之间的传输完全正交，因此轨道角动量在提升系统通信容量方面有着巨大的应用前景 [36]。但是，传统的几何相位超表面在生成轨道角动量时存在限制，因为不同圆极化入射时产生的轨道角动量模式存在关联。虽然通过空间复用或相位复相加等原理也可以实现多模式轨道角动量的生成，但在两个圆极化通道中生成的轨道角动量模式仍然无法被完全解耦。

基于前述的自旋解耦单元设计方法，可以在微波频段设计相关单元来实现任意的自旋–轨道角动量转换，在此以图 2.26 中提到的十字形自旋解耦编码单元为例，设计了两个自旋–轨道角动量转换的实例。在实例 1 中，左旋和右旋圆极化波入射时，分别产生轨道角动量模式为 1 的涡旋双波束和笔状双波束。在左旋圆极化反射通道中，将 40×40 的超表面阵列划分为八个圆心角相等的扇区，扇区之间按照 45° 的相位间隔进行排布 (逆时针)。具有此种相位排布的超表面可以生成模式为 1 的轨道角动量。在前述中曾提到，沿着一维方向按照 0° 和 180° 间隔排布的相位梯度可以产生波束分裂的双波束效果，并且波束分裂后的偏折角度可以根据广义斯涅耳定律进行计算。为了获得两个关于 yOz 面对称的双涡旋波束，将沿 x 轴方向的 “000444” 的周期相位编码与离散化的螺旋相位编码进行叠加，最终得到的相位编码如图 2.28(a) 所示。右旋圆极化通道与左旋圆极化通道完全不同，仅包含沿 y 轴方向的 “000444” 周期相位编码 (图 2.28(b))。结合这两个圆极化通道的相位编码，将图 2.26 中的单元按照空间规律进行排布构成具有上述设计功能的超表面，并进行全波仿真分析。结果表明，具有不同自旋角动量的电磁波入射到该超表面上时，产生了携带不同轨道角动量模式和具有不同波束偏折方向的涡旋波束，与理论设计吻合较好。

为了进一步证明自旋–轨道角动量转换的任意性，在实例 2 的两个圆极化通道中分别设计了携带不同轨道角动量的光栅状相位分布 [34]。对应的相位编码和远场仿真分析结果如图 2.28(c) 和 (d) 所示，左旋和右旋圆极化波入射时分别产生了模式为 ± 2 和 ± 1 的轨道角动量。作为设计原理验证，设计了具有上述功能的超表面样品，针对实例 1 制备了尺寸为 240 mm×240 mm 的样品，并在微波暗室中进行了测试。样品实物图和远场实验测试结果如图 2.29 所示，实验测试结果与仿真分析吻合较好，有效地验证了所设计的任意自旋–轨道角动量转换器的可靠性。

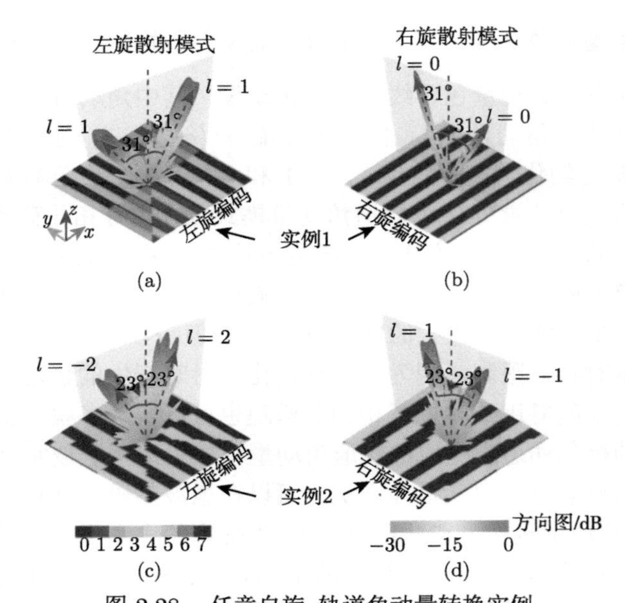

图 2.28 任意自旋–轨道角动量转换实例

(a) 和 (b) 实例 1 左旋、右旋相位编码及其散射模式；(c) 和 (d) 实例 2 左旋、右旋相位编码及其散射模式

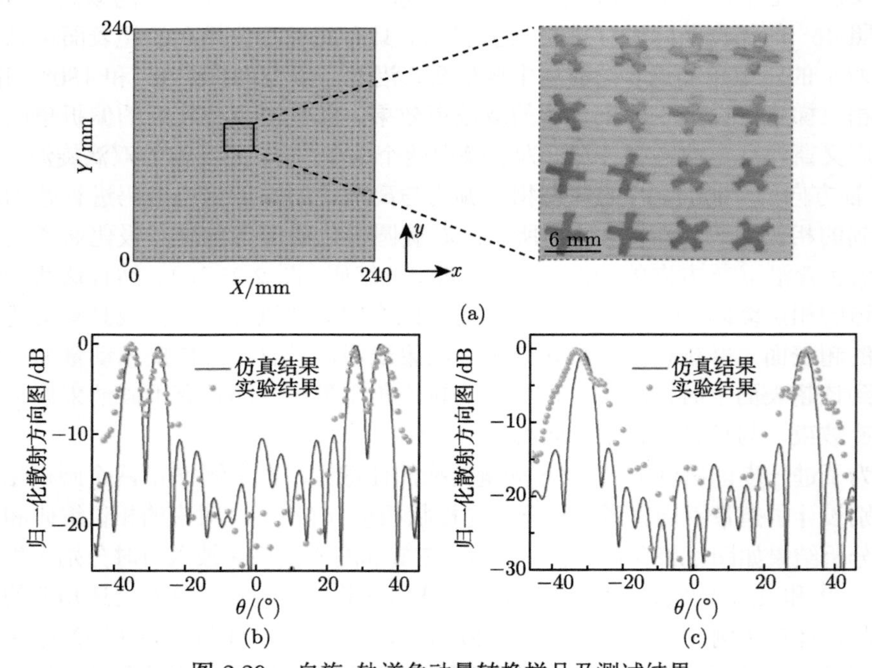

图 2.29 自旋–轨道角动量转换样品及测试结果

(a) 任意自旋–轨道角动量转换实例 1 样品实物图；(b) 和 (c)16 GHz 的左旋圆极化波和右旋圆极化波分别入射下反射波束的二维仿真分析和实验测试结果

2. 基于反射型圆极化复用超表面的超宽带多模涡旋波生成器

带宽作为电磁多功能器件的重要指标之一，长期以来受到人们的广泛关注。现有的圆极化复用超表面大多以几何相位和传播相位相结合的方式实现 [37]。而传播相位在调节时，通常需要调整谐振结构的几何尺寸来改变单元的响应频率，以此实现相位调制功能。这种与色散密切相关的工作机制一定程度上限制了圆极化复用多功能器件的带宽。例如，前述的任意自旋–轨道角动量转换器，通过改变十字形金属臂的长度提供传播相位，难以达到超宽带的工作模式。为了进一步拓展圆极化复用超表面的工作带宽，本小节中以交叉极化旋转单元为基础设计了超宽带的圆极化复用电磁器件。

当左旋圆极化波和右旋圆极化波沿着 $-z$ 方向传播时，可以将其归一化电场分别表示为 $\chi^+ = \frac{1}{\sqrt{2}}(e_x + \mathrm{j}e_x)$ 和 $\chi^- = \frac{1}{\sqrt{2}}(e_x - \mathrm{j}e_x)$，假设需要对这两个圆极化波分别施以 $\varPhi^+$ 和 $\varPhi^-$ 的相位调制，那么该过程的琼斯矩阵可以表示为 [38]

$$\boldsymbol{J} = \begin{bmatrix} \mathrm{e}^{\mathrm{j}\varPhi^+} & \mathrm{e}^{\mathrm{j}\varPhi^-} \\ -\mathrm{j}\mathrm{e}^{\mathrm{j}\varPhi^+} & \mathrm{j}\mathrm{e}^{\mathrm{j}\varPhi^-} \end{bmatrix} \begin{bmatrix} 1 & 1 \\ \mathrm{j} & -\mathrm{j} \end{bmatrix}^{-1} \tag{2.17}$$

上式经过化简可以进一步写作：

$$\boldsymbol{J} = \boldsymbol{R}\left(m + \frac{\pi}{4}\right) \begin{bmatrix} 0 & \mathrm{e}^{\mathrm{i}n} \\ \mathrm{e}^{\mathrm{i}n} & 0 \end{bmatrix} \boldsymbol{R}^{-1}\left(m + \frac{\pi}{4}\right) \tag{2.18}$$

其中，$\boldsymbol{R}(\theta) = \begin{bmatrix} \cos\theta & \sin\theta \\ -\sin\theta & \cos\theta \end{bmatrix}$ 为旋转矩阵，θ 为旋转角。参量 m 和 n 分别可以根据公式 $m = (\varPhi^+ - \varPhi^-)/4$ 和 $n = (\varPhi^+ + \varPhi^-)/2$ 计算得到。

当一个具有对角对称特性的理想交叉极化单元被电磁波照射时，其琼斯矩阵可以表达为以下形式：

$$\boldsymbol{J} = \boldsymbol{R}(\theta) \begin{bmatrix} 0 & \mathrm{e}^{\mathrm{j}\varPhi_0} \\ \mathrm{e}^{\mathrm{j}\varPhi_0} & 0 \end{bmatrix} \boldsymbol{R}^{-1}(\theta) \tag{2.19}$$

其中，$\varPhi_0$ 为单元的交叉极化通道中的传播相位。通过对比公式 (2.18) 和公式 (2.19) 可以发现，若要使交叉极化单元在两个正交圆极化波的照射下能够实现独立的相位调制，应当满足：

$$\varPhi_0 = \frac{1}{4}(\varPhi^+ + \varPhi^-) \tag{2.20}$$

$$\theta = \frac{1}{4}(\varPhi^+ - \varPhi^- + \pi) \tag{2.21}$$

即通过调节交叉极化单元的传播相位 Φ_0 和其旋转角 θ，也可以实现双圆极化复用。此处与前述章节中介绍的自旋解耦单元的一般性设计方法稍有不同，先前采用的传播相位是在同极化通道中进行调制，而此处是在交叉极化通道中进行调制。若要实现宽带圆极化复用的 1-比特编码超表面，需将右旋圆极化波的两种相位状态 ($\Phi_{\mathrm{RR}}=0°$，180°) 和左旋圆极化波的两种相位状态 ($\Phi_{\mathrm{LL}}=0°$，180°) 以任意组合的方式代入公式 (2.20) 和公式 (2.21)，可得到图 2.30(a) 中所示的对应关系。

Φ_{LL}	Φ_{RR}	
	0°	180°
0°	$\Phi_0=0°$, $\theta=45°$	$\Phi_0=90°$, $\theta=90°$
180°	$\Phi_0=90°$, $\theta=0°$	$\Phi_0=180°$, $\theta=45°$

(a)

Φ_{LL}	Φ_{RR}	
	0°	180°
0°	$\Phi_0=0°$, $\theta=45°$	$\Phi_0=90°$, $\theta=90°$
180°	$\Phi_0=90°$, $\theta=0°$	$\Phi_0=0°$, $\theta=135°$

(b)

图 2.30　超表面对单元传播相位和旋转角的要求

圆极化复用 1-比特编码超表面对改进前 (a) 和改进后 (b) 的单元的传播相位和旋转角的要求

经过计算可知，交叉极化单元结构之间的传播相位至少需要实现 180° 的覆盖范围才可以满足圆极化复用 1-比特编码超表面的要求。考虑到超宽带的工作模式，表格中不同单元之间的传播相位差还应该在宽带范围内保持稳定。为了适当降低该设计对传播相位覆盖范围的要求，在此对单元进行了一项改进，即利用了转极化单元镜像对称时固有的相位翻转的特性，用 $\Phi_0=0°$，$\theta=135°$ 的单元来代替 $\Phi_0=180°$，$\theta=45°$ 的单元 [38]。最终改进后的 1-比特编码需求如图 2.26(b) 所示，此时所设计单元之间的传播相位只需要达到 90° 的覆盖范围。

以上理论推导证明了利用交叉极化单元实现圆极化相位复用功能的可行性，并分析了单元应当满足的条件，在此以一组宽带的 1-比特编码单元为例进行验证。如图 2.31(a) 和 (b) 所示，首先设计了两种具有不同结构的宽带交叉极化初始单元来提供 90° 的传播相位切换。它们均包含三层结构：金属反射背板、介质基板和顶层的金属图案。介质层选取厚度为 $h=3.5$ mm 的 F4B 材质，相对介电常数和损耗角正切分别为 2.65 和 0.001。顶层金属图案和金属背板均采用厚度为 0.036 mm 的铜箔。这两种单元的区别仅在于顶层的金属图案，第一种为沿对角斜线放置的 H 形图案 (单元 1)，第二种为双箭头型图案 (单元 2)，其金属线条的宽度分别为 0.3 mm 和 0.2 mm。其他具体的结构参数分别为 $a = 4.5$ mm，$b = 6.8$ mm，$c = 2.3$ mm，$l = 9.5$ mm，$l_1 = 5.8$ mm。图 2.31(c) 中展示了单元 1 和单元 2 的交叉极化反射幅度与相位曲线。在仿真分析中，入射波设置为 y 极化入射，对反射场中的 x 极化分量进行分析。结果表明，单元 1 和单元 2 的交叉极化反射幅度可以在 7.5~18.5 GHz 的宽带范围内保持在 0.9 以上，同时这两种单元可以在 7~20 GHz 的范围内维持近乎 90° 的相位差，符合前述中宽带自旋解耦单元的理论要求。进一步地，按照图 2.30(b) 中计算的旋转角和传播相位需求，对单元 1

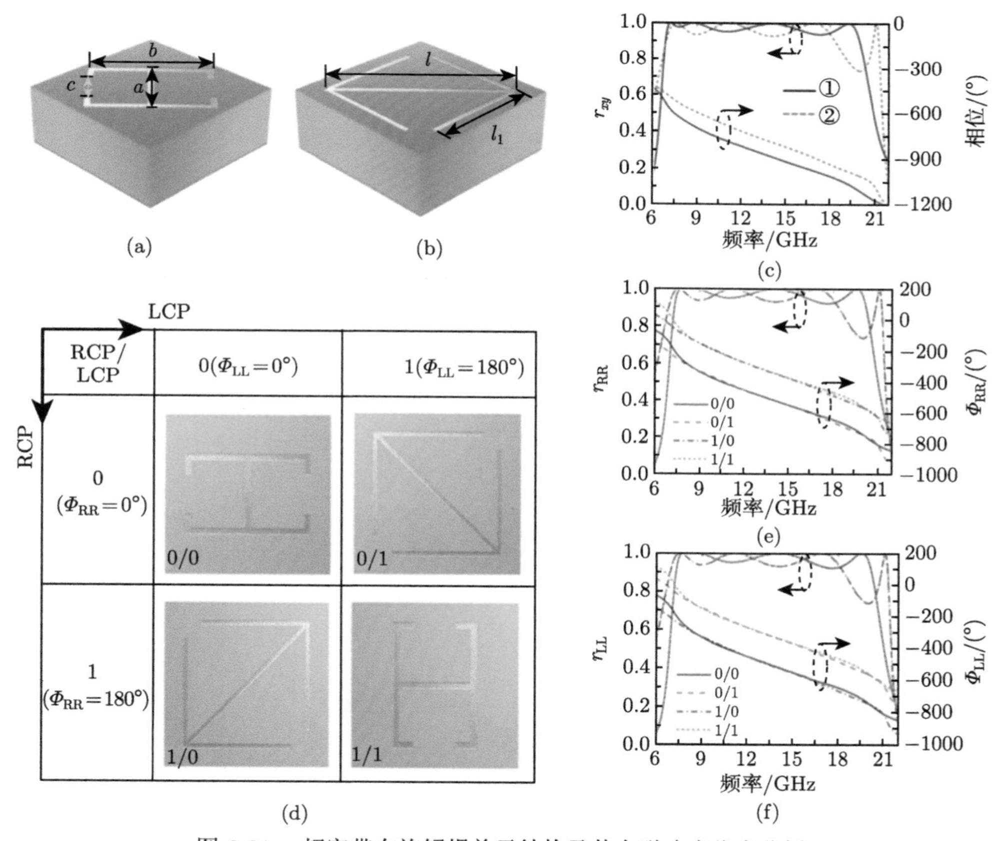

图 2.31 超宽带自旋解耦单元结构及其电磁响应仿真分析

(a) 和 (b) 交叉极化单元 1 和单元 2 的结构示意图；(c) 单元 1 和单元 2 的交叉极化反射幅度和相位曲线；(d) 双圆极化复用 1-比特编码单元；(e) 右旋圆极化波入射时四种编码单元的反射幅度/相位曲线；(f) 左旋圆极化波入射时四种编码单元的反射幅度/相位曲线

和单元 2 分别进行旋转得到了图 2.31(d) 中最终的四种编码单元。数字编码 “0” 和 “1” 分别代表调制相位 0° 和 180°，例如，编码 “0/1” 则代表该单元对右旋圆极化波和左旋圆极化波分别具有 0° 和 180° 的相位调制。如图 2.31(e) 和 (f) 所示的仿真分析结果，这四种编码单元可以在 7.5~18.5 GHz 的宽带范围内实现对两个正交圆极化波进行独立的 1-比特相位调制。

作为验证性设计工作，在此沿用了前文中介绍的用以生成轨道角动量的光栅状相位分布 [34]。当右旋圆极化波和左旋圆极化波入射时，分别生成模式为 ± 1 的轨道角动量 (xOz 平面内，波束偏转角 ±17.3°) 和模式为 ±2(yOz 平面内，波束偏转角 ±13.8°) 的轨道角动量。该超表面包含 40 × 40 个单元，阵列中不同编码单元的分布和所制备样品的部分视图如图 2.32(a) 所示。以 14 GHz 的圆极化波入射时为例，全波仿真分析结果与理论设计值吻合较好 (图 2.32(b) 和 (c))，其他频点的仿真分析和实验测试结果也已得到了验证 [38]。

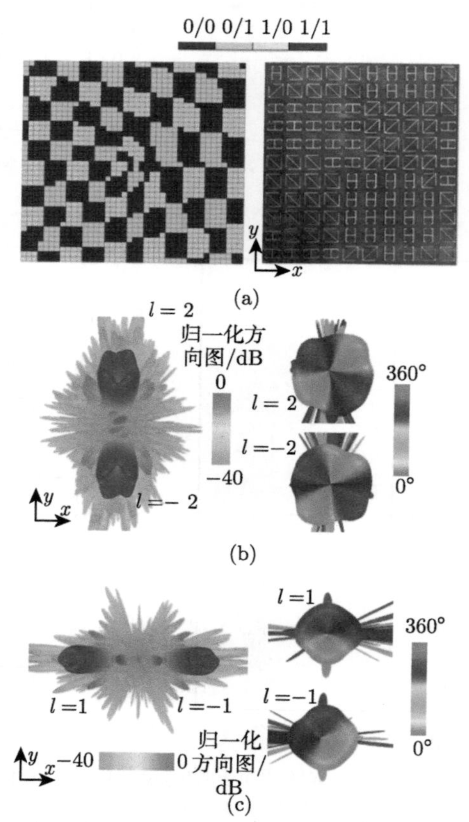

图 2.32　圆极化复用多模涡旋波生成器样品及其仿真分析结果

(a) 超表面上的四种单元排布及制备样品的部分视图；超表面在 14 GHz 的右旋 (b) 和左旋 (c) 圆极化波分别照射下的归一化三维散射模式及其相位分布

本小节介绍了两种高效的反射型圆极化复用涡旋波束生成器，可以在不同圆极化波入射时产生携带不同模式轨道角动量的涡旋波束。其中，两种圆极化复用超表面的机理稍有不同，它们的传播相位分别工作于同极化通道和交叉极化通道，但本质上仍然是相同的，即利用几何相位和传播相位的联合工作，实现解耦式圆极化电磁波调控。

2.3.6 透射型超表面及其波束调控

在实际应用中，反射型超表面虽然具有高效、易于设计等优势，但通常也面临着馈源遮挡等问题，当馈源具有较大剖面时会影响反射场中电磁波的正常传输。同时入射波束与反射波束的路径可能存在一定的重合，不利于反射波束的接收。而透射型超表面由于入射波和出射波分布于不同的半空间，不存在上述的两种限制，因此也被广泛应用于各类电磁器件中。在一些具体的应用中，需要对透射场中正交圆极化波的波束方向和能量占比进行独立调制，但这些功能通过传统的几何相位超表面难以实现 [39]。在本小节中，将介绍一种透射型圆极化复用超表面，可以灵活调控圆极化波束的自旋状态、空间辐射方向和能量分配 [40]。根据前述理论分析 (公式 (2.14)~(2.16)) 可得，左旋和右旋圆极化透射波的相位调制也仅取决于两个正交方向的传播相位 (φ_{xx} 和 φ_{yy}) 和单元的旋转角度 α。因此理论上只需设计出满足相应调控自由度的单元，就可以对透射场中两个正交的圆极化波进行独立调控。

图 2.33(a) 展示了设计的单元结构，该单元包含了四层级联的金属图案和三层介质基板，这里采用多层级联结构的目的是提高单元的透射效率。单元的每一层金属结构均由两个正交叠加的椭圆金属结构构成，其短轴长度均固定为 4 mm。为了简单起见，四个金属层设置了相同的几何参数，单元的周期长度为 $p = 10$ mm。介质层由相对介电常数为 2.65+0.001j，厚度为 $h = 1.5$ mm 的 F4B 介质基板组成。所有金属结构均由厚度为 0.018 mm 的铜箔构成。中心工作频率为 10 GHz，超表面单元的总厚度约为 4.57 mm，约为 0.15 倍中心工作波长。

首先将金属结构的旋转角度固定为 0°，分析单元结构的透射效率和传播相位调节能力。用 l_x 和 l_y 分别表示两个椭圆谐振器的长轴长度，通过独立调节这两个参数可以独立调控 x 轴和 y 轴方向上的传播相位 φ_x 和 φ_y。在 x 极化波照射下，幅度响应与两个参数 l_x 和 l_y 之间的关系如图 2.33(b) 所示。由图中分析可得，当参数 l_x 和 l_y 在 5~10 mm 之间变化时，x 极化入射波的透射幅度响应均可以保持在 0.8 以上。同时，x 极化波入射下的透射传播相位可以达到近乎 360° 的相位覆盖。如图 2.33(c) 所示，x 极化透射相位响应主要由参数 l_x 决定，而 l_y 的变化对它几乎没有影响。由于结构的对称性，以上结论对 y 极化波入射也同样适用。单元满足要求后，将其按照一定的参数设置进行空间排布即可实现圆极化复用超表面的设计。

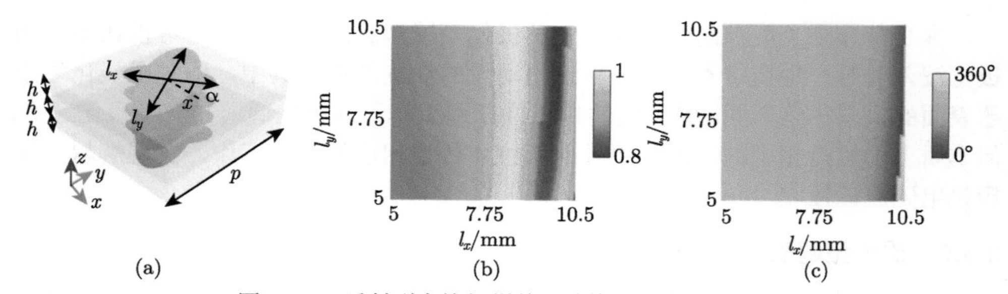

图 2.33　透射型自旋解耦单元结构及其线极化响应

(a) 由四层各向异性金属结构层级联组成的单元结构示意图；x 极化入射时共极化的透射幅度 (b) 和线性相位响应 (c) 随长度 l_x 和 l_y 的变化

作为概念性验证，在此设计了一款透射型圆极化复用波束生成器，能够同时、独立地控制多波束的自旋状态、辐射方向和能量分配。超表面由开口波导天线发出的类球面波束进行照射，入射的线极化波可以分解为左旋圆极化波和右旋圆极化波两个分量，从而等效地提供两个圆极化波激励。为了独立设计不同圆极化状态下辐射场的空间能量分配，采用了粒子群优化算法来获得最佳相位分布矩阵，将算法与辐射方向图理论计算相结合，实现相位分布的优化配置 [40]。

对于右旋圆极化波，如图 2.34(a) 所示，所需两个波束的空间方向 (θ, ϕ) 设置为 (20°, 270°) 和 (20°, 90°)，其能量比设置为 A_1：$A_2 = 0.4 : 1$。图 2.34(b) 和 (c) 中分别展示了粒子群算法优化后的相位分布及其补偿了馈源相位后的结果。如图 2.34(d) 所示，左旋圆极化波入射时，超表面功能设计为两个辐射波束，其波束方向 (θ, ϕ) 为 (10°, 180°) 和 (10°, 0°)，相应的辐射能量比设置为 1∶0.64。左旋圆极化波照射下的超表面设计过程与上述产生右旋圆极化辐射波的超表面设计过程类似，图 2.34(e) 和 (f) 中也分别展示了产生特定波束的相位分布和超表面单元所需实现的相位分布。这些设计的相位分布由实际的超表面单元具体实现，最终阵列中应实现的传播相位以及旋转角的分布如图 2.35(a)~(c) 所示，由超表面工作机理可知，只要在阵列中实现了这些物理参数，理论上就可以在两个透射的圆极化通道中得到期望的散射模式。

为了充分验证上述设计理念，除了图 2.34 中的实例 (样例 A) 外，还制备了一个双圆极化复用的七波束生成器 (样例 B，详见图 2.36)。所有的样品均通过标准的印刷电路板技术制作，在微波暗室中进行了远场辐射能量强度的测试。图 2.36(a) 和 (b) 展示了两个透射样品的实物照片。图 2.36(c) 和 (d) 为样品 A 分别在 $\varphi = 90°$ 和 $\varphi = 0°$ 平面上右旋圆极化和左旋圆极化分量的仿真分析和实验测试的二维辐射强度结果。结果表明，不同能级的右旋圆极化波束和左旋圆极化波束的远场辐射角分别为 ±20° 和 ±10° 左右，波束方向与能量比值都与仿真分析吻合较好。在样品 B 的对应截面上，右旋圆极化波束和左旋圆极化波束辐射性能的二维仿真分析和实验测试结果如图 2.36(e) 和 (f) 所示，也均与理论设计吻合较好。

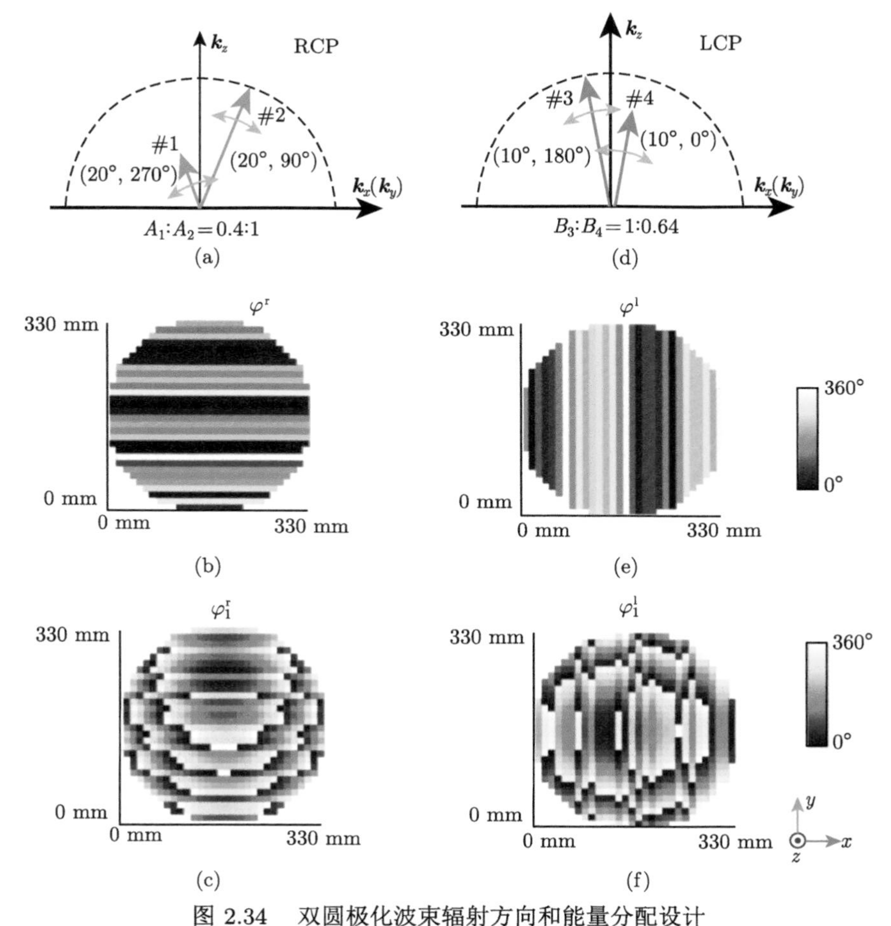

图 2.34　双圆极化波束辐射方向和能量分配设计

(a) 右旋圆极化波设计目标；(b) 和 (c) 实现辐射方向图所需的相位分布和超构单元设计所需的相位分布；(d) 左旋圆极化波设计目标；(e) 和 (f) 实现辐射方向图所需的相位分布和超构单元设计所需的相位分布

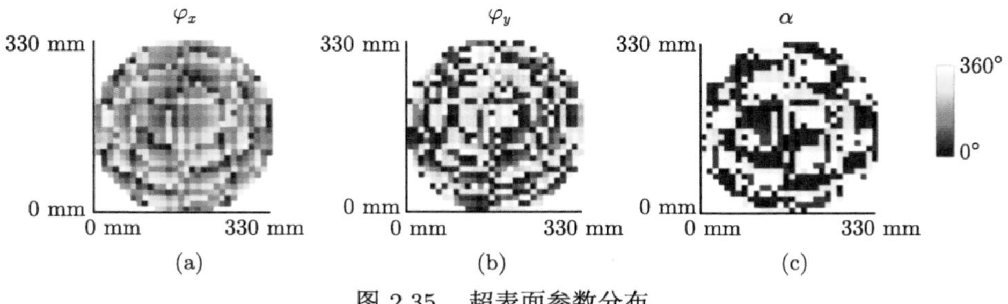

图 2.35　超表面参数分布

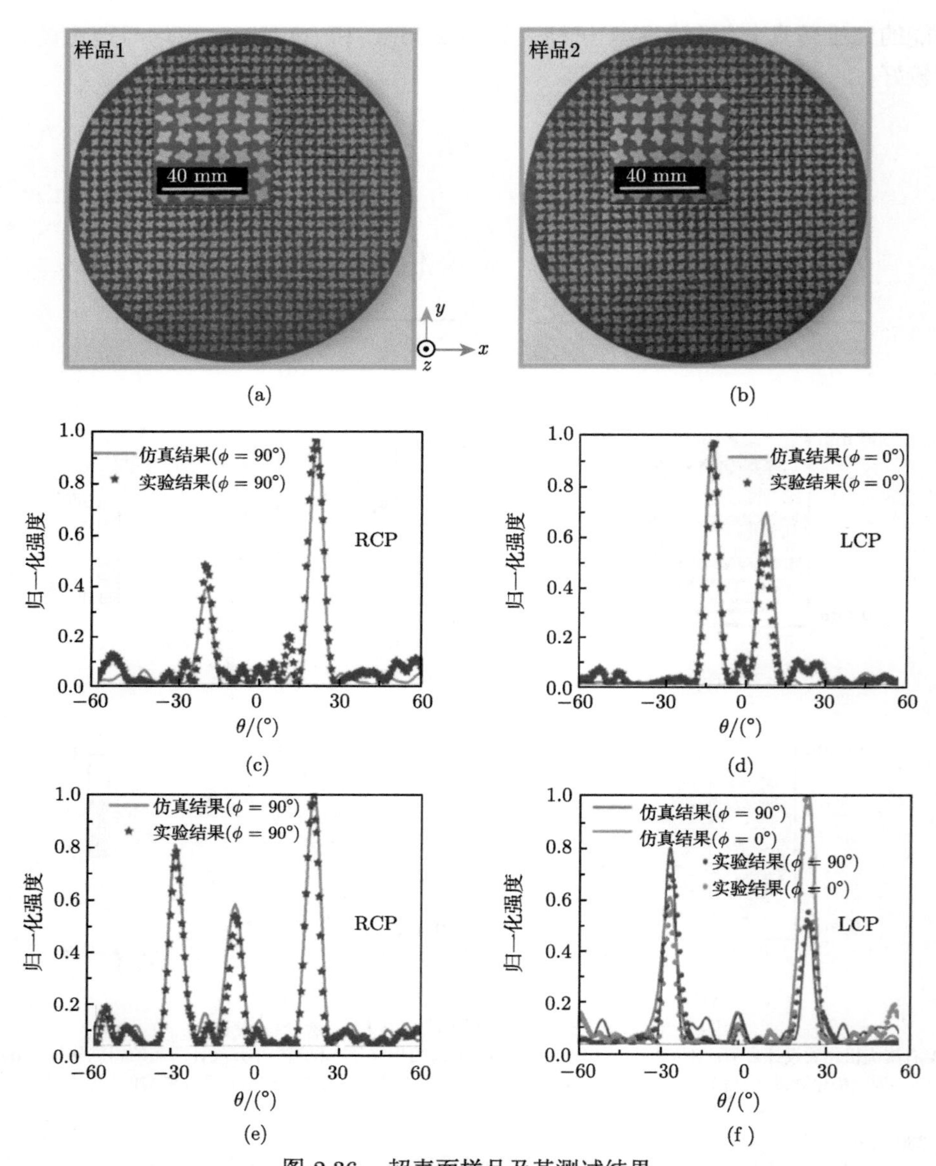

图 2.36　超表面样品及其测试结果

(a) 和 (b) 样品 A 和样品 B 的实物图片；(c) 和 (d)10 GHz 线极化波入射时，样品 A 产生的右旋圆极化波束和左旋圆极化波束的二维仿真分析和实验测试结果。(e) 和 (f) 同样入射条件下，样品 B 产生的右旋圆极化波束和左旋圆极化波束的二维仿真分析和实验测试结果

在本小节中，基于前述章节提出的圆极化相位复用超表面的一般设计方法，介绍了一种基于多层级联透射单元的多波束生成器件，实现了圆极化复用工作模式下的波束方向任意调制。此外，通过与智能算法相结合，可以任意、独立地设计

两个正交圆极化多波束的能量分配。该方法为实现按需设计的多功能器件提供了一条新的途径，在波束整形、多目标跟踪等实际应用中具有良好的应用前景。

2.4 极化调控实现幅度/相位独立控制

在 2.3 节中，重点关注了多功能超表面在不同极化通道中对相位的调控，并没有涉及幅度调制。基于纯相位调制的超表面在实现电磁多功能时，虽然可以通过复相加运算实现多个独立功能的叠加 [41]，但是这种策略无法灵活调控独立功能之间的能量配比。除此之外，纯相位调控的机制在一些应用场景中存在限制，如实现低副瓣波束和高质量全息成像等。实际上，超表面具有多维电磁调控能力，对电磁波的极化、相位、幅度等特性都可以进行有效调制，幅度调控自由度的引入可以有效解决上述问题，且幅度/相位联调的策略在基于超表面实现电磁多功能时具有更广阔的应用前景。因此，在本节中将通过控制极化转换率的方法，分别研究超表面在线极化和圆极化工作模式中的幅度/相位独立调控，并以近/远场的波束赋形为例进行功能验证。

2.4.1 转极化实现线极化波幅度/相位独立调控

对于工作于线极化模式下的超表面，在同极化通道中其相位可以通过改变各向异性单元在对应极化方向的结构参数来进行调节，但是对于幅度缺乏有效的调控自由度。为了解决此问题，接下来在转极化通道中探究线极化幅度/相位独立调控的机制。首先以一种具有代表性的哑铃状双对称结构为例进行理论推导 [42]。对于如图 2.37(a) 所示的哑铃状金属结构，由于其在 x 轴和 y 轴方向均对称，因此在 x 极化或 y 极化的电磁波的入射下，反射波和透射波中均没有交叉极化分量。如图 2.37(b) 所示，将单元绕 z 轴正方向逆时针旋转 α，此时其关于 x 轴和 y 轴的对称性被打破，其反射琼斯矩阵 $\boldsymbol{R}(\alpha)$ 和透射琼斯矩阵 $\boldsymbol{T}(\alpha)$ 可以分别表示为以下形式：

$$\boldsymbol{R}(\alpha)=\begin{bmatrix} r_{xx} & r_{xy} \\ r_{yx} & r_{yy} \end{bmatrix}=\boldsymbol{S}(-\alpha)\begin{bmatrix} r_{xx} & 0 \\ 0 & r_{yy} \end{bmatrix}\boldsymbol{S}(\alpha) \tag{2.22}$$

$$\boldsymbol{T}(\alpha)=\begin{bmatrix} t_{xx} & t_{xy} \\ t_{yx} & t_{yy} \end{bmatrix}=\boldsymbol{S}(-\alpha)\begin{bmatrix} t_{xx} & 0 \\ 0 & t_{yy} \end{bmatrix}\boldsymbol{S}(\alpha) \tag{2.23}$$

$$\boldsymbol{S}(\alpha)=\begin{bmatrix} \cos\alpha & \sin\alpha \\ -\sin\alpha & \cos\alpha \end{bmatrix} \tag{2.24}$$

其中，琼斯矩阵中的各个元素为不同极化通道中的反射系数/透射系数，下角标中的两个符号分别表示出射波和入射波的极化状态，$\boldsymbol{S}(\alpha)$ 为旋转矩阵。将公式 (2.22)

和 (2.23) 进一步化简得到

$$
\boldsymbol{R}(\alpha)=\begin{bmatrix} r_{xx}\cos^2\alpha+r_{yy}\sin^2\alpha & 0.5(r_{xx}-r_{yy})\sin 2\alpha \\ 0.5(r_{xx}-r_{yy})\sin 2\alpha & r_{xx}\sin^2\alpha+r_{yy}\cos^2\alpha \end{bmatrix} \tag{2.25}
$$

$$
\boldsymbol{T}(\alpha)=\begin{bmatrix} t_{xx}\cos^2\alpha+t_{yy}\sin^2\alpha & 0.5(t_{xx}-t_{yy})\sin 2\alpha \\ 0.5(t_{xx}-t_{yy})\sin 2\alpha & t_{xx}\sin^2\alpha+t_{yy}\cos^2\alpha \end{bmatrix} \tag{2.26}
$$

从上式中分析可得，对于反射模式，$r_{xy}=r_{yx}=0.5(r_{xx}-r_{yy})\sin 2\alpha$。当单元结构确定仅改变其旋转角度时，$r_{xx}$ 和 r_{yy} 均为定值，此时交叉极化反射系数只和单元旋转角 α 有关，且正比于 $\sin 2\alpha$。对于透射模式，其与反射模式的规律相同。

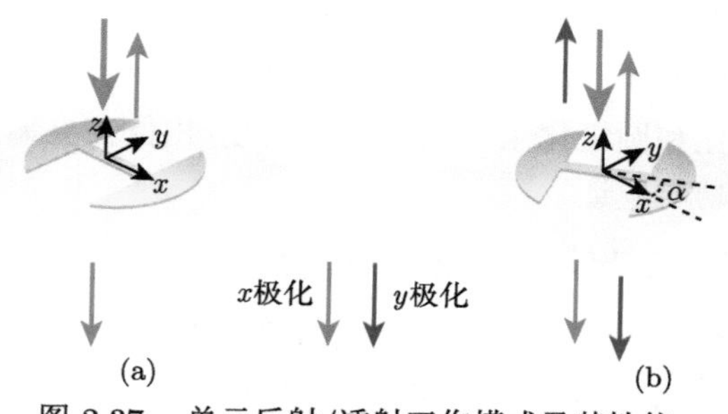

图 2.37　单元反射/透射工作模式及其性能
(a) 反射模式；(b) 透射模式

接下来以具体的反射式单元为例进行说明 [42]。首先将上述哑铃状金属结构刻蚀在厚度为 $h_1=2.5$ mm，相对介电常数为 2.65 的 F4B 介质基板上，并在介质底部覆铜背板使单元处于高效的反射模式。单元的周期设置为 $p=6$ mm，大约相当于中心工作频率 16 GHz 处波长的三分之一。如图 2.38(b) 所示，假设入射到该单元上的电磁波为 x 极化，那么反射场中 y 极化分量的来源主要有两类，包含直接经由顶部金属结构反射的交叉极化分量 ($\boldsymbol{E}_y^{\mathrm{r}1}$)，和间接被反射回空气中的转极化分量 ($\boldsymbol{E}_y^{\mathrm{r}2}$，$\boldsymbol{E}_y^{\mathrm{r}3}$ 等)。在该反射单元中，由于金属地板和介质层均无极化转换的作用，因此最终反射场中的交叉极化分量都是在顶部金属结构作用下产生的。根据上文理论推导可知，电磁波经由该类结构调制后的交叉极化系数正比于 $\sin 2\alpha$，因此最终反射场中的交叉极化分量在 $\alpha=\pm45°$ 时幅度取得最大值。如图 2.38(c) 所示，当 $\alpha=45°$ 时，单元具有超过 90%的交叉极化反射率，同极化反射系数被抑制在 -10 dB 以下。从图 2.38(c) 中还可看出，同极化反射系数具有三个极值，对应交叉极化系数的三个峰值，这表明单元在交叉极化通道中具有多谐振模式，在它们的共同作用下，单元的转极化率可以在 9~22 GHz 的宽带范围内都维持在较高的水平。当 $\alpha\neq\pm5°$ 时，由于交叉极化系数正比于 $\sin 2\alpha$，此时交叉极化幅度相较于 $\alpha=\pm45^\circ$ 的状态会有所降低，变化范围处于 0 到最大交叉极化幅度之间。因此，通过控制极化转换率，单元的交叉极化幅度可以通过改变α 进行连续调节，具体如图 2.38(d) 所示，仿真结果与理论推导结果吻合较好。同时根据理论分析可得，α 在由正变负的变化过程中，$\sin2\alpha$ 及交叉极化系数会出现由正变负的情况，即交叉极化相位随着α 的变化会有 180° 的相位切换。当 $\sin2\alpha$ 始终为正 (如 $0^\circ<\alpha\leqslant45^\circ$) 或始终为负 (如 $-45^\circ\leqslant\alpha<0^\circ$) 的时候，相位状态几乎不随着旋转角变化，因此对于每个连续调节的幅度状态，都可以进一步地对其进行 0°/180° 的相位调制，这个推论在图 2.38(e) 的理论计算和仿真结果中得到了验证。

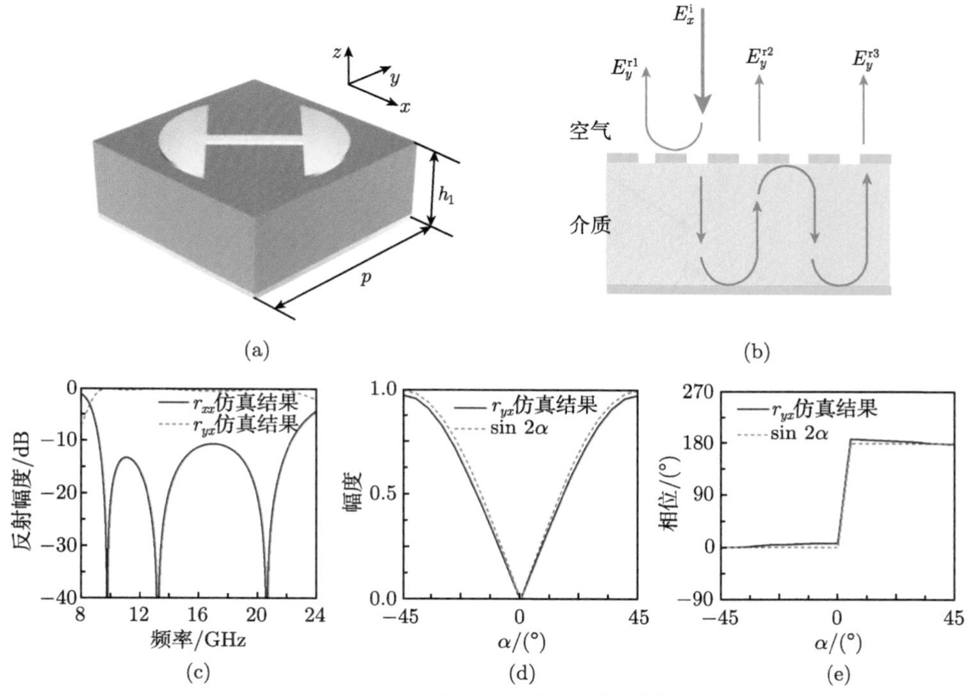

图 2.38 反射式单元及其幅相调制性能

(a) 单元示意图；(b) 反射工作原理；(c) 单元幅度光谱；(d) 幅度调制；(e) 相位调制

完成反射式单元实例的演示后，接下来介绍基于哑铃状金属结构的高效透射式单元。如图 2.39(a) 所示，在 45° 旋转的哑铃状结构的上下方分别加载了方向正交的金属栅，中间用厚度 $h_2=6$ mm 的介质基板隔开，单元的周期仍为 $p=6$ mm。优化后的栅条宽度为 1 mm，相邻栅条之间的距离为 2 mm。金属栅的作用是极化筛选，使得垂直于金属栅的极化波完全透射而让平行于金属栅的极化波完全反射。单元整体的工作原理如图 2.39(b) 所示，以 x 极化波入射为例，经过两层极化栅的极化筛选，以及中间哑铃状单元的极化转换，最终透射场中只有交叉极化分量，其工作原理类似于 Fabry-Pérot 谐振腔 [42]。图 2.39(c) 中展示了该单元的幅度频谱，在 7~27 GHz 的宽带范围内，都可以维持超过 90% 的交叉极化透射率。其幅度/相位调制原理与前文介绍的反射式单元基本一致，交叉极化透射系数也正比于 $\sin 2\alpha$，都是通过旋转角度 α 的改变来实现连续幅度调制和 0°/180° 两种状态的相位调制，具体调制效果如图 2.39(d) 和 (e) 所示。

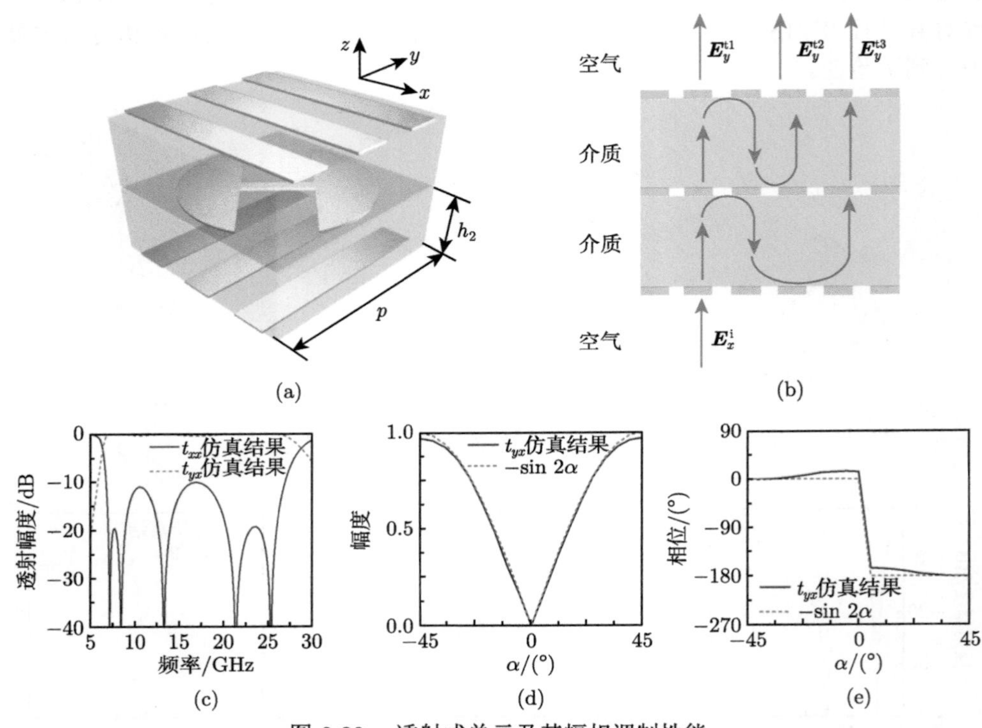

图 2.39　透射式单元及其幅相调制性能

(a) 单元示意图；(b) 透射工作原理；(c) 单元幅度频谱；(d) 幅度调制；(e) 相位调制

作为应用，下面通过构建艾里波束的生成器件来验证上述反射/透射单元的幅度/相位调制效果。艾里波束源自艾里波包，是一维薛定谔方程具有的唯一无衍射解。无衍射的特征使得该波束具有无限大的能量，这在实验中无法实现。后来人们发现，通过截止的方法可以得到满足一维薛定谔方程的艾里函数解，并据此首次在实验中生成了有限能量的艾波光束。无衍射、自加速以及自愈是艾波光束三个最显著的特性，使得其在微观粒子操纵、光子弹、等离子通道等领域具有巨大的应用潜力 [42]。基于超表面产生艾里波束需要单元可以提供连续的幅度调制和 0°/180° 两种状态的相位调制，前文介绍的哑铃状反射/透射单元刚好可以满足这一需求。最终构建的反射/透射式艾里波束生成器件含有哑铃状金属的结构层，如图 2.40(a) 所示。哑铃状结构具体的旋转角度、幅度、相位分布等细节可参考文献 [42]。如图 2.40(b)~(e) 所示，以 16 GHz 处为例，工作于反射模式和透射模式下生成的艾里波束均展现出了较好的准–无衍射和横向弯曲自加速的特性，测试与仿真结果吻合较好，从实验上验证了该线极化幅度/相位独立调控方案的可靠性。

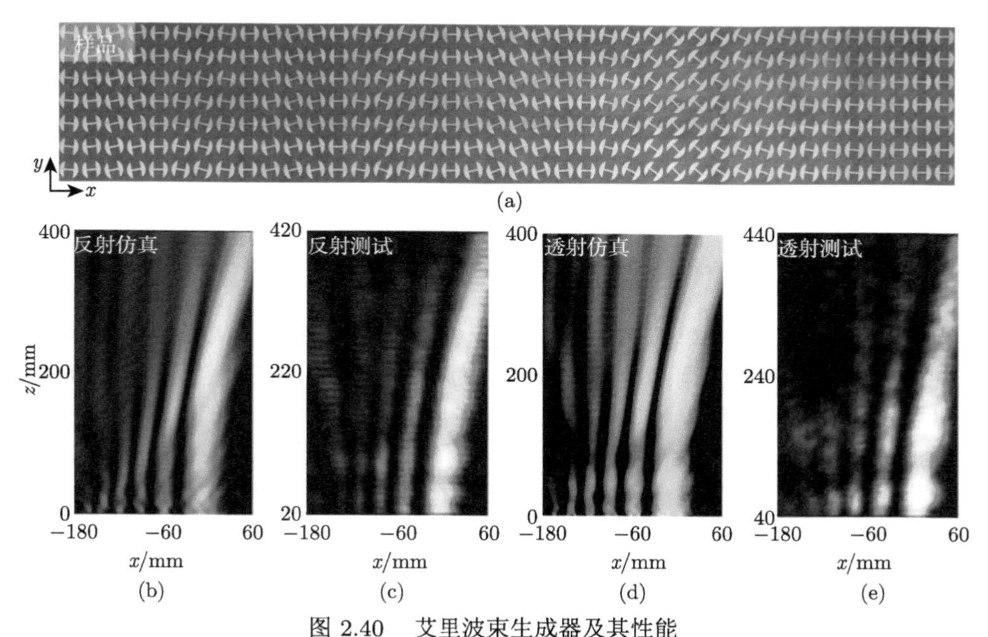

图 2.40 艾里波束生成器及其性能

(a) 样品哑铃状金属结构层照片；(b) 反射仿真结果；(c) 反射测试结果；(d) 透射仿真结果；(e) 透射测试结果

上述内容从理论出发，提出了通过控制转极化率实现线极化波幅度/相位联合调制的一般性方法，据此分别设计了反射式和透射式的超表面单元样例，最终通过实验分析基于超表面的艾里波束生成，验证了该方法的有效性。所提出的线极化幅度/相位联调策略为线极化纯相位超表面引入了新的幅度调制自由度，在特殊光束生成、高质量全息成像等方面具有广阔的应用前景。

2.4.2 双几何相位实现圆极化波幅度/相位独立调控

对于圆极化工作模式下的超表面，采用几何相位的机理对单元进行旋转是最简单有效的相位调制方法，但是这种方式只能够起到相位调制效果，无法形成对幅度的有效调控。圆极化电磁波在无线通信中具有广泛的应用，因此研究如何实现对圆极化波的幅度/相位联调具有重要的研究意义。在此以简单的金属条带单元结构为例，介绍一种基于双几何相位实现圆极化波幅度/相位独立调控的方法 [43]。

首先从单几何相位单元开始分析。图 2.41(a) 所示的是一种简单的反射式几何相位单元，由单个金属条带图案、介质基板和金属背板组成。介质的相对介电常数为 3.5，厚度为 1.5 mm，单元的周期设置为 10 mm，中心工作频率为 8.6 GHz。对于简单的金属条带结构，可以通过对其长度和宽度等参数进行优化，使其具有半波片的效果，在基于几何相位机理进行相位调制时具有接近于 1 的反射效率。金属条带最终优化后的结构参数为长度 9.5 mm，宽度 0.3 mm。根据几何相位调制机理可知，当单元的旋转角度为 θ 时，圆极化入射下其反射波的幅度和相位分别为 $A=1$ 和 $\varphi=2\sigma\theta$，其中 $\sigma=\pm1$ 分别对应于右旋圆极化波和左旋圆极化波入射的情况。如图 2.41(b) 所示，当分别旋转了 θ_1 和 θ_2 的两个金属条带组成双几何相位单元时，其反射波可以看作是两个几何相位单元反射波的相干叠加，对入射圆极化波的调制效果可以表示为以下形式：

$$A_1\mathrm{e}^{\mathrm{i}\varphi_1}+A_2\mathrm{e}^{\mathrm{i}\varphi_2}=\mathrm{e}^{\mathrm{i}2\sigma\theta_1}+\mathrm{e}^{\mathrm{i}2\sigma\theta_2}=2\cos(\theta_2-\theta_1)\mathrm{e}^{\mathrm{i}2\sigma(\theta_1+\theta_2)} \tag{2.27}$$

由上式分析可得，两个单几何相位单元旋转角度之差和旋转角度之和分别确定了双几何相位单元的幅度调制和相位调制。为了方便表示，在此定义一个新的变量 α 来表示两个几何相位单元旋转角度之差。则双几何相位单元的幅度和相位调制可以被进一步表示为 2cosα 和 $\sigma(2\theta_1+\alpha)$。不难判断，当 α 在 $60°\sim90°$ 之间连续变化时，单元反射幅度也可以在 $0\sim1$ 之间连续调制。而相位调制，则可以通过同时改变 $\alpha\theta_1$ 这两个参数来实现。

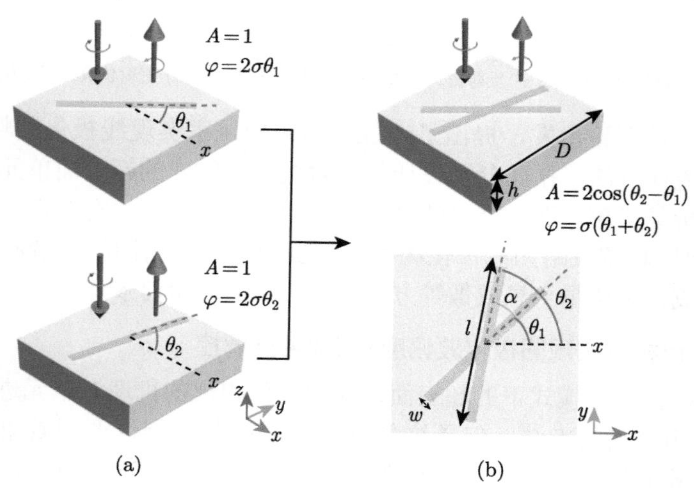

图 2.41　单/双几何相位单元示意图
(a) 单几何相位单元；(b) 双几何相位单元

为了验证上述理论推导，在此将具有不同结构参数 (α 和 θ_1) 的单元进行全波仿真分析，计算其在不同参数组合下的幅度/相位响应。如图 2.42(a) 所示，θ_1 被固定为 30°，当α 在 60° ～ 90° 之间连续变化时，单元的幅度也实现了从接近于 1 ～ 0 的连续调制，相位改变量接近理论值 $\sigma\Delta\alpha$。当参数被固定为 60°，参数 θ_1 在 0° ～ 180° 的范围内连续变化时，单元的反射相位改变量满足 $2\sigma\Delta\theta_1$，且幅度始终维持在较高水平，具体如图 2.42(b) 所示。从以上结果可以看出，通过对α 和θ_1 这两个参数进行合理设置和组合，即可实现对圆极化波幅度/相位的独立调控。

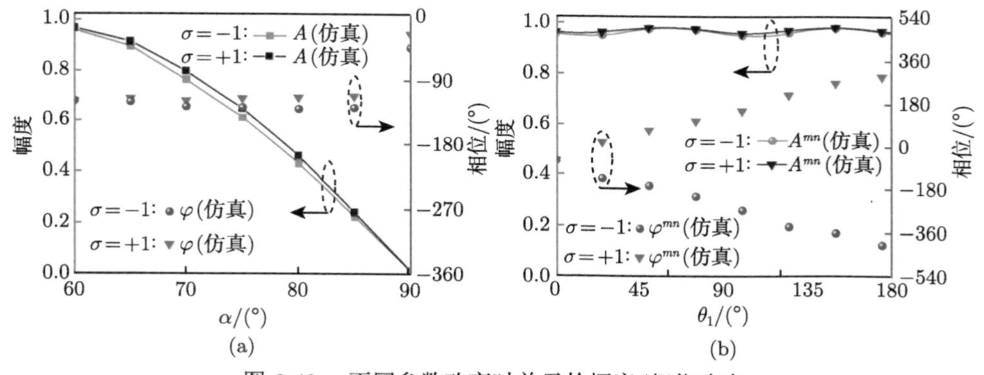

图 2.42 不同参数改变时单元的幅度/相位响应
(a) α 改变；(b) θ_1 改变

最后通过实验验证该幅度/相位联合调制方法的有效性。对于常规的纯相位调制超表面，在通过复数相加原理将多个电磁功能集成于一个口径面时，无法灵活设置多个电磁功能的能量配比，而这一问题可以被幅度/相位独立调控超表面有效解决 [43]。在此，作为应用实例，基于双几何相位超表面单元设计了一款平面超表面透镜，可以在空间中的两个位置处实现聚焦效果，焦距都设置为 200 mm，两个焦点处的能量比为 2∶1。根据设置的能量配比，对满足两个单焦点聚焦效果的相位分布进行复数相加，得到超表面需要加载的幅度和相位分布，再通过合理的参数组合 (α 和θ_1) 实现所需的幅度分布和相位分布 [43]。最终得到满足需求的α 和θ_1 的二维分布分别如图 2.43(a) 和 (b) 所示，按照这些结构参数设置并制备出了如图 2.43(c) 所示的平面双焦点透镜。在标准微波暗室中对样品进行了近场扫描，从图 2.43(d) 和 (f) 中可以直观看出，测试结果与仿真结果吻合较好，且两个焦点处的能量配比与设计值基本吻合，证明了双几何相位单元的设计方法能够有效地实现圆极化波的幅度/相位联调。

上述内容从基本理论出发，提出了双几何相位单元实现圆极化波幅度/相位联合调制的策略，设计的反射式双几何相位单元及能量可灵活分配的多焦点透镜有效地验证了该方法的可行性。所提出的双几何相位单元的策略为圆极化波的幅度/相位联调提供了新的途径，在卫星通信、雷达等领域具有良好的应用前景。

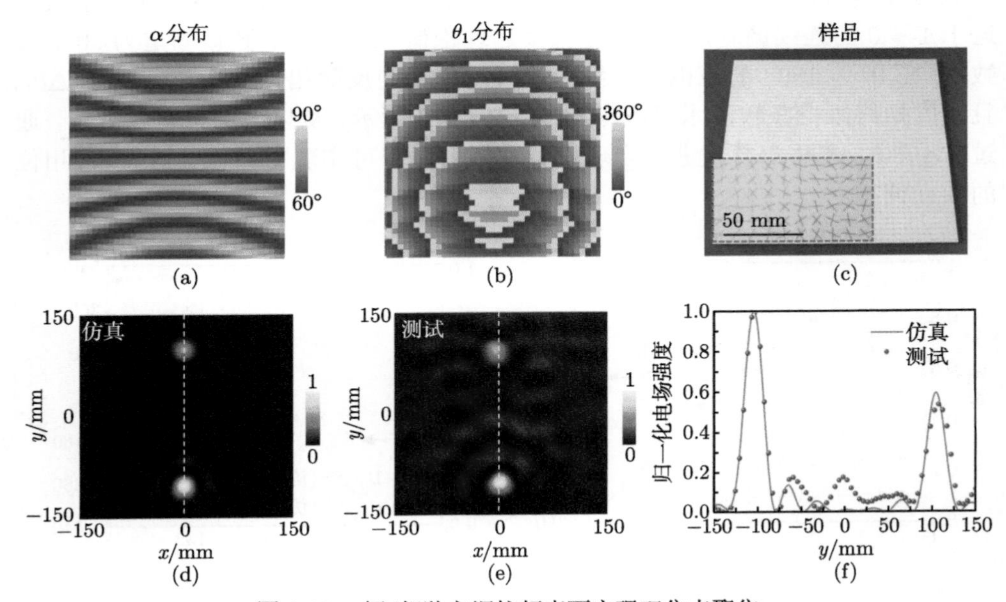

图 2.43　幅/相独立调控超表面实现双焦点聚焦

(a)α 分布；(b)θ_1 分布；(c) 样品照片；(d) 焦平面上的双焦点二维仿真结果；(e) 焦平面上的双焦点二维测试结果；(f) 双焦点一维仿真/测试结果

2.4.3　几何相位结合传播相位实现圆极化波幅度/相位独立调控

除了上文介绍的双几何相位单元可以实现圆极化波的幅度/相位联合调制以外，几何相位与传播相位相结合也是一种有效的途径 [44]。简而言之，圆极化波的相位仍可以根据单元旋转依靠几何相位的机理进行调控，幅度调制则根据传播相位的调节来实现。

下面以一种简单的反射型双各向异性单元为例说明。假设在单元旋转角度为 0° 时，对入射的 x 极化波和 y 极化波表现出高效的同极化反射，且这两个极化的相位响应在调节时是相互独立的。那么对于该单元，当其旋转角为 β 时，其线极化表示下的反射琼斯矩阵 $\boldsymbol{R}(\beta)$ 可以描写为以下形式：

$$
\begin{aligned}
\boldsymbol{R}(\beta) &= \boldsymbol{S}(-\beta)\begin{bmatrix} \mathrm{e}^{\mathrm{i}\Phi_x} & 0 \\ 0 & \mathrm{e}^{\mathrm{i}\Phi_y} \end{bmatrix}\boldsymbol{S}(\beta) \\
&= \begin{bmatrix} \cos\beta & \sin\beta \\ -\sin\beta & \cos\beta \end{bmatrix}\begin{bmatrix} \mathrm{e}^{\mathrm{i}\Phi_x} & 0 \\ 0 & \mathrm{e}^{\mathrm{i}\Phi_y} \end{bmatrix}\begin{bmatrix} \cos\beta & -\sin\beta \\ \sin\beta & \cos\beta \end{bmatrix} \qquad (2.28)
\end{aligned}
$$

其中，$\boldsymbol{S}(\beta)$ 为旋转矩阵，$\varPhi_x$ 和 $\varPhi_y$ 分别为单元在 x 极化波和 y 极化波照射下的相位响应。因为重点关注的是单元在圆极化工作模式下的幅度/相位调控，因此将其转换为圆极化表示下的琼斯矩阵 $\boldsymbol{R}^{\text{cir}}(\beta)$，具体形式如下：

$$\boldsymbol{R}^{\text{cir}}(\beta)=\boldsymbol{\varLambda}^{-1}\boldsymbol{R}(\beta)\boldsymbol{\varLambda}^{-1}=\begin{bmatrix} r_{++} & r_{+-} \\ r_{-+} & r_{--} \end{bmatrix} \tag{2.29}$$

式中，下标“+”和“−”分别表示右旋圆极化波和左旋圆极化波。$\boldsymbol{\varLambda}(\beta)$ 是线–圆极化转换矩阵，具体可以表示为

$$\boldsymbol{\varLambda}=\frac{1}{\sqrt{2}}\begin{bmatrix} 1 & 1 \\ -j & j \end{bmatrix} \tag{2.30}$$

以右旋圆极化波入射为例，将公式 (2.29) 进一步化简，可以得到如下的同极化和转极化分量的幅度、相位表达式：

$$|r_{++}|=\left|\sin\frac{\Delta\varPhi}{2}\right| \tag{2.31}$$

$$\angle r_{++}=\frac{1}{2}(\Delta\varPhi-\pi)+\varPhi_x+2\beta \tag{2.32}$$

$$|r_{-+}|=\left|\cos\frac{\Delta\varPhi}{2}\right| \tag{2.33}$$

$$\angle r_{-+}=\frac{1}{2}\Delta\varPhi+\varPhi_x \tag{2.34}$$

其中，$\Delta\varPhi=\varPhi_x-\varPhi_y$。从公式 (2.31) 和 (2.32) 中可以看出，反射场中右旋圆极化波的幅度可由 $\Delta\varPhi$ 独立调控，可以认为是以传播相位的方式进行幅度调制的。而对于相位，由 $\Delta\varPhi$，$\varPhi_x$，β 这三个变量的共同作用决定。另外，对于单元的任意一个幅度状态，仅利用几何相位的调制机理使得单元的旋转角 β 在 $0°\sim180°$ 的范围内变化，即可实现在该幅度状态下的 360° 连续相位调制。因此，只要合理地将单元的三个参数 $\Delta\varPhi$，$\varPhi_x$，β 进行组合，就可以对单元的幅度/相位进行独立地调控。

为了验证上述理论分析结果，设计了如图 2.44(a) 所示的反射式双各向异性单元。该单元由交叉扇形金属图案、介质基板和介质基板背面的金属地板组成。介质基板选择为相对介电常数为 3.5 的 F4B 板材，厚度为 $h=1.5$ mm。单元的周期设置为 $p=6$ mm，其中心工作频率为 14 GHz。如图 2.44(b) 所示，单元在 x 方向和 y 方向的传播相位 ($\varPhi_x$ 和$\varPhi_y$) 主要通过改变参数 r_x 和 r_y 来调节。其他优

化后的金属图案结构参数被设置为$\alpha = 30°$ 和 $d = 0.4$ mm。这种交叉扇形金属结构的优势在于，改变 r_x(或 r_y) 时只会影响Φ_x(或Φ_y)，而不会对另一个极化方向上的传播相位产生影响。图 2.44(c) 中展示了 r_y 固定时，x 极化相位响应随 r_x 变化的曲线，此时 y 极化的相位响应不随之改变。由于结构的对称性，该变化规律对于 y 极化的相位响应和 r_y 同样适用。

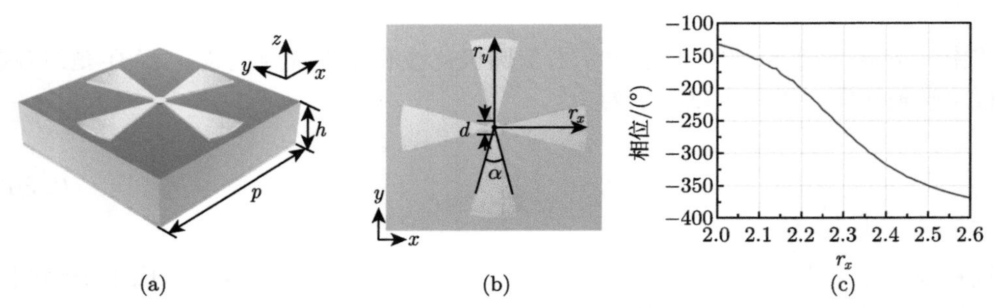

图 2.44 圆极化幅度/相位独立调控单元

(a) 单元透视图；(b) 单元俯视图；(c) 传播相位随结构参数变化关系

接下来将具有不同结构参数的单元进行全波仿真分析，同样设置为右旋圆极化波入射，以验证前文对于幅度/相位调制的理论推导。如图 2.45(a) 所示，将单元旋转角β 设置为 0°，r_x 设置为 2.6 mm，可以通过调节 r_x 使得 $\Delta\Phi = \Phi_x - \Phi_y$ 在 $0° \sim 180°$ 的范围内连续变化。当 $\Delta\Phi$ 从 0° 增加到 180° 时，反射场中的右旋圆极化幅度也从 0 增加到 1。与此同时，该过程也被附加上了 $0.5\Delta\Phi$ 的相移，这与公式 (2.32) 中的理论预测相吻合。当单元参数 r_x 和 r_y 分别被设置为 2.6 mm 和 2.34 mm 时，$\Delta\Phi = 90°$，根据公式 (2.31) 可得，此时反射场中同极化分量和转极化分量的能量相等，幅度均为 0.707。图 2.45(b) 展示了这种情况下 β 改变对于单元同极化幅度/相位响应的影响。从图中可以清晰地看出，同极化幅度几乎不随着β 的改变而变化，而相位获得了二倍于旋转角改变量的相位变化，符合公式 (2.32) 中的理论预测。图 2.45(c) 和 (d) 展示了该单元转极化幅度/相位响应随着 $\Delta\Phi$ 和 β 变化的结果，仿真所得结果与公式 (2.33) 和 (2.34) 中的理论预测相符合。由于在转极化分量中没有几何相位的调制效果，不属于讨论的幅度/相位联调内容，故在此不作过多赘述。

为进一步验证所提出基于几何相位和传播相位的幅度/相位联调机理，设计了两个具有不同幅度调制的波束偏折超表面器件进行说明 [44]。这两个波束偏折器都由一维相位梯度超表面构成，在 x 方向相邻两个单元之间的旋转角度之差都设置为 30°。两个偏折器的不同点在于 $\Delta\Phi$ 分别为 180° 和 90°，理论上其异常反射波束能量之比为 2∶1。每个一维周期中的六个单元及其幅度/相位响应具体如图 2.46(a) 和 (b) 所示。图 2.46(c) 展示了这两个超表面阵列在 xOz 面内的远场仿真结果，两个阵列的波束相差约为 3 dB，与设计目标值一致，较好地证明了该幅度/相位联调机理的有效性。

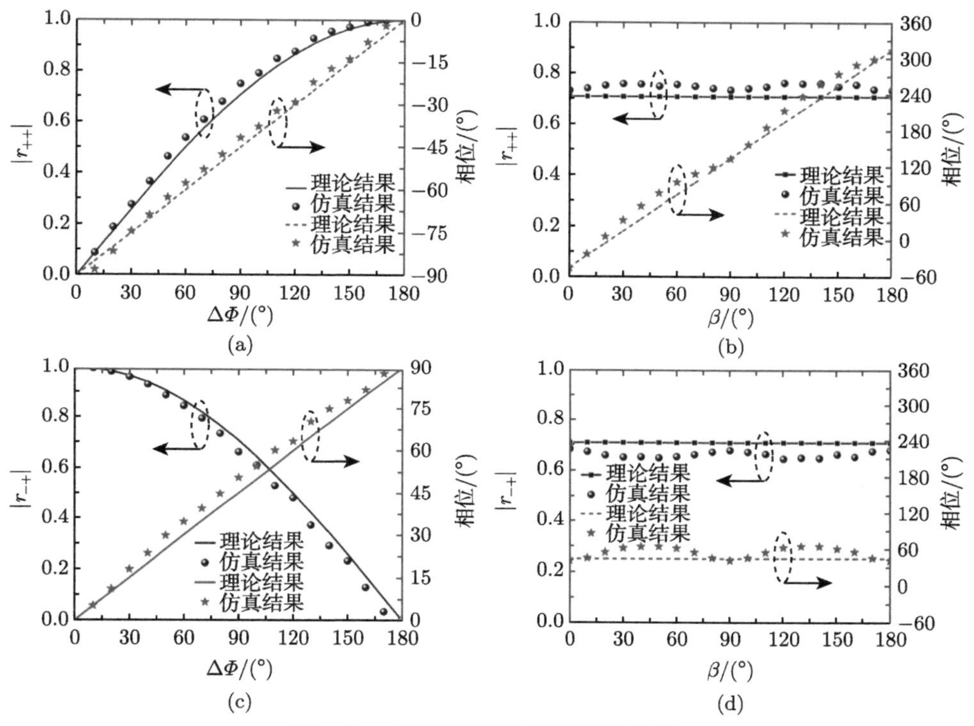

图 2.45 圆极化幅度/相位调控性能

(a)$\Delta\Phi$ 改变下的同极化幅度/相位响应；(b)β 改变下的同极化幅度/相位响应；(c)$\Delta\Phi$ 改变下的转极化幅度/相位响应；(d)β 改变下的转极化幅度/相位响应

上述内容从理论出发,介绍了一种基于几何相位和传播相位实现圆极化波幅度/相位联合调制的方法，通过理论分析和简单的各向异性单元验证了单元层面圆极化幅度/相位响应独立调节的可行性,据此设计了两个具有不同幅度目标的波束偏折器,进一步验证了阵列层面调制的有效性。所提出的幅度/相位联调方法为圆极化波多维调控提供了新的渠道，在天线设计、目标探测等领域具有潜在的应用价值。

本小节围绕多功能超表面中电磁波的幅度/相位联合调制展开讨论，分别针对线极化波和圆极化波提出了不同的幅度/相位联调方法，并通过理论分析和具体的实例进行了验证。不管是针对线极化的转极化幅度/相位联合调制，还是针对圆极化的双几何相位干涉的方法和基于几何/传播相位调制的策略，其本质都在于改变超表面单元的结构参数实现对转极化率的有效控制。相较于传统的纯相位调制超表面，幅度调控的引入使得超表面具有更多的调控自由度，在实现电磁功能时可以迸发出更大的潜力。

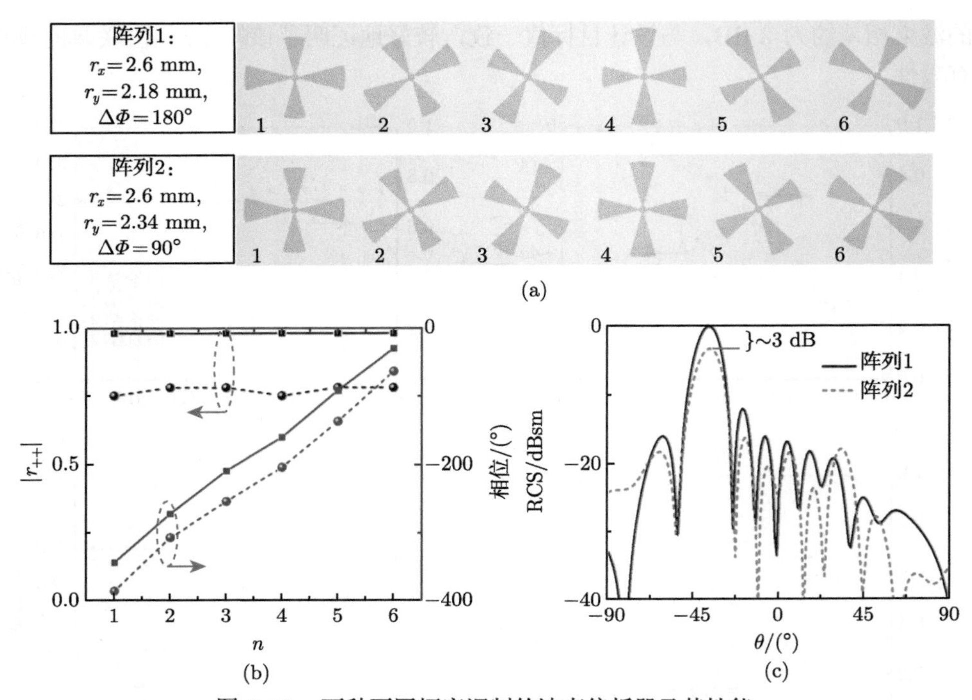

图 2.46 两种不同幅度调制的波束偏折器及其性能

(a) 两种偏折器的具体设置；(b) 每个周期中单元的幅度/相位设置；(c) xOz 面内的远场仿真结果

2.5 本章小结

作为提高电磁器件功能集成度最常用到的手段之一，极化复用的策略在多功能超表面的设计和应用中受到了广泛的研究和关注。在此背景下，本章从基本概念和理论分析入手，归纳总结了线极化和圆极化相位复用超表面的一般设计方法，并通过一系列具体的单元设计和应用示例进行说明，包含线极化和圆极化透、反单元，以及它们在散射缩减、天线设计、波束调控等方面的应用。除此之外，在极化复用相位调控超表面的基础上进一步引入了幅度调制的自由度，提出了针对线/圆极化的一系列幅度/相位联合调制方法并进行了验证。本章所介绍的理论和方法具有良好的可拓展性，对极化复用超表面的设计及其在无线通信、目标探测等领域的应用具有良好的指导和启发作用。

参考文献

[1] Wan X, Li Y B, Cai B G, et al. Simultaneous controls of surface waves and propagating waves by metasurfaces. Applied Physics Letters, 2014, 105(12): 121603.

[2] Wei Z, Cao Y, Su X, et al. Highly efficient beam steering with a transparent metasurface. Optics Express, 2013, 21(9): 10739-10745.

[3] Moccia M, Liu S, Wu R Y, et al. Coding metasurfaces for diffuse scattering: scaling laws, bounds, and suboptimal design. Advanced Optical Materials, 2017, 5(19): 1700455.

[4] Li X, Xiao S, Cai B G, et al. Flat metasurfaces to focus electromagnetic waves in reflection geometry. Optics Letters, 2012, 37(23): 4940-4942.

[5] Qu S W, Wu W W, Chen B J, et al. Controlling dispersion characteristics of terahertz metasurface. Scientific Reports, 2015, 5: 9367.

[6] Cai T, Tang S, Wang G, et al. High-performance bifunctional metasurfaces in transmission and reflection geometries. Advanced Optical Materials, 2017, 5(2): 1600506.

[7] Ma H F, Liu Y Q, Luan K, et al. Multi-beam reflections with flexible control of polarizations by using anisotropic metasurfaces. Scientific Reports, 2016, 6: 39390.

[8] Cui L, Wang W, Ding G, et al. Polarization-dependent bi-functional metasurface for directive radiation and diffusion-like scattering. AIP Advances, 2017, 7(11): 115214.

[9] 李彬, 王振占, 张升伟, 等. 一种大口径微波/毫米波极化线栅研制的新方法. 电波科学学报, 2015, 30(3): 565-570.

[10] Cao Y, Che W, Yang W, et al. Novel wideband polarization rotating metasurface element and its application for wideband folded reflectarray. IEEE Transactions on Antennas and Propagation, 2020, 68(3): 2118-2127.

[11] Guo W L, Chen K, Wang G M, et al. Transmission-reflection-selective metasurface and its application to RCS reduction of high-gain reflector antenna. IEEE Transactions on Antennas and Propagation, 2020, 68(3): 1426-1435.

[12] Zheng Y, Chen K, Jiang T, et al. Multi-octave microwave absorption via conformal metamaterial absorber with optical transparency. Journal of Physics D: Applied Physics, 2019, 52(33): 335101.

[13] Zhao J, Sun L, Zhu B, et al. One-way absorber for linearly polarized electromagnetic wave utilizing composite metamaterial. Optics Express, 2015, 23(4): 4658-4665.

[14] Chen W, Balanis C A, Birtcher C R. Dual wide-band checkerboard surfaces for radar cross section reduction. IEEE Transactions on Antennas and Propagation, 2016, 64(9): 4133-4138.

[15] Modi A Y, Balanis C A, Birtcher C R, et al. Novel design of ultrabroadband radar cross section reduction surfaces using artificial magnetic conductors. IEEE Transactions on Antennas and Propagation, 2017, 65(10): 5406-5417.

[16] Liu X, Gao J, Xu L, et al. A coding diffuse metasurface for RCS reduction. IEEE Antennas and Wireless Propagation Letters, 2017, 16: 724-727.

[17] Zhuang Y, Wang G, Liang J, et al. Dual-band low-scattering metasurface based on combination of diffusion and absorption. IEEE Antennas and Wireless Propagation Letters, 2017, 16: 2606-2609.

[18] Cui T J, Qi M Q, Wan X, et al. Coding metamaterials, digital metamaterials and programmable metamaterials. Light: Science & Applications, 2014, 3: 218.

[19] Sun J, Chen K, Ding G, et al. Achieving directive radiation and broadband microwave absorption by an anisotropic metasurface. IEEE Access, 2019, 7: 93919-93926.

[20] Li W, Wu T, Wang W, et al. Integrating non-planar metamaterials with magnetic absorbing materials to yield ultra-broadband microwave hybrid absorbers. Applied Physics Letters, 2014, 104(2): 022903.

[21] Li S, Gao J, Cao X, et al. Wideband, thin, and polarization-insensitive perfect absorber based the double octagonal rings metamaterials and lumped resistances. Journal of Physics D: Applied Physics, 2014, 116(4): 043710.

[22] Costa F, Monorchio A, Manara G. Analysis and design of ultra thin electromagnetic absorbers comprising resistively loaded high impedance surfaces. IEEE Trans. Antennas Propag., 2010, 58(5): 1551-1558.

[23] Chen W, Balanis C A, Birtcher C R. Checkerboard EBG surfaces for wideband radar cross section reduction. IEEE Transactions on Antennas and Propagation, 2015, 63(6): 2636-2645.

[24] 朱瑛, 段坤, 杨维旭, 等. 基于超构表面的低散射天线阵列. 空军工程大学学报 (自然科学版), 2022, 23(1): 30-36.

[25] Bomzon Z, Biener G, Kleiner V, et al. Space-variant Pancharatnam-Berry phase optical elements with computer-generated subwavelength gratings. Optics Letters, 2002, 27(13): 1141-1143.

[26] Pancharatnam S. Generalized theory of interference, and its applications. Proceedings of the Indian Academy of Sciences-Section A, 1956, 44(5): 247-262.

[27] Milione G, Sztul H I, Nolan D A, et al. Higher-order Poincare sphere, stokes parameters, and the angular momentum of light. Physical Review Letters, 2011, 107(5): 053601.

[28] Berry M V. The adiabatic phase and Pancharatnam's phase for polarized light. Journal of Modern Optics, 1987, 34(11): 1401-1407.

[29] Chen K, Feng Y, Yang Z, et al. Geometric phase coded metasurface: from polarization dependent directive electromagnetic wave scattering to diffusion-like scattering. Scientific Reports, 2016, 6: 35968.

[30] Yu N, Genevet P, Kats M A, et al. Light propagation with phase discontinuities: generalized laws of reflection and refraction. Science, 2011, 334(6054): 333-337.

[31] Shen Y, Wang X, Xie Z, et al. Optical vortices 30 years on: OAM manipulation from topological charge to multiple singularities. Light: Science & Applications, 2019, 8: 90.

[32] Ding G, Chen K, Jiang T, et al. Full control of conical beam carrying orbital angular momentum by reflective metasurface. Optics Express, 2018, 26(16): 20990-21002.

[33] Devlin R C, Ambrosio A, Rubin N A , et al. Arbitrary spin-to-orbital angular momentum conversion of light. Science, 2017, 358(6365): 896-900.

[34] Ding G, Chen K, Luo X Y, et al. Dual-helicity decoupled coding metasurface for independent spin-to-orbital angular momentum conversion. Physical Review Applied, 2019, 11(4): 044043.

[35] Yao A M, Padgett M J. Orbital angular momentum: origins, behavior and applications.

Advances in Optics and Photonics, 2011, 3(2): 161-204.
[36] Yan Y, Xie G, Lavery M P, et al. High-capacity millimetre-wave communications with orbital angular momentum multiplexing. Nature Communications, 2014, 5: 4876.
[37] Mueller J B, Rubin N A, Devlin R C, et al. Metasurface polarization optics: independent phase control of arbitrary orthogonal states of polarization. Physical Review Letters, 2017, 118(11): 113901.
[38] Guo W L, Wang G M, Luo X Y, et al. Ultrawideband spin-decoupled coding metasurface for independent dual-channel wavefront tailoring. Annalen der Physik, 2020, 532(3): 1900472.
[39] Qiu Y, Tang S, Cai T, et al. Fundamentals and applications of spin-decoupled Pancharatnam-Berry metasurfaces. Frontiers of Optoelectronics, 2021, 14(2): 134-147.
[40] Ding G, Chen K, Qian G, et al. Independent energy allocation of dual-helical multi-beams with spin-selective transmissive metasurface. Advanced Optical Materials, 2020, 8(16): 2000342.
[41] Liu S, Cui T J, Zhang L, et al. Convolution operations on coding metasurface to reach flexible and continuous controls of terahertz beams. Advanced Science, 2016, 3(10): 1600156.
[42] Guo W L, Chen K, Wang G M, et al. Airy beam generation: approaching ideal efficiency and ultra wideband with reflective and transmissive metasurfaces. Advanced Optical Materials, 2020, 8(21): 2000860.
[43] Ding G, Chen K, Luo X Y, et al. Direct routing of intensity-editable multi-beams by dual geometric phase interference in metasurface. Nanophotonics, 2020, 9(9): 2977-2987.
[44] Guo W L, Wang G M, Luo X Y, et al. Dual-phase hybrid metasurface for independent amplitude and phase control of circularly polarized wave. IEEE Transactions on Antennas and Propagation, 2020, 68(11): 7705-7710.

第 3 章　传播方向复用多功能超表面

3.1　引　　言

近年来，为了满足日益复杂多变的应用场景，人们通过调控电磁波的频率、幅度、相位、极化以及轨道角动量等多个维度的特性，构造了能够集成多种电磁调控功能的超表面 [1-6]。传统电磁器件对沿相反方向入射的电磁波一般具有相同的电磁响应，因此尚未充分利用电磁波传输方向上的设计自由度。非互易电磁器件可以打破这个限制，但通常需要利用磁性材料、非线性材料、时域调制等磁性或有源方法 [7,8]，因此往往体积大、成本和复杂度高。此外，也有一些无源结构利用空间结构上的非对称性实现电磁波非对称传输 (asymmetric transmission)，如光子晶体 [9]、非对称金属光栅 [10]、转极化器 [11] 以及手征超材料 [12-14] 等。其中，手征超材料因其特殊的结构特性近年来备受关注。此外，将手征结构和界面突变相位结合形成的手征超表面 (chiral metasurface)，不仅能双向非对称传输电磁波能量，还能实现非对称的电磁波前调控，从而可形成丰富的非对称电磁功能。

本章将从手征超材料特点出发，首先，利用理论分析，概括了对线极化电磁波具有非对称传输效应的手征单元的一般设计方法。其次，结合相位调制原理，介绍手征相位梯度超表面的设计方法，并分析验证其对线极化电磁波的单向调控。在此基础上，进一步拓展至双向全空间复用及圆极化复用的工作模式，丰富了方向复用多功能超表面的调控自由度。

3.2　手征超材料及电磁波非对称传输

手征性 (chirality) 作为一个几何概念和性质，常常存在于自然界的物质结构中，例如，手征性普遍存在于诸如石英晶体、DNA 螺旋形结构、葡萄糖分子等缺乏几何对称性的结构中。手征结构不能通过旋转、平移等操作与其镜像结构相重合，因此手征材料具有旋光性 [15,16]、圆二色性 [17,18] 等奇特的物理性质。超材料可以通过模拟自然界中手征材料的对称破缺特点，人为地构造手征结构，为手征结构的设计提供了一种高效、轻薄的设计方案，并可显著提高手征结构的手征性能。最初，人们首先研究了结构较为简单的平面型手征结构 [13,19]，这类几何结构能够实现圆极化电磁波的非对称传输。进而，又出现了较为复杂的多层 (或三维立体) 金属手征单元结构，具体表现为每层金属结构不同的多层单元 [12]，同样可以打破电磁波在传输方向上的对称性，且针对线极化和圆极化电磁波都具有非对称的传输特性。本节首先通过理论分析电磁波在一般手征结构中的传输特性，阐述一类仅针对线极化电磁波具有非对称传输特性的手征结构，推导其传输系数应满足的条件，并概括此类结构应具有的几何特征，再结合实例对结论加以验证。

3.2.1 理论分析

沿 z 方向传播的任意极化状态电磁波都可以分解为 x 极化和 y 极化电磁波分量的叠加，所以在此以线极化电磁波为例，假设电磁波沿前向 ($+z$ 方向) 入射至手征超材料单元，则入射电场可表示为 [14]

$$\boldsymbol{E}^{\mathrm{in}}(\boldsymbol{r},t)=\begin{bmatrix} I_x \\ I_y \end{bmatrix}\mathrm{e}^{\mathrm{j}(\omega t-kz)} \tag{3.1}$$

其中，ω 和 k 分别表示入射电磁波的圆频率 (或角频率) 及波矢，I_x 和 I_y 分别表示 x 极化和 y 极化入射电场的复振幅。相应的透射电场可表示为

$$\boldsymbol{E}^{\mathrm{tr}}(\boldsymbol{r},t)=\begin{bmatrix} T_x \\ T_y \end{bmatrix}\mathrm{e}^{\mathrm{j}(\omega t-kz)} \tag{3.2}$$

式中，T_x 和 T_y 则代表透射电场的复振幅。利用传输矩阵 $\boldsymbol{T}$ 构建透射场与入射场之间的关系，可得

$$\begin{bmatrix} \boldsymbol{E}_x^{\mathrm{tr}} \\ \boldsymbol{E}_y^{\mathrm{tr}} \end{bmatrix}=\begin{bmatrix} t_{xx} & t_{xy} \\ t_{yx} & t_{yy} \end{bmatrix}\begin{bmatrix} \boldsymbol{E}_x^{\mathrm{in}} \\ \boldsymbol{E}_y^{\mathrm{in}} \end{bmatrix}=\boldsymbol{T}_{\mathrm{lin}}^{\mathrm{f}}\begin{bmatrix} \boldsymbol{E}_x^{\mathrm{in}} \\ \boldsymbol{E}_y^{\mathrm{in}} \end{bmatrix} \tag{3.3}$$

矩阵 $\boldsymbol{T}_{\mathrm{lin}}^{\mathrm{f}}$ 的上标 f 表示电磁波沿前向 ($+z$ 方向) 入射，下标 lin 表示线极化状态。当手征介质中不包含磁性材料时，传输过程满足互易定理，此时电磁波沿后向 ($-z$ 方向) 入射至手征超材料单元的传输矩阵为

$$\boldsymbol{T}_{\mathrm{lin}}^{\mathrm{b}}=\begin{bmatrix} t_{xx} & -t_{yx} \\ -t_{xy} & t_{yy} \end{bmatrix} \tag{3.4}$$

其中，$\boldsymbol{T}_{\mathrm{lin}}^{\mathrm{b}}$ 的上标 b 表示电磁波沿后向 ($-z$ 方向) 入射。

圆极化电磁波可由一对正交的线极化分量组合而成：

$$\boldsymbol{E}_{\pm}=\boldsymbol{E}_x\mp\mathrm{j}\boldsymbol{E}_y \tag{3.5}$$

式中，$\boldsymbol{E}_{\pm}$ 的下标+和一分别表示右旋圆极化波和左旋圆极化波。再根据式 (3.3) 和 (3.5)，可以计算出圆极化电磁波正向入射时的传输矩阵为

$$\boldsymbol{T}_{\text{circ}}^{\text{f}}=\begin{bmatrix} t_{++} & t_{+-} \\ t_{-+} & t_{--} \end{bmatrix}=\frac{1}{2}\begin{bmatrix} t_{xx}+t_{yy}+\mathrm{i}(t_{xy}-t_{yx}) & t_{xx}-t_{yy}-\mathrm{i}(t_{xy}+t_{yx}) \\ t_{xx}-t_{yy}+\mathrm{i}(t_{xy}+t_{yx}) & t_{xx}+t_{yy}-\mathrm{i}(t_{xy}-t_{yx}) \end{bmatrix} \tag{3.6}$$

式中，矩阵 $\boldsymbol{T}_{\text{circ}}^{\text{f}}$ 的下标 circ 表示入射电磁波为圆极化电磁波。

手征超材料能够将特定极化入射的电磁波转化为交叉极化的透射电磁波，而因其结构在电磁波传输方向上具有空间非对称性，所以相同极化的电磁波从相反方向入射时，手征超材料的电磁响应会完全不同，即手征超材料能针对特定极化的入射电磁波实现非对称传输效应。通常用非对称传输系数 Δ 来定量表征该效应的强弱，表示电磁波沿相反方向入射的透射系数之间的差值。由式 (3.3) 和 (3.4) 可得，线极化电磁波的非对称传输系数为

$$\boldsymbol{\Delta}_{\text{lin}}^{x}=|t_{xx}^{\text{f}}|^2+|t_{yx}^{\text{f}}|^2-|t_{yx}^{\text{b}}|^2-|t_{xx}^{\text{b}}|^2=|t_{yx}^{\text{f}}|^2-|t_{xy}^{\text{f}}|^2 \tag{3.7}$$

$$\boldsymbol{\Delta}_{\text{lin}}^{y}=|t_{yy}^{\text{f}}|^2+|t_{xy}^{\text{f}}|^2-|t_{xy}^{\text{b}}|^2-|t_{yy}^{\text{b}}|^2=|t_{xy}^{\text{f}}|^2-|t_{yx}^{\text{f}}|^2=-\boldsymbol{\Delta}_{\text{lin}}^{x} \tag{3.8}$$

同理，圆极化电磁波的非对称传输系数可表示为

$$\boldsymbol{\Delta}_{\text{circ}}^{+}=|t_{-+}^{\text{f}}|^2-|t_{+-}^{\text{f}}|^2=-\boldsymbol{\Delta}_{\text{circ}}^{-} \tag{3.9}$$

其中，$\boldsymbol{\Delta}_{\text{lin}}^{x}$、$\boldsymbol{\Delta}_{\text{lin}}^{y}$、$\boldsymbol{\Delta}_{\text{circ}}^{+}$ 和 $\boldsymbol{\Delta}_{\text{circ}}^{-}$ 分别对应于 x 极化、y 极化、右旋圆极化和左旋圆极化电磁波入射下的非对称传输系数。

由式 (3.6)、(3.7) 和 (3.9) 可知，当手征结构只针对线极化电磁波具有非对称传输特性，而对于圆极化电磁波不具备非对称传输特性时，手征结构的传输系数应该要满足如下关系：

$$\begin{cases} |t_{xy}|\neq|t_{yx}| \\ t_{xx}=t_{yy} \end{cases} \tag{3.10}$$

由此可知，在设计仅对线极化电磁波具备非对称传输特性的手征超材料时，需使单元结构在电磁波传输方向上存在对称性破缺，并且能够满足式 (3.10) 中的条件。基于此，不失一般性地，可将单元设计为如图 3.1 所示的三层结构，该单元由两层金属结构及中间介质层构成，前、后两层金属结构可任意设计，但应具有相同的物理形状，下层金属结构可由上层金属结构绕 z 轴顺时针旋转 90°、再关于 x 轴对称翻转而得。

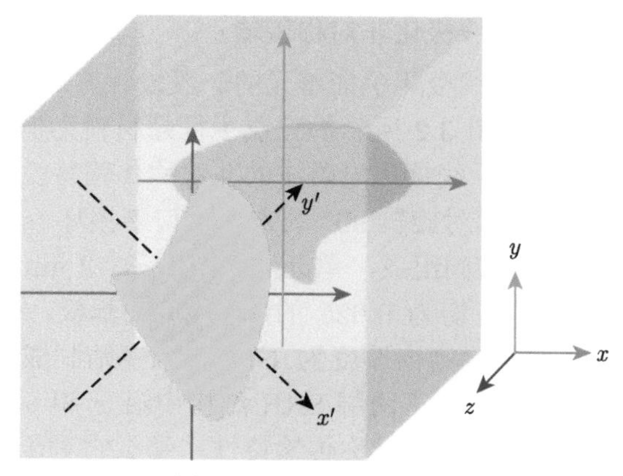

图 3.1 手征结构示意图

为了进一步理论分析此类单元的非对称传输特性，在此，首先将图 3.1 中原坐标系 (x, y, z) 绕 z 轴顺时针旋转 45°，建立起新坐标系 (x'，y'，z')。因单元前、后两层金属结构关于新坐标系下的 y' 轴镜像对称，所以单元对 y' 极化电磁波将不具有非对称传输特性，所以根据式 (3.3) 和 (3.4) 可得新坐标系下的传输系数对应关系为

$$t_{x'y'} = -t_{y'x'} \tag{3.11}$$

新坐标系 (x', y', z') 下的传输矩阵 $\boldsymbol{T}'$ 与原坐标系 (x, y, z) 下的传输矩阵 $\boldsymbol{T}$ 具备如下关系：

$$\boldsymbol{T}' = \begin{bmatrix} t_{x'x'} & t_{x'y'} \\ t_{y'x'} & t_{y'y'} \end{bmatrix} = \boldsymbol{C} \begin{bmatrix} t_{xx} & t_{xy} \\ t_{yx} & t_{yy} \end{bmatrix} \boldsymbol{C}^{-1} = \boldsymbol{C}\boldsymbol{T}\boldsymbol{C}^{-1} \tag{3.12}$$

其中，$\boldsymbol{C}$ 为新旧坐标系之间旋转变化的雅可比矩阵：

$$\boldsymbol{C} = \frac{\sqrt{2}}{2} \begin{bmatrix} 1 & -1 \\ 1 & 1 \end{bmatrix} \tag{3.13}$$

联立式 (3.11)~(3.13)，计算可得

$$t_{xx} = t_{yy} \tag{3.14}$$

由式 (3.6) 和 (3.9) 可得，此类结构并不具有圆极化非对称传输特性。随后，再通过设计单元的金属结构使其对入射电磁波的极化状态具有选择性，使传输系数表现为 $|t_{xy}| \neq |t_{yx}|$ ，则单元能够满足式 (3.10) 中所描述的充分条件，因此可以保证这类人工手征结构仅在线极化电磁波入射时才表现出非对称传输特性。

3.2.2 无源手征超材料实现线极化非对称传输

3.2.1 节通过理论分析了线极化手征单元的一般设计方法和要求，为了进一步验证结论的正确性，在此以图 3.2 所示的三层手征超材料为例，具体结合全波电磁仿真分析这类手征结构对于线极化电磁波的非对称传输特性。图 3.2(a) 中的手征超材料单元由上、下两层相对旋转 90° 的方形开口谐振环 (split-ring resonator，SRR) 结构及其中间介质层共同组成，单元周期为 $p = 12$ mm，介质层选用了相对介电常数为 4.2、损耗角正切为 0.025 的 FR4 介质基板，介质板厚度为 $h = 2.5$ mm，方形 SRR 金属结构则由厚度为 17 μm 的铜箔制成，其外边长为 $a = 8$ mm，环宽为 $w = 2$ mm，上、下两层 SRR 结构中沿 x 和 y 方向上的缝隙宽度均为 2 mm。若该手征单元具有非对称传输特性，那么它对于双向入射的电磁波应具有图 3.2(b) 所示功能。当 x 极化电磁波沿 $-z$ 方向入射时，单元结构上表面的方形 SRR 金属结构中存在缝隙，且缝隙方向与入射电磁波的极化方向相同，因此该单元能够与入射的 x 极化电磁波有效耦合，并使其在介质层内部产生电场与磁场的交叉耦合，从而将大部分能量以转极化的形式透射出下层方形 SRR 结构。

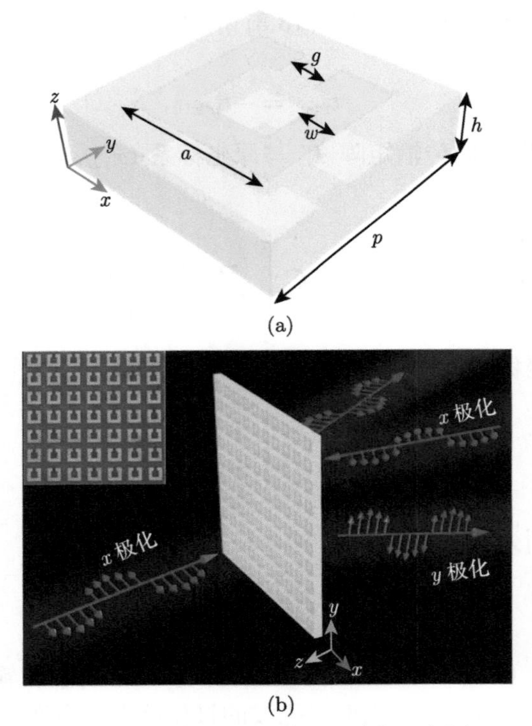

(a)

(b)

图 3.2　线极化手征单元及功能示意图

(a) 双层方形 SRR 手征结构示意图；(b) 电磁波双向入射功能示意图

相反地，沿 $+z$ 方向入射的 x 极化电磁波则会因为不能与超材料结构耦合，而被反射回 $-z$ 空间。因此，方形 SRR 结构所组成的超材料单元，对沿相反方向入射的电磁波具有不同的传输响应，超材料单元具有明显的非对称传输特性。此外，还可以通过超材料单元对入射电磁波的透射系数和非对称传输系数等参量来直观地验证并定量衡量其非对称传输性能。

图 3.3 展示了该超材料单元仿真分析与实验测试所得的传输系数。当 x 极化和 y 极化电磁波分别沿 $-z$ 和 $+z$ 方向入射至超材料单元时，在宽带范围内其同极化透射系数都始终保持在较低水平，这也与式 (3.14) 所述关系相符合。此外，针对相同的传播方向，x 极化和 y 极化电磁波经过超材料单元激励的转极化透射性能存在明显差异，即有 $|t_{xy}| \neq |t_{yx}|$，以图 3.3(a) 为例，x 极化电磁波在 10.24 GHz 频率处的转极化透射幅度可达最大值 0.8，而 y 极化电磁波的转极化透射幅度则小于 0.2。由此可得，本例中由方形 SRR 结构构成的典型手征单元，其传输性能满足 3.2.1 节理论所要求的只针对线极化电磁波具有非对称传输特性的条件，而对于圆极化电磁波则不存在非对称传输电磁的响应。

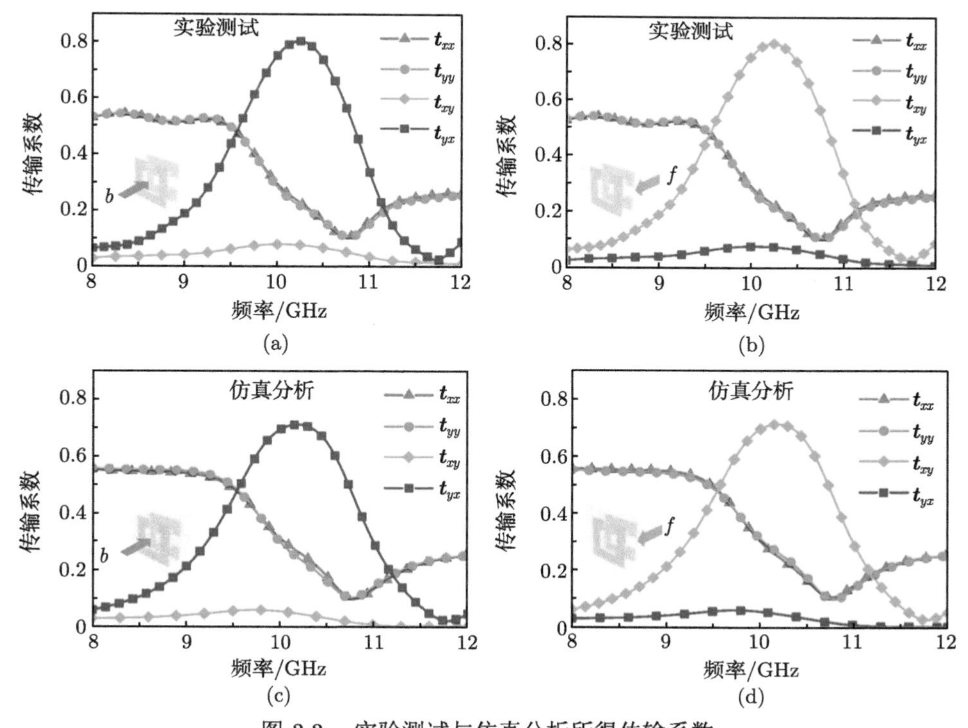

图 3.3　实验测试与仿真分析所得传输系数

(a) 实验测试所得 x 极化 $-z$ 方向入射传输系数；(b) 实验测试所得 y 极化 $+z$ 方向入射传输系数；(c) 仿真分析所得 x 极化 $-z$ 方向入射传输系数；(d) 仿真分析所得 y 极化 $+z$ 方向入射传输系数

图 3.4(a) 和 (b) 中所示非对称传输系数直观地证明了图 3.2 中单元的手征特性。在 10.24 GHz 频率处，线极化非对称传输系数 Δ_{lin} 达到最大值 0.64，而圆极化非对称传输系数 Δ_{circ} 在整个频段内始终趋于零，说明该超材料只在线极化电磁波的激励下才具备非对称传输特性，而对于圆极化电磁波入射表现出对称传输性质，这一结论也与理论分析相吻合。图 3.4(c) 所示为电磁波沿 $-z$ 方向入射时的透射波极化偏转角，在非对称传输特性最佳频点 10.24 GHz 处，x 极化电磁波沿 $-z$ 方向入射至手征超材料后发生了转极化透射，极化偏转角为 103°，这表示此时大部分透射电磁波被转化为交叉极化 (y 极化) 出射。

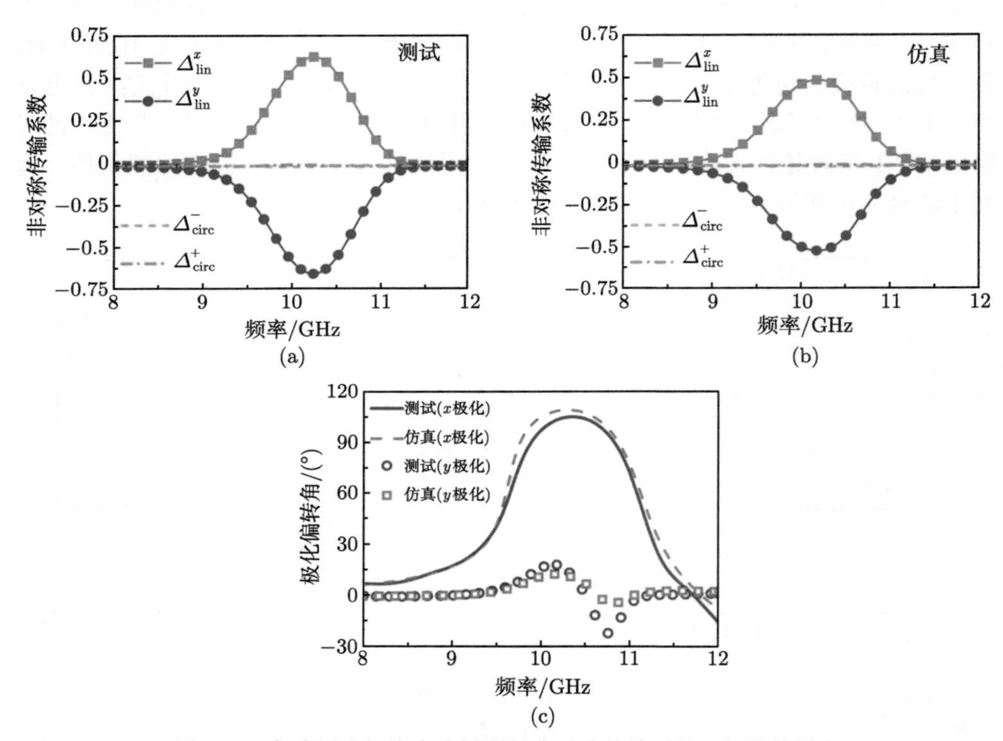

图 3.4　实验测试与仿真分析所得非对称传输系数及极化偏转角
(a) 实验结果计算所得非对称传输系数；(b) 仿真结果计算所得非对称传输系数；(c) 电磁波沿 $-z$ 方向入射时的极化偏转角

本节以方形 SRR 结构组成的手征超材料单元为例，分析了单元结构的几何特征及其对线极化电磁波的传输响应，并通过对样品的实验测试，验证了仅对线极化电磁波具有非对称传输效应的单元结构设计理论与方法。这类超材料所具有的非对称传输效应主要来源于非对称转极化效应，因此合理设计非对称转极化效率可有效调控非对称传输系数的大小。

3.2.3 有源手征超材料实现非对称传输的动态调控

3.2.1 节通过理论分析，提出并验证了线极化手征超材料的通用设计方法，但这类无源结构对电磁波的调控能力单一且固定。因此，为了实时动态地调控超材料的非对称传输特性，以适应更复杂多变的应用场景，可在手征超材料的结构设计中加入石墨烯、液晶、二氧化矾等可调材料或 PIN 二极管、变容二极管等有源元件 [20-22] 来构成可调手征超材料。在此基础上，再由外部激励实时改变可调材料/元件的响应，从而动态调控或切换电磁波的极化转换及非对称传输特性，实现手征超材料电磁响应可调控的目的。

作为设计实例，图 3.5 给出了一种加载 PIN 二极管的有源手征超材料，通过二极管工作状态的切换，超材料可实现对 x 极化电磁波非对称传输特性的动态调节。可调手征单元以图 3.2(a) 中方形 SRR 手征结构为雏形发展而来，介质层厚度为 $h = 1.524$ mm，单元周期为 $p = 10$ mm。前、后两侧金属 SRR 结构几何尺寸相同，外环宽度为 $b = 8.2$ mm，环宽为 1.3 mm。前侧 SRR 结构的上、下金属臂上分别增开宽度为 0.9 mm 的缝隙并加载 PIN 二极管，两个二极管的正负极采用首尾相连的串联形式。为了减小直流偏置馈线对单元电磁性能的影响，馈线与前侧 SRR 结构的连接中加入了 20 kΩ 电阻以降低耦合。

可调手征超材料的功能示意图如图 3.5 所示。以 x 极化为例，对有源单元中的二极管加载 15 V 直流偏置电压，使得二极管均工作于导通状态时，单元表现为手征状态并与图 3.2(a) 中方形 SRR 手征结构等效。因此沿正向 ($+z$ 方向) 入射的 x 极化电磁波可经由手征超材料转为 y 极化电磁波透射，而后向 ($-z$ 方向) 入射的 x 极化电磁波将被反射为同极化波，从而实现了电磁波的非对称传输功能。然而，若将外部偏压调整为 0 V，则因二极管处于截止模式，此时的有源超材料将被切换至非理想手征状态，不满足前述几何结构要求，不再具有线极化波非对称传输功能，所以从正、反两方向入射的 x 极化电磁波传输响应相同，均能实现图 3.5(b) 所示的高效同极化透射。

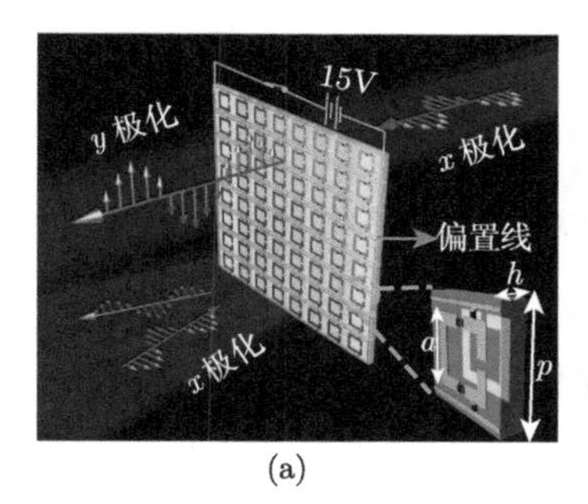

(a)

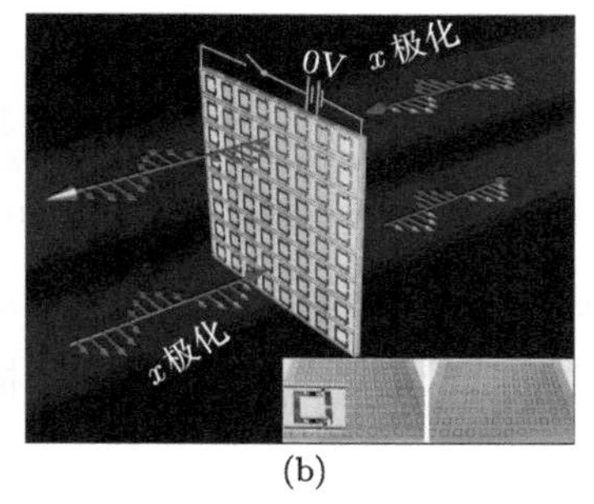

(b)

图 3.5 有源可切换手征结构功能示意图

(a) 二极管导通时，x 极化电磁波双向入射功能示意图；(b) 二极管截止时，x 极化电磁波双向入射功能示意图

图 3.6 为二极管分别工作于导通和截止状态，电磁波沿前、后 ($+z$ 和 $-z$) 两个方向入射至手征超材料时，仿真分析与实验测试的传输系数频谱。在图 3.6(a) 中，二极管工作于导通状态，x 极化电磁波沿前向 $+z$ 方向入射至超材料时，转极化透射系数可在 9.2 GHz 频率处达到峰值 0.81，而沿相反方向入射的 x 极化电磁波，其同极化透射分量 t_{xx} 与前向入射时相同，但此时的 t_{yx} 趋近于 0，对应于图 3.6(c) 中的结果。由此可知，在超材料两侧激励的电磁波的转极化透射系数存在明显差异，总透射能量也不相同，表明此时的超材料处于手征状态且具有较强的非对称传输特性，符合图 3.5(a) 中所展示的状态。

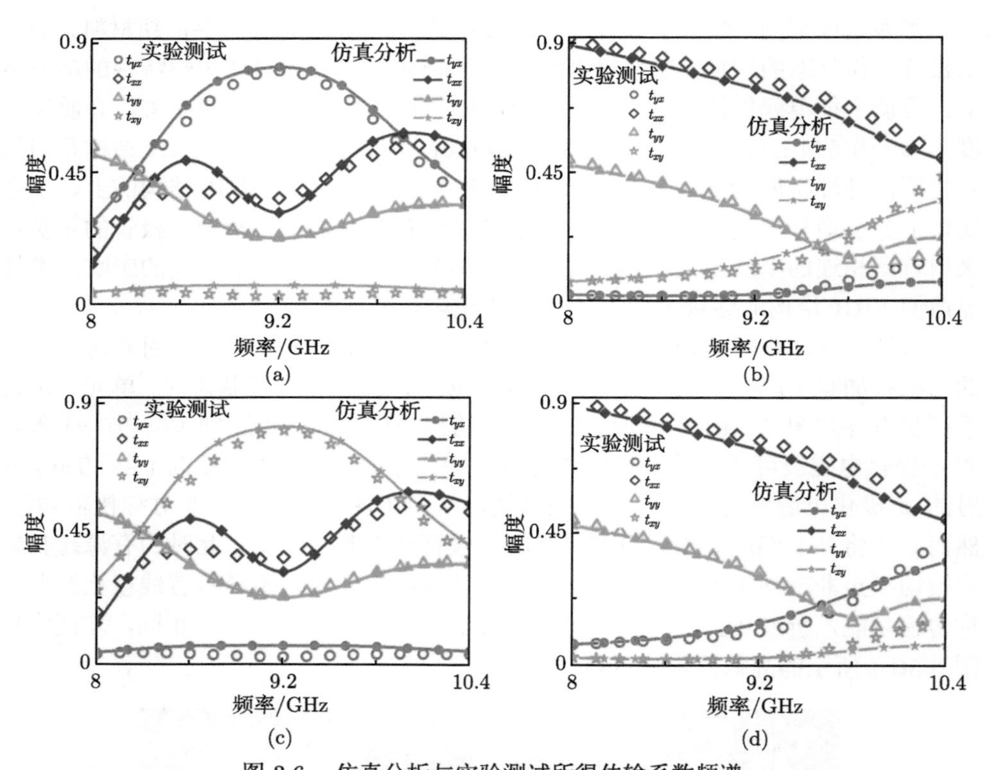

图 3.6 仿真分析与实验测试所得传输系数频谱

(a) 二极管导通沿 $+z$ 方向入射时传输系数；(b) 二极管截止沿 $+z$ 方向入射时传输系数；(c) 二极管导通沿 $-z$ 方向入射时传输系数；(d) 二极管截止沿 $-z$ 方向入射时传输系数

若将外部偏压减小至 0 V，即二极管处于截止状态，则超材料单元被切换至非理想手征状态，因此对沿前、后向传播的 x 极化电磁波都具有良好的同极化透射性能 (图 3.5(b) 中所示)，在 9.2 GHz 频率处双向的同极化透射系数 t_{xx} 均可达到了 0.8。图 3.7 所示为可调超材料切换至手征状态时非对称传输系数及极化转换率随频率的变化曲线，可知在 9.2 GHz 时，超材料的非对称传输系数 Δ_{lin} 将升至最大值 0.67，同时极化转换率 PCR_x 达到了 0.92，这也进一步证明了超材料工作于手征状态时，具有良好的非对称传输特性和转极化功能。

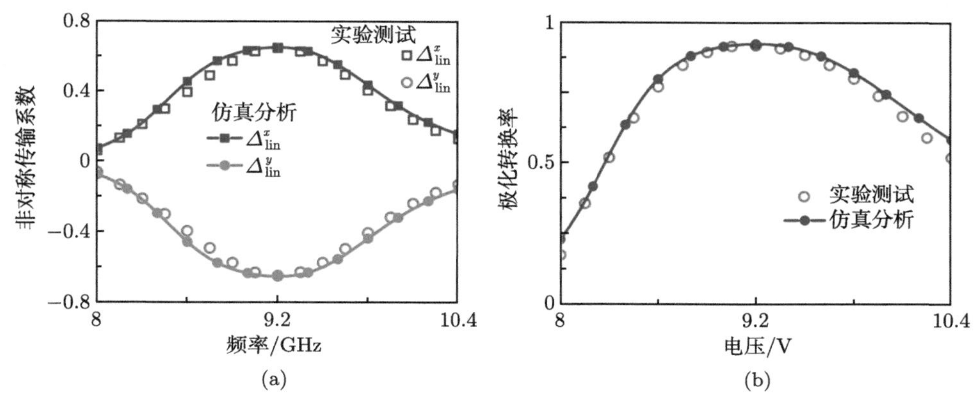

图 3.7　x 极化电磁波双向入射时的非对称传输系数及极化转换率
(a) 仿真分析与实验测试所得非对称传输系数；(b) 仿真分析与实验测试所得极化转换率

以上结果仅验证了 PIN 二极管工作于导通与截止两种极端状态下可调手征超材料的传输性能。实际上，PIN 管在外部偏压控制下由截止状态逐渐变化至导通状态的过程中，有源单元的手征特征将随之逐渐趋于明显，使得超材料对电磁波的非对称传输性能也逐渐显现并加强，有利于灵活并连续地调控电磁波的透射性能。此外，本实例中的可调手征超材料还具有较好的角度鲁棒性，当斜入射角度增大至 70° 时，以 TE(transverse electric) 或 TM(transverse magnetic) 模式极化入射至超材料的电磁波，非对称传输性能依然能够保持良好。关于本节可调手征超材料的非对称传输特性随外部偏压的连续调控及其斜入射性能，可详见文献 [20]。

本节介绍了一种在微波频段通过切换 PIN 二极管工作状态实时调节超材料的非对称电磁传播的设计实例。可调手征超材料对电磁波的非对称传播本质上依然来源于沿电磁波传播方向上的空间不对称性，利用了电磁波的非对称转极化效应。这种方法还可以被拓展至更高频的太赫兹和可见光频段，可以借助液晶、石墨烯、二氧化矾等可调物质来实现诸如极化转换、吸波等更多样化的电磁调控功能。

3.3 多层级联超表面对电磁波阵面的单向调控

3.2 节中利用手征超材料实现了对电磁波非对称传输，但这类超材料仅能调控电磁波整体的透、反射幅度，而缺乏对透射、反射场波前的灵活操纵。因此，为了进一步增加设计的自由度，本节将超表面的相位梯度概念与手征结构单元结合，通过几何相位或传播相位构造应用于波阵面调控的非对称手征超表面。将以多层级联手征单元为例，通过设计其在线极化电磁波入射下的转极化透射幅度、相位响应及超表面单元排布规律 [4,5]，实现手征超表面对透射电磁波的双向调控功能。

3.3.1　理论分析

考虑如图 3.8 所示的一般三层级联旋转结构单元，单元相邻两层结构间的层间相对旋转角为 θ。假设单元单层导纳为 $\boldsymbol{Y}_n$，那么单元的第一层导纳 $\boldsymbol{Y}_1$ 的一般形式可表示为 [5]

$$\boldsymbol{Y}_1 = \begin{bmatrix} Y_{xx} & Y_{xy} \\ Y_{yx} & Y_{yy} \end{bmatrix} \tag{3.15}$$

其中，下标 x 和 y 表示极化方向。若结构关于 x 轴和 y 轴镜像对称，则 Y_{xy} 和 Y_{yx} 均为 0。根据坐标变换，第二层和第三层结构的导纳可通过旋转矩阵 $\boldsymbol{R}$ 与 $\boldsymbol{Y}_1$ 关联起来，因此可写为

$$\boldsymbol{Y}_2 = \boldsymbol{R}^{-1}(\theta) \cdot \boldsymbol{Y}_1 \cdot \boldsymbol{R}(\theta) \tag{3.16}$$

$$\boldsymbol{Y}_3 = \boldsymbol{R}^{-1}(2\theta) \cdot \boldsymbol{Y}_1 \cdot \boldsymbol{R}(2\theta) \tag{3.17}$$

式中的旋转矩阵 $\boldsymbol{R}(\theta)$ 为

$$\boldsymbol{R}(\theta) = \begin{bmatrix} \cos\theta & \sin\theta \\ -\sin\theta & \cos\theta \end{bmatrix} \tag{3.18}$$

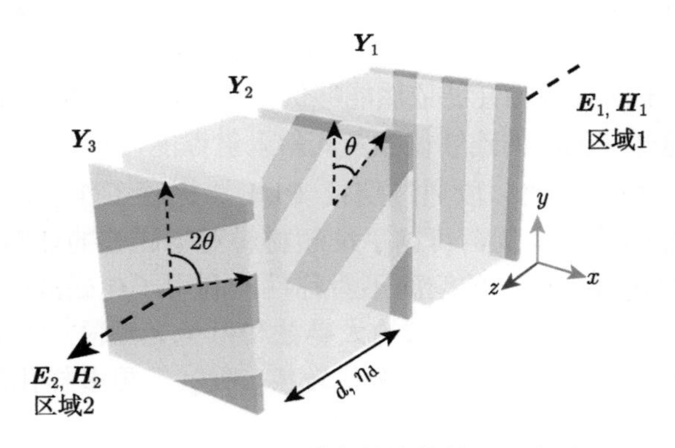

图 3.8　三层级联旋转结构单元示意图

为了研究电磁波包含 x 和 y 极化分量的一般情况，将散射矩阵 $\boldsymbol{S}$ 表示为如下形式：

$$\boldsymbol{S}_{mn} = \begin{bmatrix} S_{mn}^{xx} & S_{mn}^{xy} \\ S_{mn}^{yx} & S_{mn}^{yy} \end{bmatrix} \tag{3.19}$$

其中，下标 m 和 n 分别对应于散射空间和入射空间，第一个和第二个上标分别代表散射和入射电磁波的极化方向。因此，本例中三层级联旋转结构的传输矩阵可由单元中每层结构及其中间介质层级联得出 [5]：

$$\begin{aligned}\boldsymbol{T}=\begin{bmatrix}\boldsymbol{A} & \boldsymbol{B}\\ \boldsymbol{C} & \boldsymbol{D}\end{bmatrix}&=\begin{bmatrix}\boldsymbol{I} & \boldsymbol{0}\\ \boldsymbol{n}\cdot\boldsymbol{Y}_1 & \boldsymbol{I}\end{bmatrix}\cdot\begin{bmatrix}\cos(\beta d)\boldsymbol{I} & -\mathrm{j}\sin(\beta d)\eta_{\mathrm{d}}\boldsymbol{n}\\ -\mathrm{j}\sin(\beta d)\eta_{\mathrm{d}}^{-1}\boldsymbol{n} & \cos(\beta d)\boldsymbol{I}\end{bmatrix}\\ &\cdot\begin{bmatrix}\boldsymbol{I} & \boldsymbol{0}\\ \boldsymbol{n}\cdot\boldsymbol{Y}_2 & \boldsymbol{I}\end{bmatrix}\cdot\begin{bmatrix}\cos(\beta d)\boldsymbol{I} & -\mathrm{j}\sin(\beta d)\eta_{\mathrm{d}}\boldsymbol{n}\\ -\mathrm{j}\sin(\beta d)\eta_{\mathrm{d}}^{-1}\boldsymbol{n} & \cos(\beta d)\boldsymbol{I}\end{bmatrix}\cdot\begin{bmatrix}\boldsymbol{I} & \boldsymbol{0}\\ \boldsymbol{n}\cdot\boldsymbol{Y}_3 & \boldsymbol{I}\end{bmatrix}\end{aligned} \tag{3.20}$$

式中，β 为电磁波的传输常数，d 为介质层厚度，η_{d} 表示介质中的波阻抗，而 $\boldsymbol{I}$ 和 $\boldsymbol{n}$ 分别为单位矩阵和 90° 旋转矩阵，表示为

$$\boldsymbol{I}=\begin{bmatrix}1 & 0\\ 0 & 1\end{bmatrix},\quad \boldsymbol{n}=\begin{bmatrix}0 & -1\\ 1 & 0\end{bmatrix} \tag{3.21}$$

级联后的单元前、后两空间内的电场和磁场具有如下关系：

$$\begin{bmatrix}\boldsymbol{E}_2\\ \boldsymbol{H}_2\end{bmatrix}=\boldsymbol{T}\cdot\begin{bmatrix}\boldsymbol{E}_1\\ \boldsymbol{H}_1\end{bmatrix} \tag{3.22}$$

其中，$\boldsymbol{E}=[E_x,E_y]^{\mathrm{T}}$，$\boldsymbol{H}=[H_x,H_y]^{\mathrm{T}}$。进而可推导出单元散射参数与包含了 $\boldsymbol{A}$、$\boldsymbol{B}$、$\boldsymbol{C}$、$\boldsymbol{D}$ 四个参数的矩阵之间的关系应为

$$\begin{bmatrix}\boldsymbol{I}+\boldsymbol{S}_{11} & \boldsymbol{S}_{12}\\ \dfrac{\boldsymbol{n}}{\eta_1}\cdot(\boldsymbol{I}-\boldsymbol{S}_{11}) & -\dfrac{\boldsymbol{n}}{\eta_1}\cdot(\boldsymbol{I}-\boldsymbol{S}_{12})\end{bmatrix}=\begin{bmatrix}\boldsymbol{A} & \boldsymbol{B}\\ \boldsymbol{C} & \boldsymbol{D}\end{bmatrix}\cdot\begin{bmatrix}\boldsymbol{I} & \boldsymbol{I}+\boldsymbol{S}_{22}\\ -\dfrac{\boldsymbol{n}}{\eta_2}\cdot\boldsymbol{S}_{21} & \dfrac{\boldsymbol{n}}{\eta_2}\cdot(-\boldsymbol{I}+\boldsymbol{S}_{22})\end{bmatrix} \tag{3.23}$$

η_1 和 η_2 分别代表前、后两空间中的波阻抗。在本节的分析推导中假定超表面处于自由空间。考虑理想无损耗情况，则每层结构的阻抗应为纯虚数，可求得电磁波的散射矩阵为

$$\begin{bmatrix}\boldsymbol{S}_{11} & \boldsymbol{S}_{12}\\ \boldsymbol{S}_{21} & \boldsymbol{S}_{22}\end{bmatrix}=\begin{bmatrix}-\boldsymbol{I} & \dfrac{\boldsymbol{B}\cdot\boldsymbol{n}}{\eta_0}+\boldsymbol{A}\\ \dfrac{\boldsymbol{n}}{\eta_0} & \dfrac{\boldsymbol{D}\cdot\boldsymbol{n}}{\eta_0}+\boldsymbol{C}\end{bmatrix}^{-1}\cdot\begin{bmatrix}\boldsymbol{I} & \dfrac{\boldsymbol{B}\cdot\boldsymbol{n}}{\eta_0}-\boldsymbol{A}\\ \dfrac{\boldsymbol{n}}{\eta_0} & \dfrac{\boldsymbol{D}\cdot\boldsymbol{n}}{\eta_0}-\boldsymbol{C}\end{bmatrix} \tag{3.24}$$

以上公式将多层结构的整体电磁响应 (S 参数) 与单层的电磁参数联系起来，因此在其中一层的表面阻抗已知的条件下，可以直接求解出单元的整体响应。相反地，在单元的目标电磁响应已知的条件下，也可以逆向推导所需要的单层表面阻抗特性。例如，如需超表面单元对正向入射 x 极化电磁波具有单向传输功能，则超表面单元的 S 参数应满足如下的理想条件：

$$\boldsymbol{S}_{21}=\begin{bmatrix} S_{21}^{xx} & S_{21}^{xy} \\ S_{21}^{yx} & S_{21}^{yy} \end{bmatrix}=\mathrm{e}^{\mathrm{j}\alpha}\begin{bmatrix} 0 & 0 \\ 1 & 0 \end{bmatrix},\quad \boldsymbol{S}_{12}=\begin{bmatrix} S_{12}^{xx} & S_{12}^{xy} \\ S_{12}^{yx} & S_{12}^{yy} \end{bmatrix}=\mathrm{e}^{\mathrm{j}\alpha}\begin{bmatrix} 0 & 1 \\ 0 & 0 \end{bmatrix} \tag{3.25}$$

其中，α 为透射相位。理想情况下，超表面的转极化透射系数应趋近于 1，但考虑到实际设计中存在损耗，因此当透射 y 极化电磁波的幅度高于 0.7 时，可认为超表面具有单向传输性能。在此，重点考察层间相对旋转角 θ 对超表面单向传输性能的影响，分别计算了 θ 为 15°、45° 和 75° 时，级联单元透射系数的幅度、相位关于导纳 Y_{xx} 和 Y_{yy} 的变化关系。由图 3.9 可知，当层间旋转角为 45° 时，三层级联旋转结构的透射幅度最高，同时理论上还可以实现 360° 的相位覆盖。

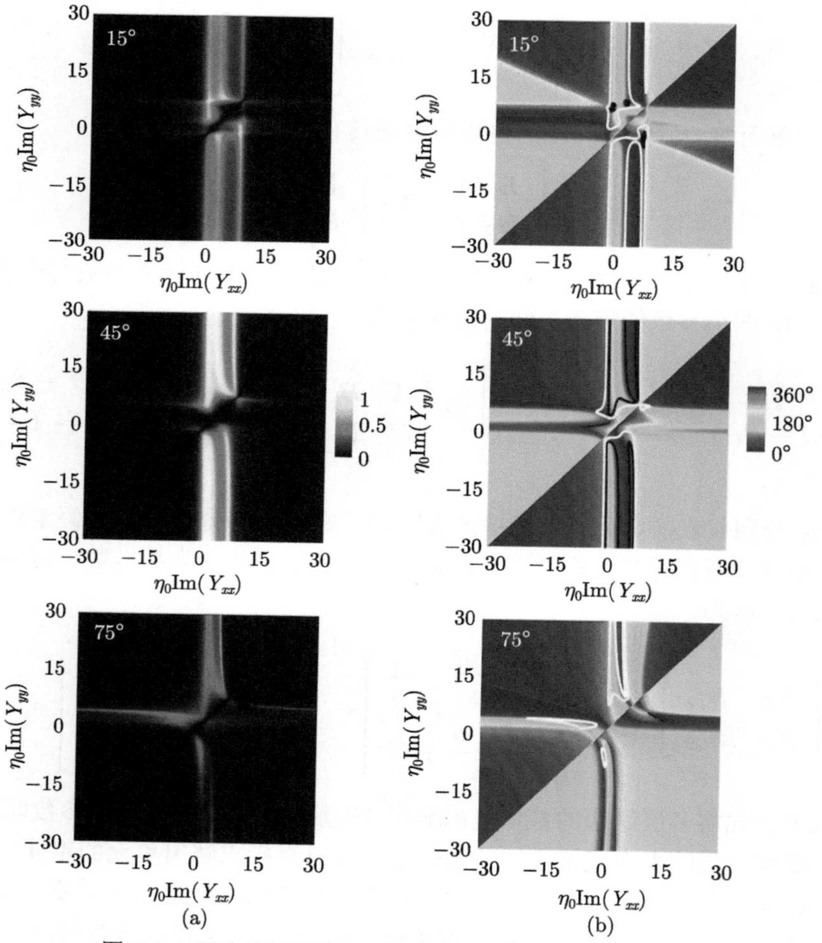

图 3.9　理论计算所得三层级联结构透射幅度、相位响应

(a) 层间旋转角为 15°、45° 和 75° 时的幅度响应；(b) 层间旋转角为 15°、45° 和 75° 时的相位响应

本节通过理论分析线极化电磁波在一般的三层级联旋转结构中的传输系数，理论推导了级联手征单元在具有高效的非对称传输特性时，其电磁波透射幅度、相位响应与单元层间旋转角的关系，证明了层间旋转角为 45° 时，级联手征单元具有最佳的幅度响应和最大的相位覆盖范围，为后续手征超表面单元的设计提供了理论支撑。

3.3.2 手征超表面单元设计

在 3.3.1 节中对三层级联旋转结构的传输特性进行了理论分析，本节将以具体的单元实例探究该类型单元结构的相位调制性能。仍以基本的方形 SRR 结构为例，通过三层级联旋转构造手征结构单元，研究其在层间旋转角为 45° 时的透射相位覆盖效果。如图 3.10(a) 所示，手征单元包含两层厚度为 2 mm、相对介电常数为 4.3 且损耗为 0.005 的介质层，单元周期为 p = 12 mm。三层铜制方形 SRR 结构的几何尺寸完全相同，仅沿 z 轴做旋转变化，层间相对旋转角为 45°，方环外边长为 a = 8 mm，环上的缝隙宽度为 g = 1.9 mm，环宽 t 可作为变量来调控透射电磁波的相位。图 3.10(b) 展示了 8.6 GHz 频率下，单元第一层

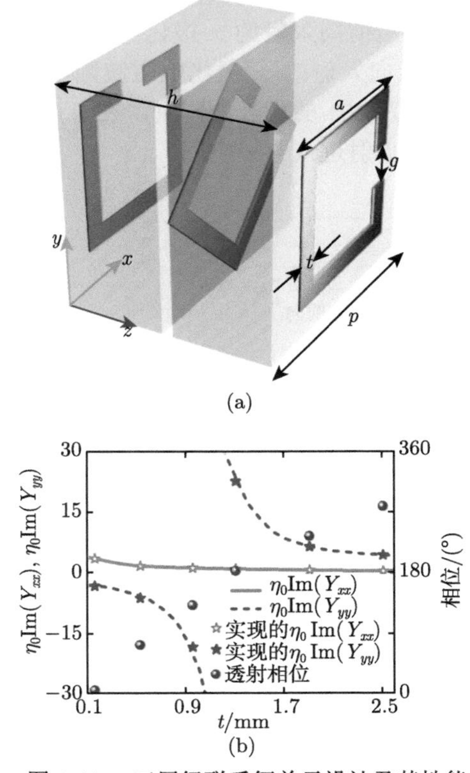

图 3.10 三层级联手征单元设计及其性能

(a) 三层方形 SRR 手征单元结构示意图；(b) 第一层导纳及单元透射相位随方环宽度 t 变化的关系曲线

导纳及透射相位随环宽 t 的变化关系。从中分析可得，单元的损耗并不会影响其单层导纳，且 Y_{xx} 的虚部随环宽变化始终趋近于 0，这表明单元对入射的 x 极化电磁波始终具有最佳的单向转极化透射性能。此外，由图 3.10(b) 中棕色散点图可知，仅调节环宽 t，即可以 60° 为间隔离散并调控转极化透射电磁波的相位。从单元结构可知，该三层级联手征单元对 x 极化电磁波同样具有非对称传输特性，在 $-z$ 空间中传播的电磁波入射到手征单元后，将会极化旋转为 y 极化电磁波透射。因为手征单元可通过结构参数调节获得较宽的相位覆盖，所以可通过合理设计超表面单元的几何尺寸及排布方式，重塑 $+z$ 空间中的透射场波前。

3.3.3　单向电磁波阵面调控

通过 3.3.2 节分析可知，改变方形 SRR 结构的环宽，可实现三层级联手征单元对透射电磁波的 360° 离散相位覆盖。本节将利用这一特性构建电磁波单向调控超表面。在此以异常折射和聚焦两种功能为例，验证手征超表面对电磁波的单向波阵面调控能力。

首先，以图 3.11(a) 所示的单向异常折射功能为例。根据广义斯涅耳定律及该手征单元的单向传输特性，沿前向入射的 x 极化电磁波经过周期性梯度超表面时将发生异常折射，但是沿后向入射的 x 极化电磁波则不能透过超表面而被反射。图 3.11(b) 所示为相位梯度为 60° 的超表面阵列，在 8.6 GHz 频率处，沿前向入射的电磁波可以 28.5° 异常折射进入 $+z$ 空间。

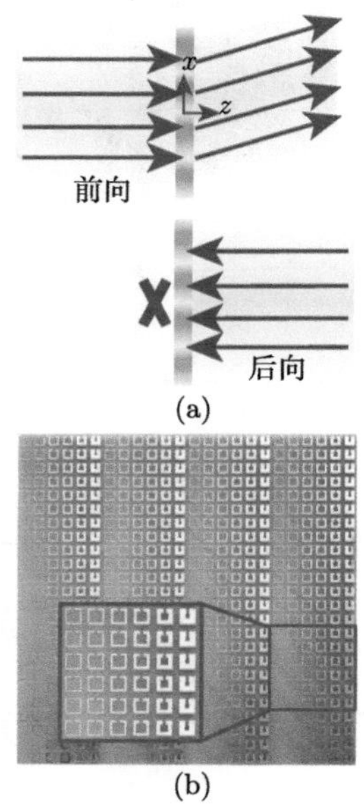

图 3.11　单向异常折射示意图及样品实物图

(a)x 极化电磁波双向入射实现单向异常折射；(b) 加工样品照片

图 3.12 为仿真分析与实验测试结果，展示了 x 极化电磁波分别沿前、后向入射至超表面时，透射电场中同极化 (E_x) 及交叉极化 (E_y) 分量的归一化电场分布。这些结果均证明，对于前向入射的 x 极化电磁波，其透射能量多为交叉极化分量 E_y，且透射 y 极化电磁波可沿预设角度偏折，而透射同极化分量 E_x 幅值则很低，且其波前未被有效调制。当电磁波沿后向入射时，因大部分电磁能量被反射，$+z$ 空间透射场中的各分量电场幅度均较低。该仿真分析与实验测试结果有效地验证了本实例中手征超表面对入射电磁波的单向异常折射效果。

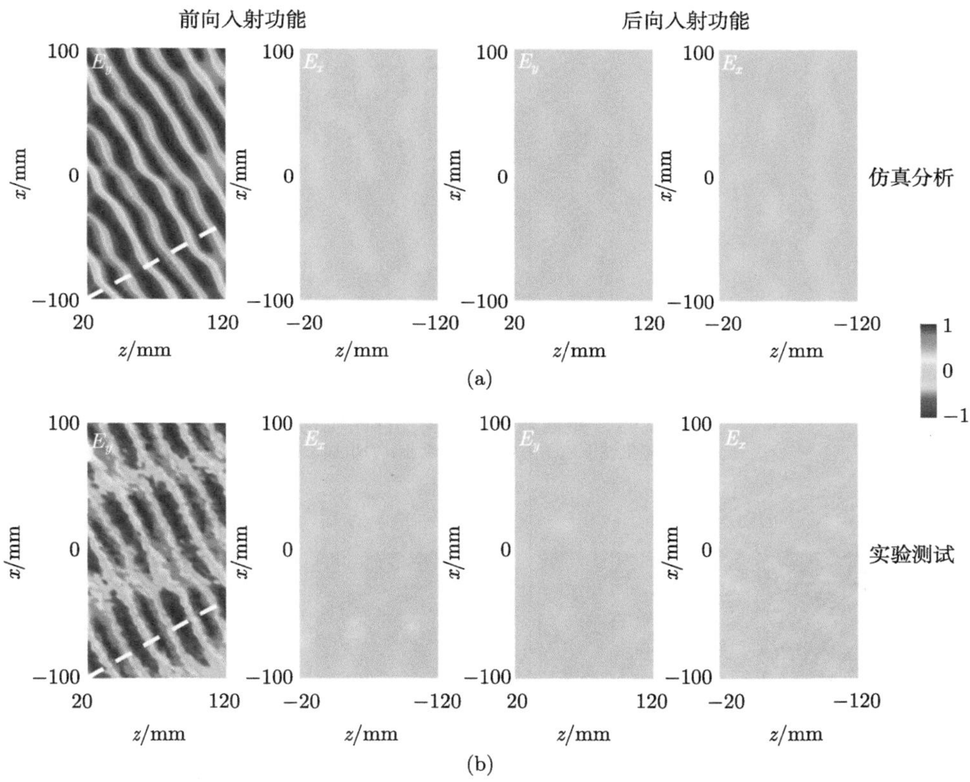

图 3.12 8.6 GHz 时，仿真分析与实验测试超表面单向异常折射功能

(a) 仿真分析所得透射场电场分布；(b) 实验测试所得透射场电场分布

也可将手征超表面设计为超透镜以调控透射场中的电磁能量分布，实现图 3.13(a) 所示的单向聚焦功能。当超表面阵列按照如图 3.13(b) 所示的透镜所需相位分布进行排布时，可以在透射场中对能量进行会聚，在频率为 8.6 GHz 处的焦距为 105 mm。根据图 3.14 中的透射电场分布可得，x 极化电磁波沿 $+z$ 方向入射时，透射 y 极化电磁波的聚焦效果符合预设，而同一平面内的透射电场 E_x 则明显很小。若在超表面另一侧空间激励 x 极化电磁波，使其沿 $-z$ 方向传输，

则其透射场能量较低，且不具有聚焦效果。由此可见，本例中所设计的手征超表面能够重新分配透射能量并实现单向聚焦功能。

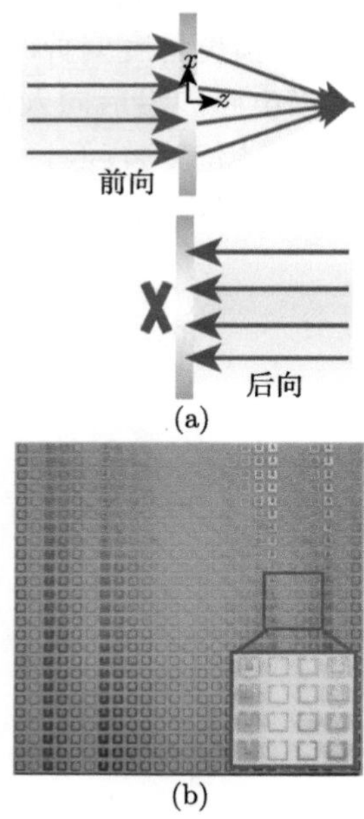

图 3.13　单向聚焦示意图及样品实物图

(a)x 极化电磁波双向入射实现单向聚焦；(b) 加工样品照片

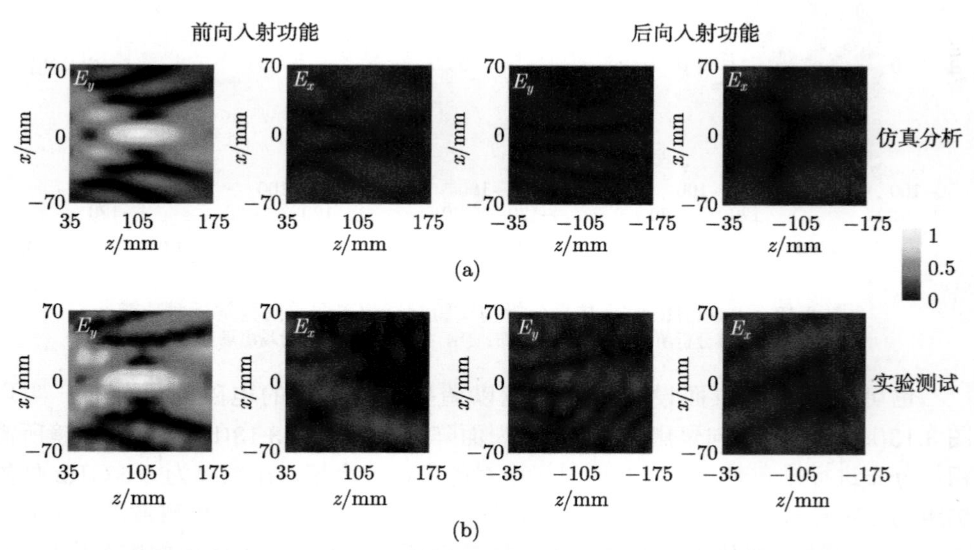

图 3.14　8.6 GHz 时，仿真分析与实验测试超表面单向聚焦功能

(a) 仿真分析所得透射场电场分布；(b) 实验测试所得透射场电场分布

本节从三层级联旋转结构出发，首先理论分析了不同方向和极化的电磁波入射时的传输系数，归纳了针对线极化手征结构的设计方法。以方形 SRR 手征单元为例，设计并验证了这类手征单元对透射电磁波的相位调制能力。随后，以单向异常折射及单向聚焦两种功能为例，设计并验证了基于该单元构建的手征超表面可以单向调控透射场中的波前及能量分布，为后续方向复用多功能超表面的设计打下了基础。

3.4 双向非对称电磁波阵面调控

当前，现代无线通信技术的快速发展对信息数据的传输与处理以及电磁器件的集成度提出了越来越高的要求。在此背景下，利用单一口径的超表面来实现两个或者多个功能受到研究学者们的广泛关注。一般而言，多功能超表面是指单一口径的超表面在不同极化或不同频率的电磁波照射下呈现出两个或者多个功能。据此，我们可以将多功能超表面分为极化复用多功能超表面和频率复用多功能超表面等 [23-25]。这两种多功能复用方式作为最早受到关注与开展研究的多功能超表面，吸引了大量研究者的目光。然而，大多数多功能复用超表面的工作模式对于电磁波的来波方向并无明显区别，而对于不同来波方向电磁波照射下的多功能研究仍然不足，这也限制了超表面对电磁空间资源的充分利用。鉴于此，本节将利用 3.3 节提出的三层级联旋转手征结构，在单向电磁波阵面调控的工作基础上，重点关注方向复用多功能超表面的理论分析、一般设计方法及应用实例。

3.4.1 理论分析及设计方法

为了解决上述问题，这里提出一种受古罗马 Janus 神 (双面神) 启发的 Janus 超表面，又称双面超表面 [5]。图 3.15 为该超表面的功能示意图，所设计的超表面能实现具有方向选择性的双全息成像。具体而言，当入射电磁波从左向右 (前向) 传播时，该超表面能够在自由空间中呈现出双面神的右半边像，而当入射电磁波从右向左 (后向) 传播时，该超表面能够在自由空间中呈现出双面神的左半边像。

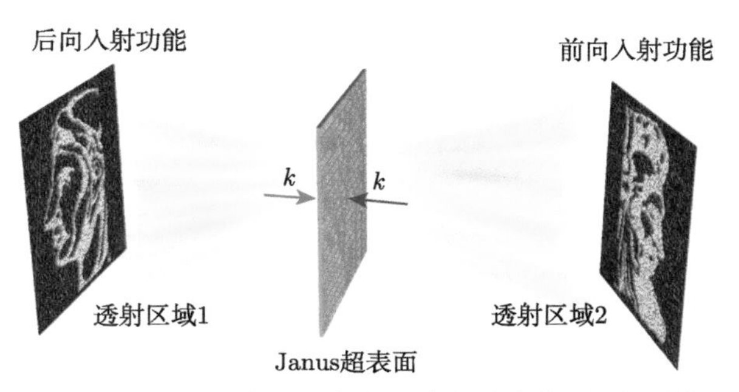

图 3.15 Janus 超表面实现双向非对称电磁波阵面调控功能示意图

为了实现上述功能，图 3.16 展示了一种实现双向非对称全息功能的基本设计方法。这里采用 3.3 节中构建的多层旋转结构作为超表面的功能结构单元，两种颜色对应的两种单元按照棋盘格的方式彼此交错排列构成超表面。根据 3.3 节中对这种三层级联旋转结构传输特性的理论分析可知，黄色单元结构可以对前向入射的 x 极化电磁波实现高效转极化透射，而反射前向入射的 y 极化电磁波；对于蓝色单元，其传输特性则刚好相反，即可以对后向入射的 x 极化电磁波实现高效转极化透射，同时反射后向入射的 y 极化电磁波。

根据图 3.16 示意的设计方法，交错排布两种单元构建 Janus 超表面，利用这种复用方法很容易将前向和后向入射电磁波激励时需实现的透射相位分布分别赋予到两种颜色对应的单元的空间位置，从而实现对同一电磁波从超表面两侧入射时完全独立且非对称的透射波前相位分布。图 3.16(a) 和 (b) 下方分别展示了电磁波前向和后向入射时目标成像图案及其对应的优化得到的所需相位分布，这里用于理论计算的超表面共由 156×156 个功能基元构成 [5]。

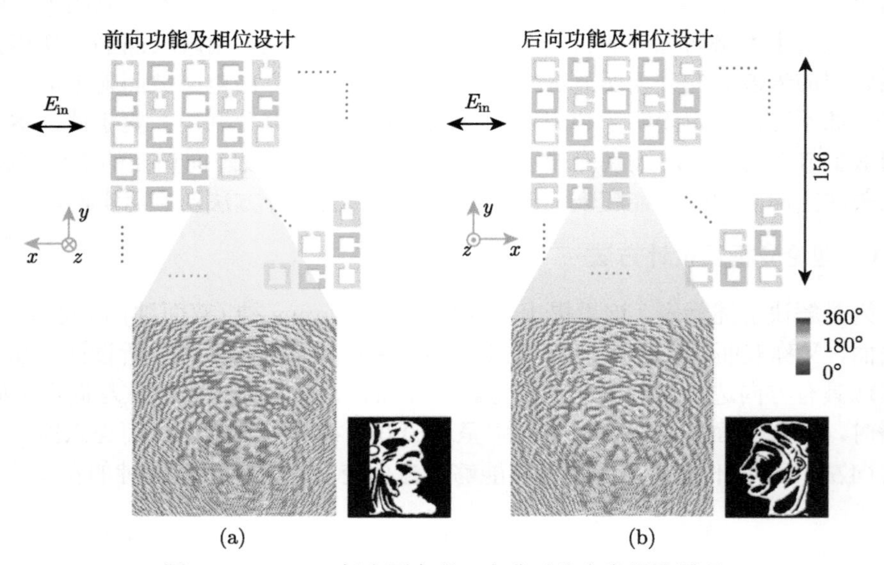

图 3.16　Janus 超表面实现双向非对称全息设计原理
(a) 用于实现前向全息功能的黄色单元及其相位；(b) 用于实现后向全息功能的黄色单元及其相位

3.4.2　双向非对称聚焦

在理论分析和功能单元设计基础上，可以通过具有双向非对称聚焦功能的超表面来验证双面超表面的概念以及设计方案的有效性。作为实例，对于所设计的超表面，前向入射的电磁波经过超表面后将形成三焦点聚焦阵列；而后向入射的电磁波经过超表面后则形成完全不同的单一焦点。超表面由 27×27 个功能基元构成，整体尺寸为 324 mm×324 mm。对于三焦点透射聚焦功能，其三个焦点位置可分别设计于 (0 mm，105 mm，52.5 mm)，(91 mm，−52.5 mm，52.5 mm) 和 (−91 mm，−52.5 mm，52.5 mm) 坐标处；而对于单焦点透射聚焦功能，其单个焦点的坐标设计为 (0 mm，0 mm，−70 mm)。如公式 (3.26) 所示，单焦点聚焦功能所需相位分布可根据不同单元位置到焦点处光程，由聚焦相位公式计算得到

$$\varphi\left(x^{mn}, y^{mn}\right)=\frac{2\pi}{\lambda_0}\left(\sqrt{\left(x^{mn}-x_i\right)^2+\left(y^{mn}-y_i\right)^2+F_i^2}-F_i\right) \tag{3.26}$$

其中，λ_0 为中心频率处对应的电磁波自由空间波长；x_i，y_i 和 F_i 分别为第 i 个焦点的 x 坐标，y 坐标和焦距长度；而 x^{mn} 和 y^{mn} 分别为第 (m, n) 个单元所在位置的 x 坐标和 y 坐标。而三焦点聚焦可视为同时实现三个不同的单焦点聚焦功能，因此其所需要的相位分布可首先通过式 (3.26) 将三个单独焦点聚焦所需要的相位分布分别计算，再利用相位复相加的方式计算得到最终所需的相位分布，相位复相加计算公式如下：

$$\varphi_{\text{complex}}^{mn}=\arg\left(\mathrm{e}^{-\mathrm{j}\varphi_1^{mn}}+\mathrm{e}^{-\mathrm{j}\varphi_2^{mn}}+\cdots+\mathrm{e}^{-\mathrm{j}\varphi_I^{mn}}\right)=\arg\left(\sum_{i=1}^{I}\mathrm{e}^{-\mathrm{j}\varphi_i^{mn}}\right) \tag{3.27}$$

其中，φ_i^{mn} 代表用于生成第 i 个聚焦波束时第 (m, n) 个单元所需要的相位响应。

最终，根据上式计算得到的用于三焦点聚焦和单焦点聚焦所需的相位分布如图 3.17(a) 所示。将所需的相位响应赋予到不同尺寸的超表面单元上，即可构建最终实现双向非对称聚焦功能的 Janus 超表面，其加工制备的样品实物如图 3.17(b) 所示。

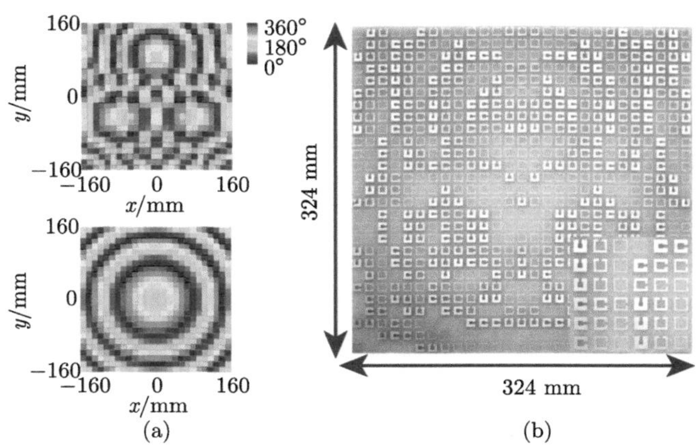

图 3.17 双向非对称聚焦功能相位设计及超表面样品

(a) 用于电磁波前向入射实现透射三焦点聚焦功能的相位分布 (上) 及后向入射实现透射单焦点聚焦功能的相位分布 (下)；(b) 用于非对称聚焦功能的 Janus 超表面实物图片

为了验证成像功能，可以利用近场扫描平台对所制备样品进行成像的实验测试，图 3.18(a) 和 (b) 分别为双向非对称聚焦功能前向入射和后向入射时透射电场分布的实验测试结果。明显地，当 x 极化电磁波沿前向入射至超表面时，对于透射场中的 y 极化电场分量，可以在 $z=-70$ mm 聚焦平面上观测到三个明显的聚焦光斑；与此同时，透射场中的 x 极化得到明显抑制。而当 x 极化电磁波沿后向照射超表面时，y 极化透射电场分量在 $z=52.5$ mm 平面的中心存在一个明显的聚焦光斑；同样地，透射场中的 x 极化分量也得到明显的抑制。上述结果与理论设计目标相吻合，证实了所设计的 Janus 超表面实现了高效的双向非对称聚焦功能。

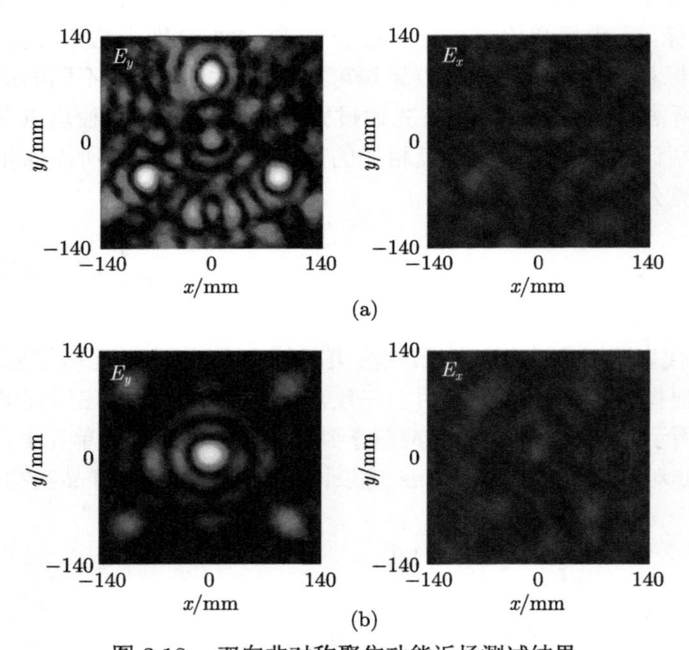

图 3.18　双向非对称聚焦功能近场测试结果

(a) 电磁波前向入射实现透射三焦点聚焦功能电场分布；(b) 电磁波后向入射实现透射单焦点聚焦功能电场分布

3.4.3　双向非对称全息成像

为了验证所提出的 Janus 超表面在全息成像上的应用，本小节同样利用多层旋转结构单元以及交错排布的设计方案设计具有双向非对称全息成像功能的超表面，并进行理论分析计算与实验验证。作为验证实例，双向非对称全息成像 Janus 超表面可以设计为在前向激励时实现透射全息字母 “F” 成像，而在后向激励时实现透射全息字母 “T” 成像。如图 3.19(a) 所示，超表面共由 52 × 52 个功能单元构成，整体尺寸为 624 mm× 624 mm。首先，利用 Gerchberg-Saxton(GS) 相位恢复算法，优化计算得到实现两个字母图案像所需的超表面相位分布 [26]，成像焦距设计在距离超表面 280 mm 处。在此基础上，将计算得到的相位分布对应到超表面单元的不同尺寸参数值，进而即可建模设计出最终的超表面，超表面实物加工样品图片如图 3.19(b) 所示。

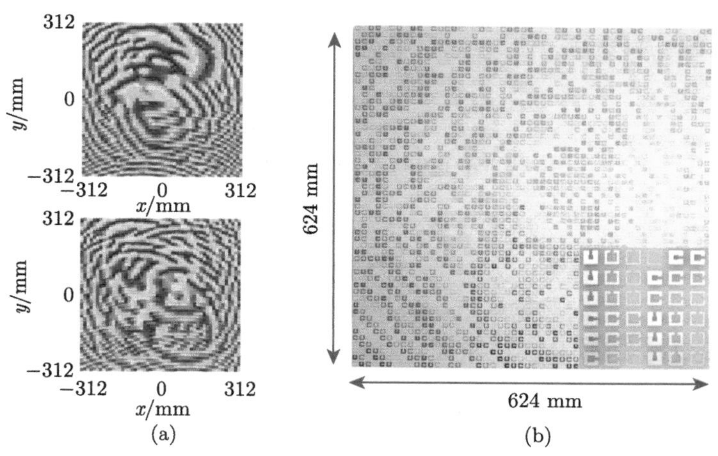

图 3.19 双向非对称全息成像功能相位设计及超表面样品

(a) 用于电磁波前向入射实现字母 “F” 全息图像功能的相位分布 (上) 及后向入射实现字母 “B” 全息图像功能的相位分布 (下)；(b) 用于非对称全息成像功能的 Janus 超表面实物图片 (右下角为放大图)

图 3.20 为双向非对称全息成像超表面的相关理论计算以及在中心设计频率 8.6 GHz 处的实验测试结果，实验测试结果与理论设计目标基本吻合。当电磁波沿前向传播并照射于超构表面时，可在透射自由空间中焦平面附近形成字母 “F” 的像；反之，后向传播的电磁波照射超表面并透射时，同样能够在焦平面附近形成大写字母 “B” 的像。对于前向和后向全息成像功能，其在设计的中心频率 8.6 GHz 处的全息成像效率可以保持在 20%附近。此外，测试结果还显示所设计全息成像功能在一定传播范围内都能实现与预期图案相吻合的全息功能。

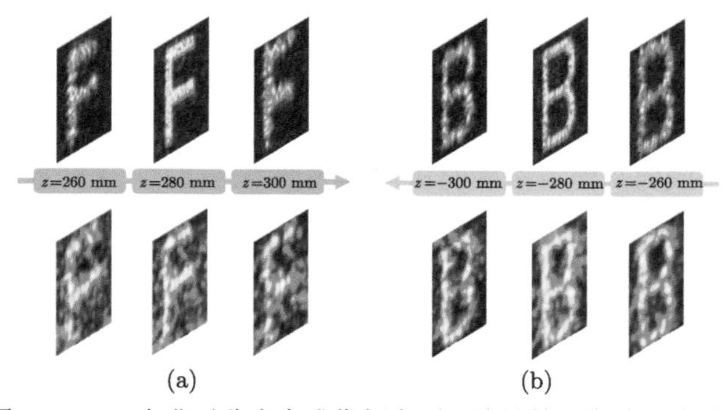

图 3.20 双向非对称全息成像超表面理论计算及实验测试结果

(a) 电磁波前向入射实现透射全息成像 “F” 近场测试结果；(b) 电磁波后向入射实现透射全息成像 “B” 近场测试结果

在 3.3 节多层级联超表面对电磁波阵面实现单向调控的基础上，本节将方向选择性电磁波控制与超构表面融合设计，探索了“双面”非对称辐射、波束形成、聚焦、全息成像等电磁波双向调控新机制。该技术在低成本、小型化通信和探测成像等现代信息系统中具有应用前景，其概念和设计方法还可进一步拓展到太赫兹、红外和可见光领域，实现小型、高效的双向光学镜片和成像系统，应用前景广阔。

3.5 全空间双向非对称圆极化电磁波阵面调控

在 3.4 节中，利用两种正交放置的多层旋转结构，按照交错排布方式构成超表面，可以对不同传播方向入射的同一线极化电磁波实现独立的、非对称的透射波阵面调控功能。然而，这一 Janus 超表面仅工作于半空间调控模式 (即仅调控透射波)，即双向非对称透射功能。一方面，这使得反射空间的电磁空间资源没有得到充分利用；另一方面，基于交错排布构成的超表面工作时，半数超表面单元处于反射状态，且反射能量无法得到调制与利用，因而也造成了明显的能源浪费和效率损失。

此外，大多数已开展的 Janus 超表面工作均着眼于线极化电磁波的非对称调控，而对于圆极化波照射下的方向复用多功能研究仍明显不足。而对圆极化电磁波的任意调制在卫星无线通信、光学成像、生物传感等许多领域具有不可替代的作用，因而从应用层面出发，开展对圆极化电磁波的双向非对称调控研究具有广泛的应用前景与价值。

基于上述，本节将重点关注能够同时覆盖透射与反射空间的全空间双向非对称圆极化电磁波阵面调控，分析其实现原理与一般设计方法，并通过实验验证所设计超表面在圆极化全空间非对称波束调控与全息成像方面的应用。

3.5.1 理论分析及设计方法

首先，图 3.21 展示了一种用于圆极化电磁波调控的全空间双向非对称 Janus 超表面实现的功能示意图 [27]。可以看到，当右旋圆极化 (RCP) 电磁波沿前向 ($+z$) 传播并照射至超表面时，超表面可以同时实现透射全息字母“F”成像与反射全息字母“R”成像；而当右旋圆极化电磁波沿后向 ($-z$) 传播并照射至超表面时，超表面可以实现完全不同的全空间全息成像图案，即透射全息字母“T”成像与反射全息字母“B”成像。值得注意的是，超表面工作于转极化透射与同极化反射模式，也就是说，照射至超表面的右旋圆极化电磁波在透射后将被转化为左旋圆极化 (LCP) 电磁波，而反射分量仍然保持为右旋圆极化状态。

为了实现图 3.21 展示的全空间双向非对称波前调制功能，在超表面设计时需要对圆极化电磁波具备 4 个独立的相位调制自由度，即 $\varphi_{t_{\rm LR}}^{\rm F}$，$\varphi_{r_{\rm RR}}^{\rm F}$，$\varphi_{t_{\rm LR}}^{\rm B}$ 和 $\varphi_{r_{\rm RR}}^{\rm B}$。

其中，上标“F”和“B”分别代表前向入射和后向入射，下标为对应的圆极化透射或反射系数。基于此，$\varphi_{t_{\mathrm{LR}}}^{\mathrm{F}}$ 和 $\varphi_{r_{\mathrm{RR}}}^{\mathrm{F}}$ 分别代表右旋圆极化电磁波沿前向传播照射至超表面上实现的转极化透射相位和同极化反射相位；而 $\varphi_{t_{\mathrm{LR}}}^{\mathrm{B}}$ 和 $\varphi_{r_{\mathrm{RR}}}^{\mathrm{B}}$ 则代表右旋圆极化电磁波沿后向传播照射至超表面上实现的转极化透射和同极化反射相位。

图 3.21 用于圆极化电磁波调控的全空间双向非对称 Janus 超表面功能示意图
(a) 右旋圆极化电磁波前向入射时实现透射全息“F”及反射全息“R”；(b) 右旋圆极化电磁波后向入射时实现透射全息“T”及反射全息“B”

为了实现上述相位调制自由度，首先考虑构建一种超表面单元来实现其中的一对独立的相位自由度，如 $\varphi_{t_{\mathrm{LR}}}^{\mathrm{B}}$ 和 $\varphi_{r_{\mathrm{RR}}}^{\mathrm{F}}$。值得注意的是，为了使两个相位调制通道同时具有高效特性，透射和反射传输通道上的其他分量需要得到有效抑制。理想情况下，这两个透射和反射传输通道上的传输特性可以分别用两个琼斯矩阵进行表征 [28]：

$$\boldsymbol{T}_{\mathrm{cir}}^{\mathrm{B}}=\begin{bmatrix} t_{\mathrm{LL}}^{\mathrm{B}} & t_{\mathrm{RL}}^{\mathrm{B}} \\ t_{\mathrm{LR}}^{\mathrm{B}} & t_{\mathrm{RR}}^{\mathrm{B}} \end{bmatrix}=\begin{bmatrix} 0 & 0 \\ 1 & 0 \end{bmatrix} \tag{3.28}$$

$$\boldsymbol{R}_{\mathrm{cir}}^{\mathrm{F}}=\begin{bmatrix} r_{\mathrm{RL}}^{\mathrm{F}} & r_{\mathrm{RR}}^{\mathrm{F}} \\ r_{\mathrm{LL}}^{\mathrm{F}} & r_{\mathrm{LR}}^{\mathrm{F}} \end{bmatrix}=\begin{bmatrix} 0 & 1 \\ 0 & 0 \end{bmatrix} \tag{3.29}$$

上述以圆极化分量作为基底的琼斯矩阵可以通过下列公式转化为以线极化分量作为基底的琼斯矩阵 [28]：

$$\boldsymbol{T}_{\mathrm{lin}}^{\mathrm{B}}=\boldsymbol{\Lambda}\boldsymbol{T}_{\mathrm{cir}}^{\mathrm{B}}\boldsymbol{\Lambda}^{-1}=\begin{bmatrix} t_{xx}^{\mathrm{B}} & t_{xy}^{\mathrm{B}} \\ t_{yx}^{\mathrm{B}} & t_{yy}^{\mathrm{B}} \end{bmatrix}=\frac{1}{2}\begin{bmatrix} 1 & -\mathrm{j} \\ -\mathrm{j} & -1 \end{bmatrix} \tag{3.30}$$

$$\boldsymbol{R}_{\mathrm{lin}}^{\mathrm{F}}=\boldsymbol{\Lambda}\boldsymbol{R}_{\mathrm{cir}}^{\mathrm{F}}\boldsymbol{\Lambda}^{-1}=\begin{bmatrix} r_{xx}^{\mathrm{F}} & r_{xy}^{\mathrm{F}} \\ r_{yx}^{\mathrm{F}} & r_{yy}^{\mathrm{F}} \end{bmatrix}=\frac{1}{2}\begin{bmatrix} 1 & \mathrm{j} \\ \mathrm{j} & -1 \end{bmatrix} \tag{3.31}$$

其中，$\boldsymbol{\Lambda}=\frac{1}{\sqrt{2}}\begin{bmatrix} 1 & 1 \\ \mathrm{j} & -\mathrm{j} \end{bmatrix}$，下标中“$x$”和“$y$”分别表示 x 极化和 y 极化分量线极化电磁波。通过观察计算得到的线极化基底琼斯矩阵，不难发现，当采用一种圆

极化接收–发射结构来构造超表面功能单元时，通过分别旋转接收和发射层谐振结构可以对透射和反射相位进行调控。假设单元沿 $+z$ 方向看去时，上层和底层谐振结构的旋转角分别为 α_{A} 和 β_{A}，则旋转以后的反射琼斯矩阵可以表示为 [29]

$$\boldsymbol{R}_{\text{lin}}^{\text{F}}\left(\beta_{\text{A}}\right)=\boldsymbol{M}\left(-\beta_{\text{A}}\right)\boldsymbol{R}_{\text{lin}}^{\text{F}}\boldsymbol{M}\left(\beta_{\text{A}}\right)=\mathrm{e}^{-\mathrm{j}2\beta_{\text{A}}}\boldsymbol{R}_{\text{lin}}^{\text{F}} \tag{3.32}$$

其中，$\boldsymbol{M}\left(\beta_{\mathrm{A}}\right)=\begin{bmatrix}\cos\beta_{\mathrm{A}} & \sin\beta_{\mathrm{A}}\\ -\sin\beta_{\mathrm{A}} & \cos\beta_{\mathrm{A}}\end{bmatrix}$ 为旋转矩阵。观察式 (3.32)，可以明显发现旋转谐振结构之后的单元不仅可以保持原有的电磁响应特性，还额外引入了数值为 $-2\beta_{\mathrm{A}}$ 的附加相位。因此，通过改变底层谐振结构的旋转角度β_{A}，可以很容易在正向入射时实现同极化反射相位的连续调制。

另一方面，旋转之后的透射琼斯矩阵可以通过下式计算得到 [29]

$$\boldsymbol{T}_{\text{lin}}^{\text{B}}\left(\alpha_{\text{A}},\beta_{\text{A}}\right)=\boldsymbol{M}\left(-\alpha_{\text{A}}\right)\boldsymbol{T}_{\text{lin}}^{\text{B}}\boldsymbol{M}\left(\beta_{\text{A}}\right)=\mathrm{e}^{\mathrm{j}\left(\alpha_{\text{A}}+\beta_{\text{A}}\right)}\boldsymbol{T}_{\text{lin}}^{\text{B}} \tag{3.33}$$

可以看到，旋转谐振结构之后的超表面单元除了依旧保持原先的透射特性，还在转极化透射通道中引入了数值为 $\alpha_{\mathrm{A}}+\beta_{\mathrm{A}}$ 的附加相位。

综上，结合公式 (3.32) 和 (3.33) 可以发现，右旋圆极化电磁波前向入射时，同极化反射相位响应仅由底层谐振结构旋转角决定，而后向入射时，转极化透射相位响应由上层和底层谐振结构的旋转角共同控制。因此，旋转圆极化接收–发射结构中的上、下层谐振结构，可以在不改变单元的幅度响应特性的同时获得两个独立的相位调制自由度 $\varphi_{t_{\mathrm{LR}}}^{\mathrm{B}}$ 和 $\varphi_{r_{\mathrm{RR}}}^{\mathrm{F}}$。

基于上述分析，图 3.22 构建了一种由三层金属层构成的圆极化非对称传输超表面单元结构，这里定义为超表面单元 A。其中，上层金属层为右旋圆极化微带天线构成的谐振结构，底层金属层为左旋圆极化微带天线构成的谐振结构。中间金属层作为两层圆极化微带天线共用的金属地板，其中心开有圆形槽来使连接上下层谐振结构的垂直金属化过孔通过。两层圆极化微带天线均由中心开长方形槽的金属圆片构成，通过将上下层金属圆片从超表面单元中心沿不同对角线偏移特定距离可以分别使它们工作于右旋圆极化和左旋圆极化模式。超表面单元 A 的相关尺寸参数为 $h=1.5$ mm，$p=9.5$ mm，$r=3.1$ mm，$s=1.6$ mm，$w=0.6$ mm，$l=5.2$ mm，$d_1=0.6$ mm，$d_2=1$ mm。

超表面单元 A 可以实现公式 (3.28) 和 (3.29) 所述的透射和反射特性。这一单元的具体工作机制可以利用天线传播原理进行解释 [30]。当沿后向 $(-z)$ 传播的右旋圆极化波束照射至超表面时，由于极化匹配，这部分能量将被顶层的右旋圆极化微带天线接收并转化为垂直金属化过孔上的导行波。金属化过孔继而将这部分能量传递至底层的左旋圆极化微带天线以左旋圆极化电磁波的形式辐射至超表面下方的自由空间中。上述过程使得所设计超表面单元具备后向入射时的高效转极化透射系数 $t_{\mathrm{LR}}^{\mathrm{B}}$。另一方面，当右旋圆极化沿前向 $(+z)$ 传播并照射至超表面时，由于极化失配，这部分能量无法被底层的左旋圆极化微带天线接收，继而被反射，且极化状态不发生改变。这一过程可以等效为所设计超表面单元具备前向入射时的高效同极化反射系数 $r_{\mathrm{RR}}^{\mathrm{F}}$。

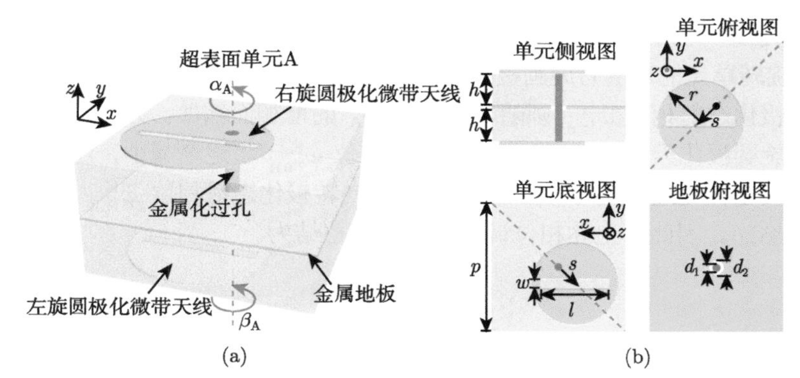

(a) (b)

图 3.22 圆极化非对称传输超表面单元设计及结构示意图
(a) 超表面单元三维结构示意图；(b) 超表面单元平面结构示意图

为了验证上述理论分析及设计方法，可通过电磁场全波仿真分析对超表面单元 A 的电磁响应特性进行计算。首先，图 3.23(a) 和 (b) 分别展示了超表面单元在前向和后向传播的右旋圆极化电磁波照射下的幅度响应特性。很明显，前向入射时同极化反射系数 $r_{\mathrm{RR}}^{\mathrm{F}}$ 幅度在 13~17 GHz 范围内均保持在 0.8 以上，而其他散射分量均得到有效抑制，说明当前向右旋圆极化电磁波照射至超表面时，大部分能量将被同极化反射；而后向入射时的转极化透射系数 $t_{\mathrm{LR}}^{\mathrm{B}}$ 的幅度在大部分频段内也可以保持在 0.8 以上，说明后向传播的右旋圆极化电磁波可以透过超表面单元并被转化为左旋圆极化电磁波。上述仿真结果与理论设计目标相吻合，验证了这一单元对于不同方向入射的右旋圆极化电磁波束具备非对称传输特性。

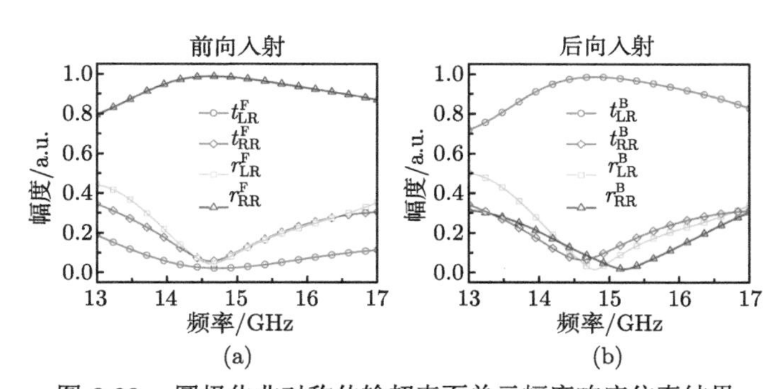

(a) (b)

图 3.23 圆极化非对称传输超表面单元幅度响应仿真结果
(a) 单元在前向入射右旋圆极化电磁波照射下的幅度响应；(b) 单元在后向入射右旋圆极化电磁波照射下的幅度响应

图 3.24 为超表面单元 A 在不同方向传播的右旋圆极化电磁波照射下，在透射及反射通道中的相位响应随单元谐振结构旋转角变化的仿真分析结果。其中，图 3.24(a) 和 (b) 分别为旋转单元上层右旋圆极化微带天线时，前向入射同极化反射相位和后向入射转极化透射系数的相位响应；而图 3.24(c) 和 (d) 则分别为旋转底层左旋圆极化微带天线时，前向入射同极化反射系数和后向入射转极化透射系数的相位响应。很明显，旋转单元的顶层右旋圆极化天线不会影响单元的前向同极化反射相位 $\varphi^{\mathrm{F}}_{r_{\mathrm{RR}}}$，而后向转极化透射相位 $\varphi^{\mathrm{B}}_{t_{\mathrm{LR}}}$ 则随着旋转角 α_{A} 的增加而增加。另一方面，旋转单元的底层左旋圆极化天线时，前向同极化反射相位 $\varphi^{\mathrm{F}}_{r_{\mathrm{RR}}}$ 将逐渐减小，且相位变化速率为单元旋转角变化速率的 2 倍。而单元的后向转极化透射相位 $\varphi^{\mathrm{B}}_{t_{\mathrm{LR}}}$ 则随着旋转角的增加而增加。因此，上述相位调制规律可以总结为

$$\varphi^{\mathrm{F}}_{r_{\mathrm{RR}}} = -2\beta_{\mathrm{A}} \tag{3.34}$$

$$\varphi^{\mathrm{B}}_{t_{\mathrm{LR}}} = \alpha_{\mathrm{A}+}\beta_{\mathrm{A}} \tag{3.35}$$

显然，上述相位响应仿真结果与公式 (3.32) 和 (3.33) 相吻合，验证了可以通过分别调整单元上下层谐振结构的旋转角度来实现透射及反射通道中相位响应的独立调制。

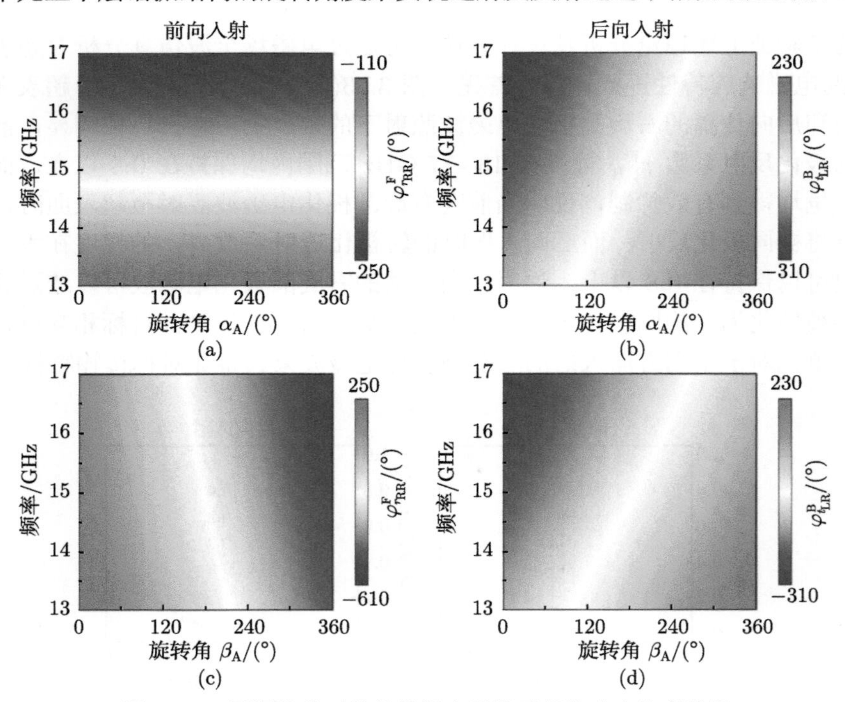

图 3.24　圆极化非对称传输超表面单元相位响应仿真结果

旋转上层贴片结构时单元在前向入射右旋圆极化电磁波照射下的反射相位响应 (a) 及后向入射右旋圆极化电磁波照射下的透射相位响应 (b)；旋转底层贴片结构时单元在前向入射右旋圆极化电磁波照射下的反射相位响应 (c) 及后向入射右旋圆极化电磁波照射下的透射相位响应 (d)

为了最终实现图 3.21 所示的圆极化全空间双向非对称电磁波前调制，还需要对另外一对相位自由度实现独立调制，即 $\varphi_{r_{\mathrm{RR}}}^{\mathrm{B}}$ 和 $\varphi_{t_{\mathrm{LR}}}^{\mathrm{F}}$。通过观察不难发现，这一对相位调制自由度所需要构建的全空间散射通道刚好与单元 A 所具备的全空间散射通道相反。因此，通过将单元 A 上下翻转 180°，很容易即可设计出另一种超表面单元 B，可满足 $\varphi_{r_{\mathrm{RR}}}^{\mathrm{B}}$ 和 $\varphi_{t_{\mathrm{LR}}}^{\mathrm{F}}$ 这一对相位调制自由度。假设超表面单元 B 上下层谐振结构的旋转角度分别为 α_{B} 和 β_{B}，通过单元 A 的电磁散射特性，容易推理得到单元 B 具备右旋圆极化电磁波前向入射时的转极化透射特性，以及后向入射时的同极化反射特性，可以分别用系数 $\varphi_{t_{\mathrm{LR}}}^{\mathrm{T}}$ 和 $\varphi_{r_{\mathrm{RR}}}^{\mathrm{B}}$ 表示。因而，这两个通道中的相位响应与单元 B 上下层谐振结构的旋转角度应该满足：

$$\varphi_{t_{\mathrm{LR}}}^{\mathrm{T}} = -\alpha_{\mathrm{B}} - \beta_{\mathrm{B}} \tag{3.36}$$

$$\varphi_{r_{\mathrm{RR}}}^{\mathrm{B}} = 2\beta_{\mathrm{B}} \tag{3.37}$$

最终，结合公式 (3.34)~(3.37) 可得，两种单元一共可以提供 4 个角度旋转自由度α_{A}，β_{A}，α_{B} 和β_{B}，实现 4 个相位响应自由度 $\varphi_{r_{\mathrm{RR}}}^{\mathrm{F}}$，$\varphi_{t_{\mathrm{LR}}}^{\mathrm{F}}$，$\varphi_{r_{\mathrm{RR}}}^{\mathrm{B}}$ 和 $\varphi_{t_{\mathrm{LR}}}^{\mathrm{B}}$ 的连续独立调制。两种单元上下层谐振结构旋转角度关于四个相位调制自由度的关系式可以由下列式子计算得到

$$\alpha_{\mathrm{A}} = \varphi_{t_{\mathrm{LR}}}^{\mathrm{B}} + \frac{1}{2}\varphi_{r_{\mathrm{RR}}}^{\mathrm{F}} \tag{3.38}$$

$$\beta_{\mathrm{A}} = -\frac{1}{2}\varphi_{r_{\mathrm{RR}}}^{\mathrm{F}} \tag{3.39}$$

$$\alpha_{\mathrm{B}} = \frac{1}{2}\varphi_{r_{\mathrm{RR}}}^{\mathrm{B}} \tag{3.40}$$

$$\beta_{\mathrm{B}} = -\varphi_{t_{\mathrm{LR}}}^{\mathrm{F}} - \frac{1}{2}\varphi_{r_{\mathrm{RR}}}^{\mathrm{B}} \tag{3.41}$$

由公式 (3.38)~(3.41) 可以发现，采用图 3.16 中展示的交错排布两种单元的多功能复用设计方式，可方便设计圆极化全空间双向非对称 Janus 超表面。一旦用于全空间双向非对称四个功能的波前相位分布确定后，即可对应计算得到两种单元的上下层旋转角度分布，最终实现图 3.21 所示的全空间双向非对称圆极化电磁波前调控功能。

3.5.2 全空间双向非对称波束调控

在理论分析和功能单元设计基础上，下面通过具有双向非对称波束调控功能的超表面来验证全空间双向非对称 Janus 超表面的概念以及设计方案的有效性。作为验证实例，设计的 Janus 超表面在前向传播的右旋圆极化电磁波照射下可以同时实现透射三焦点聚焦，以及反射双 OAM 波束功能；而在后向传播的右旋圆极化电磁波照射下则可以实现透射双焦点聚焦，以及反射三波束功能。

为了实现上述功能，首先需要计算得到每个功能所对应的波前相位分布。图 3.25(a)~(d) 分别计算得到了前向入射时透射三焦点聚焦、反射双 OAM 波

束，以及后向入射时透射双焦点聚焦、反射三波束电磁功能的相位分布。其中，前向入射透射三焦点聚焦的焦平面设计在 110 mm 处，而后向入射双焦点聚焦的两个焦点一前一后，焦距分别设计在 −110 mm 和 −170 mm 处。它们的相位分布可通过公式 (3.26) 及 (3.27) 计算得到。而对于前向入射时反射形成的双 OAM 波束，两个波束的模式数均设计为 $l = +1$，波束偏折角度分别为 −21° 和 32°。根据广义斯涅耳定律，当入射电磁波垂直入射到超表面时，其反射偏折角度与相位梯度之间的关系可通过式 (3.42) 进行计算：

$$\theta_{\mathrm{r}} = \arcsin\left(\frac{\lambda_0}{\varGamma}\right) \tag{3.42}$$

其中，λ_0 为中心工作频率 15 GHz 处自由空间电磁波波长，$\varGamma$ 为超表面上一个完整 2π 相位周期所对应的物理长度，θ_{r} 为异常反射波束的偏折角度。此外，生成具有特定模式数 l 的 OAM 波束所需要的相位分布可由下式计算得到

$$\varphi\left(x^{mn}, y^{mn}\right) = l\arctan\left(\frac{y^{mn}}{x^{mn}}\right) \tag{3.43}$$

对于反射三波束电磁功能，分布于 xOz 面上的两个波束的偏折角设计为 21° 和 −32°，而分布于 yOz 面上的反射波束偏折角设计为 15°。

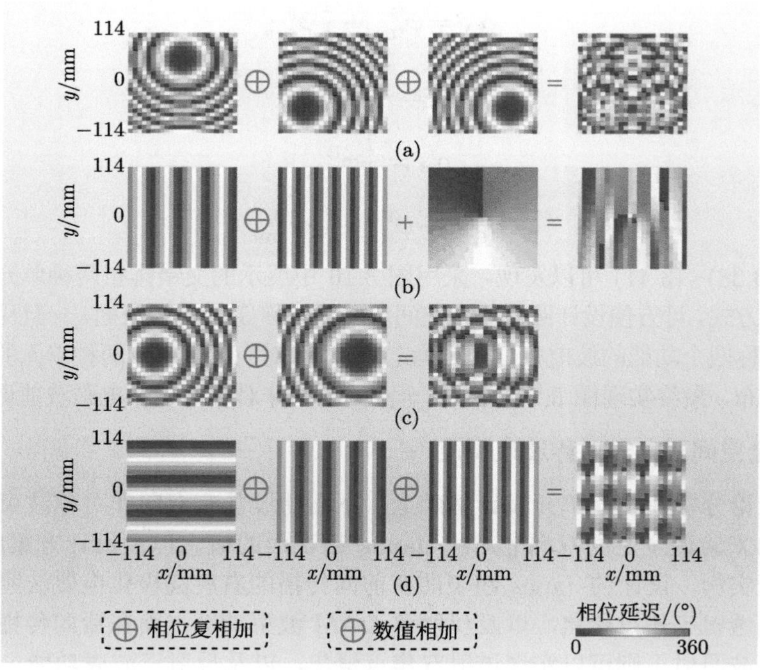

图 3.25 全空间双向非对称波束调控功能相位设计

前向入射时透射三焦点聚焦功能 (a) 及反射双 OAM 波束功能 (b) 相位设计；后向入射时透射双焦点聚焦功能 (c) 及反射三波束电磁功能 (d) 相位设计

最终，将计算得到的生成透射三焦点聚焦、反射双 OAM 三波束、透射双焦点聚焦以及反射三波束电磁功能的相位分布分别赋予 Janus 超表面的 $\varphi^{\mathrm{F}}_{t_{\mathrm{LR}}}$、$\varphi^{\mathrm{F}}_{r_{\mathrm{RR}}}$、$\varphi^{\mathrm{B}}_{t_{\mathrm{LR}}}$ 和 $\varphi^{\mathrm{B}}_{r_{\mathrm{RR}}}$ 四个相位自由度，即可完成最终全空间双向非对称 Janus 超表面的构建。如图 3.26 所示，最终设计与制备的超表面由 24×24 个超表面单元构成，整体尺寸为 228 mm×228 mm。

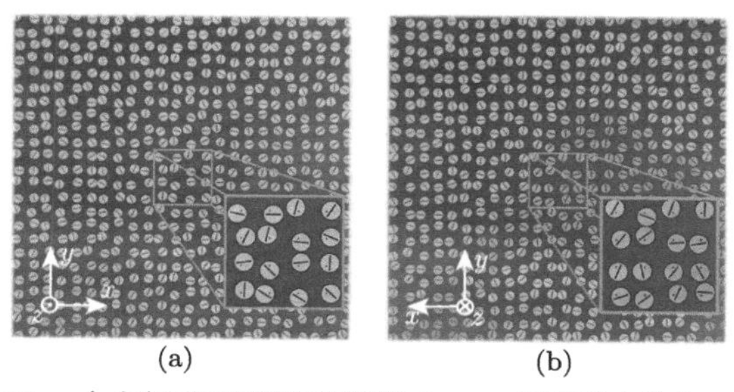

图 3.26 全空间非对称波束调控 Janus 超表面实物加工图片
(a) 超表面俯视图；(b) 超表面底视图

图 3.27 为圆极化全空间双向非对称波束调控超表面在 15 GHz 前向传播的右旋圆极化电磁波照射下的电磁功能仿真分析与测试结果。如图 3.27(a) 和 (b) 所示，在透射空间中 $z = 110$ mm 的平面上可以很清晰地观测到 3 个聚焦光斑，并且在 $x = 0$ 这一传播平面上，所测得焦点焦距近似为 110 mm，与理论设计目标相吻合。如图 3.27(c) 和 (d) 所示，在反射空间上，理论计算结果、仿真结果与实验测试结果均展示了两个不同偏转角度的 OAM 波束。实验测试得到的二维散射方向图与仿真结果相一致，且左右分布的两个 OAM 波束中心凹陷处的角度均与理论设计目标值相一致，分别为 −21° 和 32°。

当右旋圆极化波束沿后向传播并照射到超表面上时，超表面在 15 GHz 实现的透射与反射电磁功能分别如图 3.28(a) 和 (b) 所示。根据透射场中的实验测试结果，超表面在 $y = 0$ mm 这一聚焦波束的传播平面上能够在左右两端各观测到一个聚焦焦点，实验测试得到的聚焦焦距分别为 −110 mm 和 −184 mm。对于左侧焦点的焦距，其实验测试值与理论设计相一致；而对于右侧焦点的焦距，则与理论设计值 −170 mm 存在一定的偏差。造成这一偏差的原因可能来自于单元交错排布相邻不同单元之间产生的互耦，以及加工制备和实验测试中存在的误差。在两个聚焦波束的聚焦平面 $z = -110$ mm 和 $z = -184$ mm 上，可以分别在左右两侧观察到一个明显的聚焦光斑。而对于反射空间中的反射三波束电磁功能，三个波束的仿真结果与实验测试结果基本吻合，都成功验证了理论设计中的目标辐射角度。其中，xOz 面上的两个波束的偏转角仿真与测试值分别为 21° 和 −32°，而分布于 yOz 面上的反射波束偏转角仿真与测试值均为 15°。这些近远场测试结果有效验证了所设计的 Janus 超表面的方向复用多功能性质。

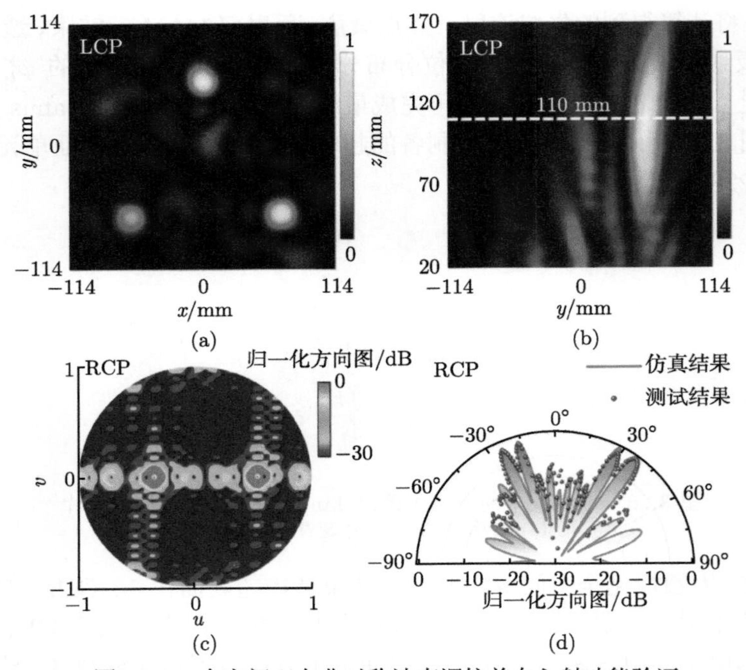

图 3.27 全空间双向非对称波束调控前向入射功能验证

前向入射实现透射三焦点聚焦功能在 $z = 110$ mm 平面 (a) 及 $x = 0$ mm 平面 (b) 内的能量分布测试结果；前向入射实现反射双 OAM 波束功能的理论计算 (c) 及仿真与测试 (d) 方向图

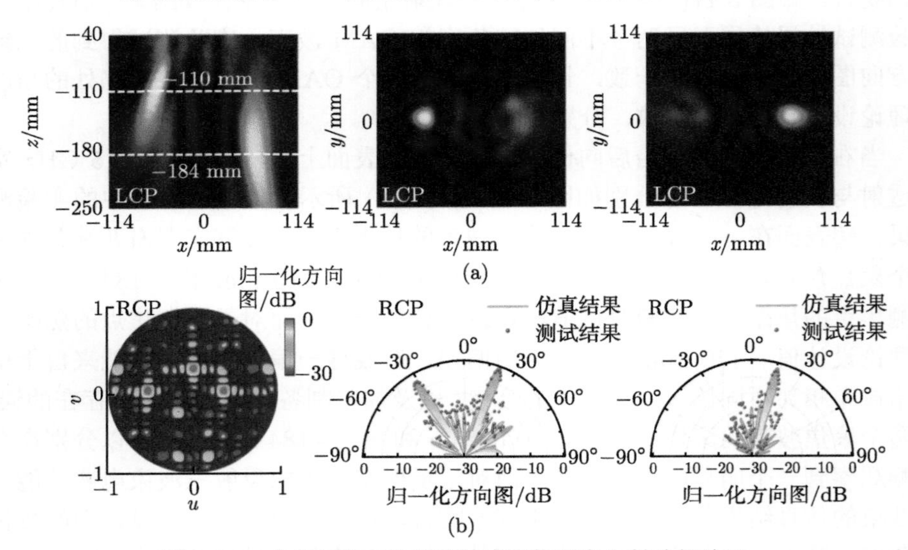

图 3.28 全空间双向非对称波束调控后向入射功能验证

(a) 后向入射实现透射双焦点聚焦功能近场能量分布测试结果；(b) 后向入射实现反射三波束功能散射方向图理论计算 (左图)，以及 xOz 和 yOz 平面上的仿真和测试结果

3.5.3 全空间双向非对称全息成像

同样地，为了验证所提出的 Janus 超表面在圆极化全息成像上的应用，下面利用圆极化接收–发射单元以及交错排布设计方案，设计具有圆极化全空间双向非对称全息成像功能的超表面，并进行理论计算与实验验证 [27]。

作为设计实例，目标成像功能如图 3.21 所示。首先，利用 GS 相位恢复算法对实现四个通道上字母 “F”、“R”、“B” 和 “T” 全息成像的相位进行了优化计算，透射和反射成像的焦距均设计为 220 mm，分别如图 3.29(a)～(d) 所示。

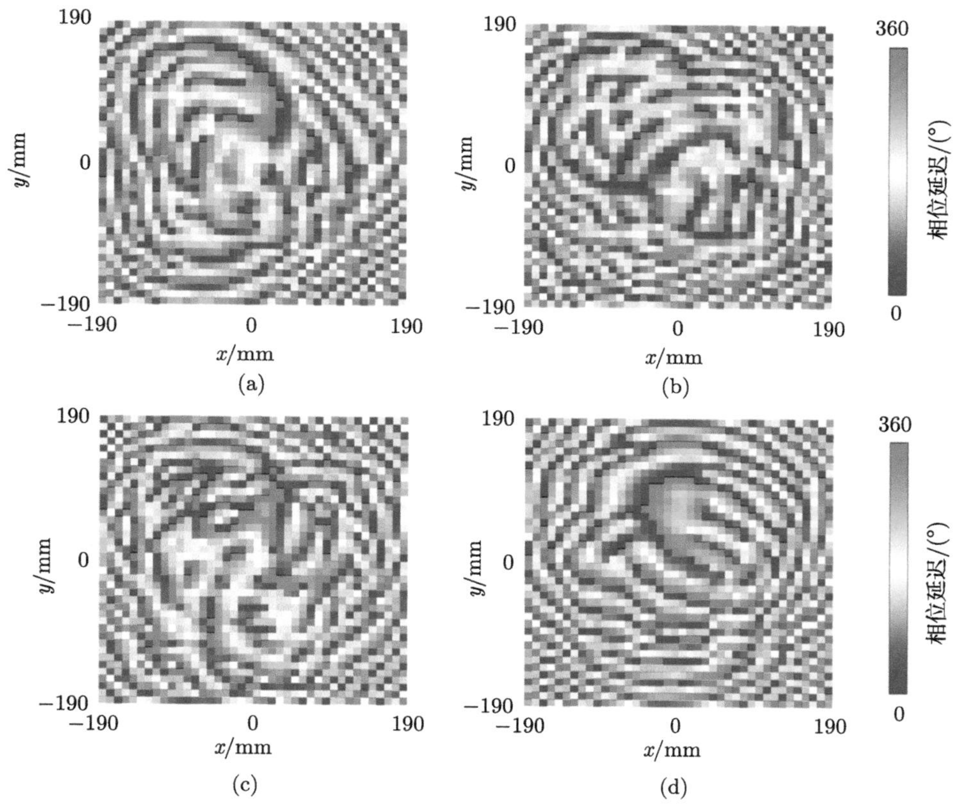

图 3.29 全空间双向非对称全息成像功能相位设计
前向入射实现透射全息成像 “F”(a) 及反射全息成像 “R”(b) 功能所需相位分布；后向入射实现反射全息成像 “B”(c) 及透射全息成像 “T”(d) 功能所需相位分布

将上述生成 4 个不同字母像所需的相位分别赋予到构成超表面的两种不同单元的上下层谐振结构的旋转角度，即可得到最终的 Janus 超表面。如图 3.30 所示，最终加工制备的超表面共由 40 × 40 个超表面单元构成，整体尺寸为 380 mm× 380 mm。

图 3.31 为圆极化全空间双向非对称全息成像超表面的相关理论计算以及在中心设计频率 15 GHz 处的实验测试结果，实验测试结果与理论设计目标相吻合。当电磁波沿前向传播并照射于超表面时，可在透射半空间中形成字母 “F” 的像，同时在反射半空间中形成字母 “R” 的像；反之，后向传播的电磁波照射超表面时，在反射空间能够形成字母 “B” 的像，与此同时在透射空间能够形成字母 “T” 的像。对于前向和后向全息成像功能，它们在 15 GHz 处的全息成像效率分别为 21.8%，19.7%，19% 和 20.3%。综合考虑全空间全息成像效率，所设计的 Janus 超表面在前向和后向右旋圆极化电磁波激励下，实现的整体成像效率分别为 41.5% 和 39.3%。此外，测试结果还显示所设计全息成像功能在一定传播距离内都能实现与预期图案相吻合的全息成像。

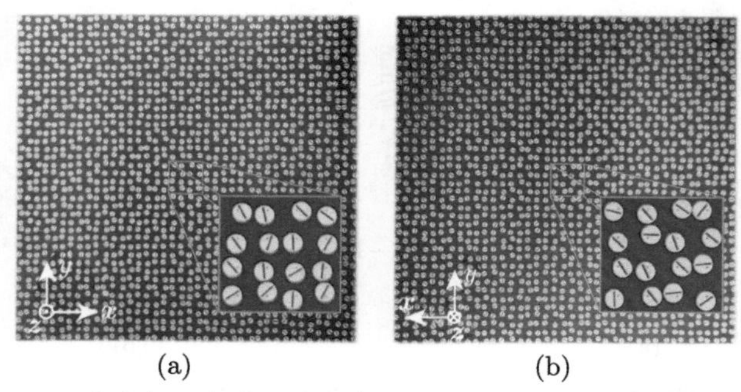

图 3.30　全空间双向非对称全息成像 Janus 超表面实物加工图片

(a) 超表面俯视图；(b) 超表面底视图

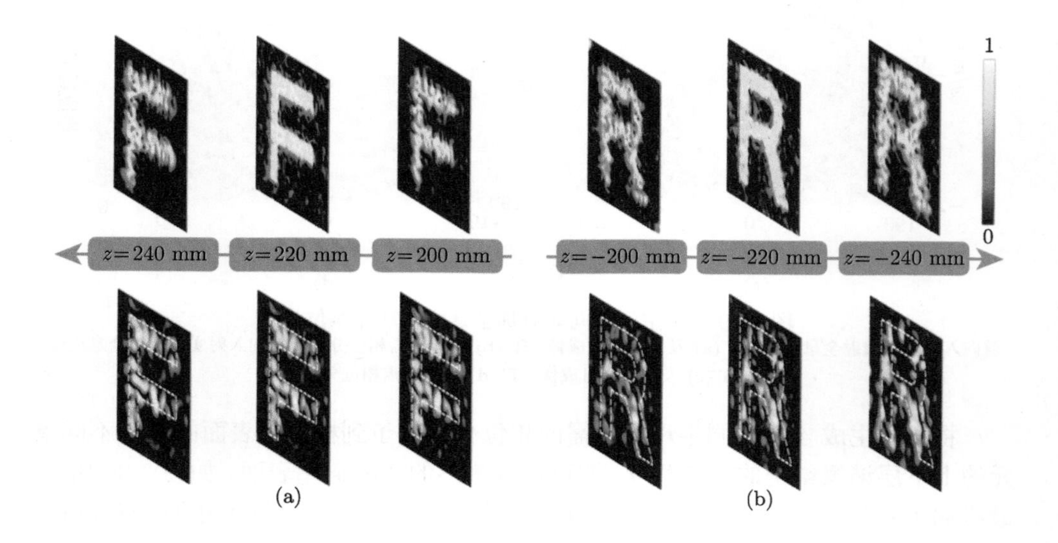

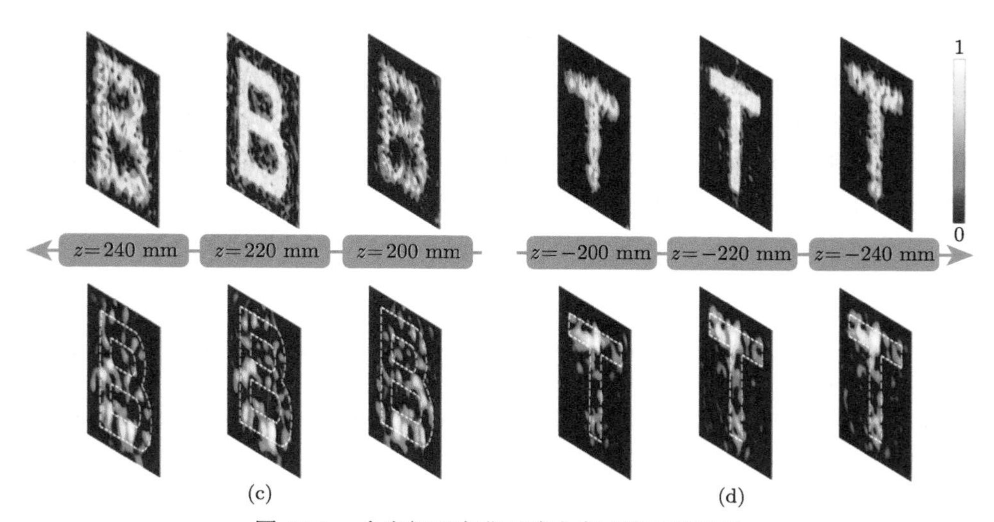

图 3.31 全空间双向非对称全息成像功能验证

前向入射实现透射全息成像 "F"(a) 及反射全息成像 "R"(b) 的理论计算 (上) 及实验测试 (下) 能量分布；后向入射实现反射全息成像 "B"(c) 及透射全息成像 "T"(d) 的理论计算 (上) 及实验测试 (下) 能量分布

综上所述，本节展示了一种圆极化全空间双向非对称电磁波阵面调控 Janus 超表面的一般设计方法，将 Janus 超表面的功能覆盖到空间，从透射通道拓展到了透/反射全空间通道。与此同时，这种多功能器件的电磁功能也可以从两个不同的独立功能扩展到四个不同的独立功能，即所谓从"双面"变成了"四面"。通过微波段的仿真分析与实验测试，探索验证了"四面"功能，实现了非对称辐射、多波束形成、多焦点聚焦以及全息成像等电磁调控新机制。这种全空间透/反射集成多功能 Janus 超表面可以促进先进、紧凑的成像系统，以及空间多路复用、数据加密和解密等应用。

3.6 本 章 小 结

本章内容从手征超材料及其电磁波非对称传输特性研究出发，通过理论分析、仿真设计和实验验证探索了利用手征结构实现单向性电磁功能设计的一般方法。进一步地，利用两种正交的具有单向透射传输特性的手征结构单元，并将其交错排布构成超表面，可以实现双向非对称透射电磁波阵面调控功能。在上述研究的基础之上，最终提出了一种应用于圆极化电磁波双向非对称传输调控的 Janus 超表面的一般设计方法，并将 Janus 超表面的非对称独立电磁功能设计从双向透射空间拓展到了双向透/反射全空间，与此同时超表面器件中的电磁功能集成度也得到倍增。

本章研究的传播方向复用多功能电磁超表面区别于其他的诸如频率复用、极化复用等多功能超表面，在两个相反方向上实现的电磁功能集成化设计，远远超过了以往对单向功能的尝试，提高了电磁空间的利用率，同时也拓展并丰富了多功能复用超表面的设计手段，为研究者们调控电磁波提供了更多维度。此外，相关研究理论和设计方法具有良好的实用性，进一步的工作可以扩展器件和设备的带宽，或将提出的方法应用到毫米波和太赫兹等其他电磁波频段。

参考文献

[1] He Q, Sun S L, Xiao S Y, et al. High-efficiency metasurfaces: principles, realizations, and applications. Advanced Optical Materials, 2018, 6(19): 1800415.

[2] Jang J, Jeong H, Hu G, et al. Kerker-conditioned dynamic cryptographic nanoprints. Advanced Optical Materials, 2019, 7(4): 1801070.

[3] Devlin R C, Ambrosio A, Rubin N A, et al. Arbitrary spin-to-orbital angular momentum conversion of light. Science, 2017, 358(6365): 896-900.

[4] Ansari M A, Kim I, Rukhlenko I D, et al. Engineering spin and antiferromagnetic resonances to realize an efficient direction-multiplexed visible meta-hologram. Nanoscale Horizons, 2020, 5(1): 57-64.

[5] Chen K, Ding G, Hu G, et al. Directional Janus metasurface. Advanced Materials, 2020, 32(2): 1906352.

[6] Xu H X, Wang C, Hu G, et al. Spin-encoded wavelength-direction multitasking Janus metasurfaces. Advanced Optical Materials, 2021, 9(11): 2100190.

[7] Sounas D L, Caloz C. Electromagnetic nonreciprocity and gyrotropy of graphene. Applied Physics Letters, 2011, 98(2): 021911.

[8] Mahmoud A M, Davoyan A R, Engheta N. All-passive nonreciprocal metastructure. Nature Communications, 2015, 6: 8359.

[9] Serebryannikov A E. One-way diffraction effects in photonic crystal gratings made of isotropic materials. Physical Review B, 2009, 80(15): 155117.

[10] Cakmakyapan S, Caglayan H, Serebryannikov A E, et al. Experimental validation of strong directional selectivity in nonsymmetric metallic gratings with a subwavelength slit. Applied Physics Letters, 2011, 98(5): 051103.

[11] Pfeiffer C, Grbic A. Bianisotropic metasurfaces for optimal polarization control: analysis and synthesis. Physical Review Applied, 2014, 2(4): 044011.

[12] Menzel C, Helgert C, Rockstuhl C, et al. Asymmetric transmission of linearly polarized light at optical metamaterials. Physical Review Letters, 2010, 104(25): 253902.

[13] Schwanecke A S, Fedotov V A, Khardikov V V, et al. Nanostructured metal film with asymmetric optical transmission. Nano Letters, 2008, 8(9): 2940-2943.

[14] Huang C, Feng Y J, Zhao J M, et al. Asymmetric electromagnetic wave transmission of linear polarization via polarization conversion through chiral metamaterial structures. Physical Review B, 2012, 85(19): 195131.

[15] Li Z F, Alici K B, Colak E, et al. Complementary chiral metamaterials with giant optical activity and negative refractive index. Applied Physics Letters, 2011, 98(16): 161907.

[16] Song K, Su Z X, Wang M, et al. Broadband angle and permittivity-insensitive nondispersive optical activity based on planar chiral metamaterials. Scientific Reports, 2017, 7: 10730.

[17] Rose A, Powell D A, Shadrivov I V, et al. Circular dichroism of four-wave mixing in nonlinear metamaterials. Physical Review B, 2013, 88(19): 195148.

[18] Zhang Z Y, Zhang X Q, Xu Y H, et al. Coherent chiral-selective absorption and wavefront manipulation in single-layer metasurfaces. Advanced Optical Materials, 2021, 9(3): 2001620.

[19] Singh R, Plum E, Menzel C, et al. Terahertz metamaterial with asymmetric transmission. Physical Review B, 2009, 80(15): 153104.

[20] Chen K, Feng Y J, Cui L, et al. Dynamic control of asymmetric electromagnetic wave transmission by active chiral metamaterial. Scientific Reports, 2017, 7: 42802.

[21] Luo X Q, Hu F R, Li G Y. Dynamically reversible and strong circular dichroism based on Babinet-invertible chiral metasurfaces. Optics Letters, 2021, 46(6): 1309-1312.

[22] Ji Y Y, Fan F, Zhang Z Y, et al. Active terahertz spin state and optical chirality in liquid crystal chiral metasurface. Physical Review Materials, 2021, 5(8): 085201.

[23] Chen S, Liu W, Li Z, et al. Metasurface-empowered optical multiplexing and multifunction. Advanced Materials, 2020, 32: 1805912.

[24] Yang W, Chen K, Luo X, et al. Polarization-selective bifunctional metasurface for high-efficiency millimeter-wave folded transmitarray antenna with circular polarization. IEEE Transactions on Antennas and Propagation, 2022, 70(9): 8184-8194.

[25] Luo X Y, Guo W L, Qu K, et al. Quad-channel independent wavefront encoding with dual-band multitasking metasurface. Optics Express, 2021, 29(10): 15678-15688.

[26] Gerchberg R W, Saxton W O. A practical algorithm for the determination of phase from image and diffraction plane pictures. Optik, 1972, 35(2): 237-246.

[27] Yang W, Chen K, Dong S, et al. Direction-cuplex Janus metasurface for full-space electromagnetic wave manipulation and holography. ACS Applied Materials & Interfaces, 2023, 15(22): 27380-27390.

[28] Saleh B E A, Teich M C. Fundamentals of Photonics. New York: John Wiley & Sons, 2019.

[29] Chekhova M, Banzer P. Polarization of Light: In Classical, Quantum, and Nonlinear Optics. Berlin: Walter de Gruyter GmbH & Co KG, 2021.

[30] Balanis C A. Antenna Theory: Analysis and Design. New York: John Wiley & Sons, 2016.

第 4 章 频率复用多功能超表面

4.1 引 言

随着电子信息系统集成化趋势的不断发展，利用超表面来实现多频段或连续宽频带的电磁调控功能也备受关注。一般而言，频率复用超表面是指单一口径的超表面在不同频率电磁波入射下均能有效工作，实现特定功能。通过频率复用的方式可以实现电磁调控功能的扩展与叠加，进而形成频率复用多功能电磁超表面，有效提升超表面的调控自由度、信息容量。基于此，本章将介绍和分析频率复用多功能超表面的设计方法及一些近期的主要研究工作进展。

4.2 双频超表面及其波束调控

为实现电磁响应或功能的频率复用，需要对超表面单元进行精细的设计使其可以工作于不同的频率。常用的方法有：①多模谐振结构 [1-3]，即单一结构在不同的频率具有不同的谐振模式；②前后级联结构 [4,5]，即利用工作于不同频率的结构及其对频率的色散变化前后交叠放置，形成单元结构；③区域交叠结构 [6-8]，即在同一层分区域地放置工作于不同频率的结构，形成单元结构，这种分区域的方式，由于相互影响，有可能弱化每种单元的作用；④可调结构，即在单元结构中引入 VO_2[9]、PIN 二极管、变容二极管 [10-12] 等可调材料或元件来实现对不同频率的谐振切换。

本节将以双频、四极化、四功能超表面为例 [1]，具体介绍多模谐振型频率复用多功能超表面的一般设计思路。从理论上来说，在单一频点处能够实现完全极化解耦的极化复用电磁功能个数最多只有两个，这是因为任意一组极化完备集只有两种正交的模式，譬如水平极化与垂直极化，左旋圆极化与右旋圆极化。因此，对于双频双功能超表面来讲，若把极化多功能也考虑进去，则最多可实现的功能个数为四个。

如图 4.1 所示，该超表面在低频 f_1 处针对两对正交的线极化 (x 极化与 y 极化) 分别可实现对角方向的奇异偏折与随机漫散射功能；而在高频 f_2 处针对两束正交的圆极化 (左旋圆极化与右旋圆极化) 分别实现了涡旋波产生与沿 x 方向的奇异偏折。单元设计时，首先选定一款类 “I” 形金属结构来实现 Ku 频段的 1-比特交叉极化相位调制。为实现双频调制，在四个类 “I” 形结构的中间填充一个十字形金属结构。由于类 “I” 形结构的周期正好为十字形结构周期的一半，因此可以利用类 “I” 形结构来控制 Ku 频段的功能设计，同时利用十字形结构来实现 X 频段的功能设计。

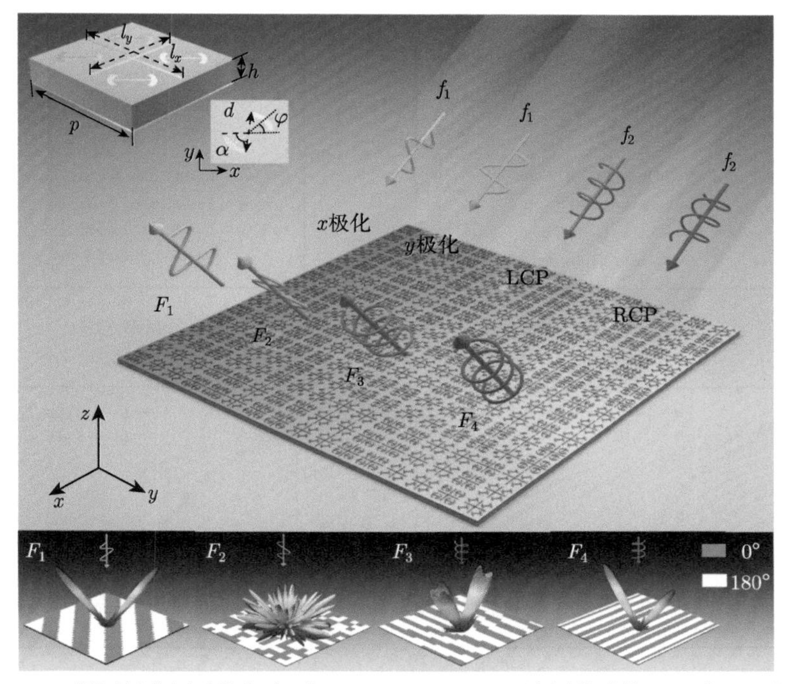

图 4.1 双频四极化四功能超表面。F_1、F_2、F_3、F_4 为四种功能，f_1 与 f_2 为频率

双频单元设计的关键在于实现高低频之间的隔离，而实现高低频隔离的有效方法之一就是利用单元中的不同结构来实现不同频率的相位调制。通过对上述双频单元设计进行电磁仿真分析发现，单元在 X 频段的电磁特性很大程度上取决于十字形结构，而在 Ku 频段的电磁特性则较多地依赖于类 “I” 形结构，因此该单元具备高低频独立相位调节的基础。实际上，十字形结构是一种经典的双各向异性结构，其本身就能够对两种正交的线极化实现独立的相位调制。具体而言，可通过十字形结构的两个臂长各自独立调节，设计其对正交线极化的响应波。设定其沿 x 方向的臂长为 l_x，沿 y 方向的臂长为 l_y，如图 4.1 左上角中单元结构所示。根据双各向异性单元的特征，该单元在低频时对 x、y 极化波的相位响应将分别由 l_x 与 l_y 控制。图 4.2 给出了不同臂长的单元在 x、y 极化波照射下的幅度与相位特性，可以看出，在 6~10 GHz 范围内，单元始终能保持高效的同极化反射，且两种不同臂长的单元在 8 GHz 处形成了 1-比特的相位调制。除此之外，单元对 x 极化波的相位响应只与 l_x 有关，而与 l_y 无关。同样地，当照射波为 y

极化波时，单元响应仅与 l_y 有关，而与 l_x 无关。因此，在低频 8 GHz 附近，可以通过调节 l_x 与 l_y 实现对 x 极化波与 y 极化波高效反射及 1-比特的相位调制，且 x 极化波与 y 极化波之间的调制互不影响，具有良好的极化隔离性。

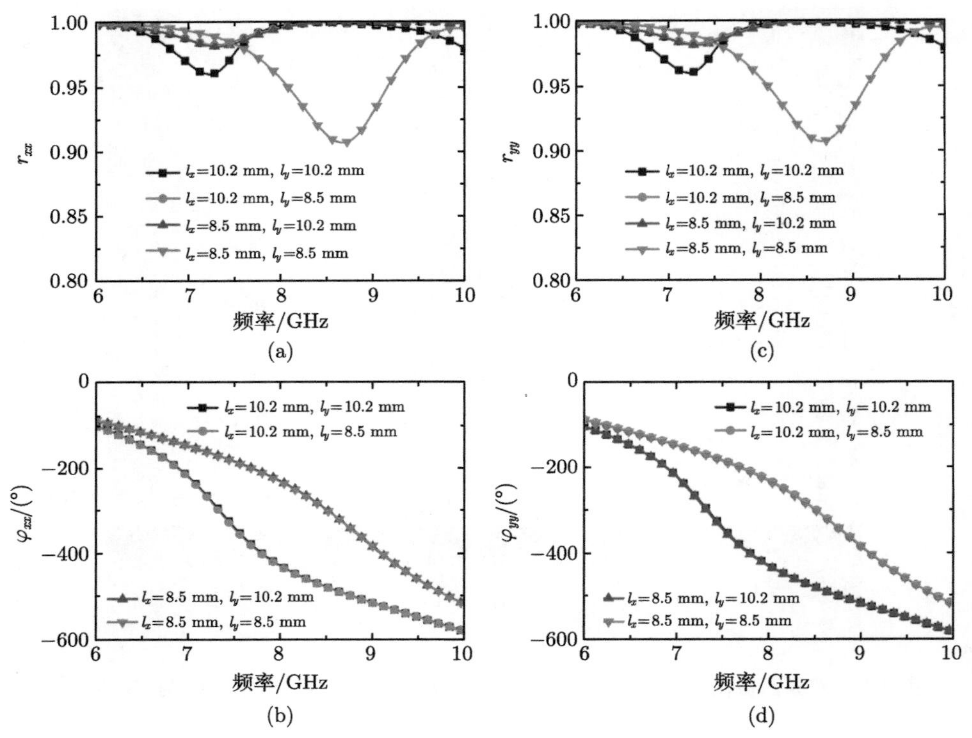

图 4.2　低频段单元性能

x 极化下反射幅值 (a) 和反射相位 (b)；y 极化下反射幅值 (c) 和反射相位 (d)

在低频相位调制设计基础上，如表 4.1 所示，可在高频段分别为左旋与右旋圆极化构建 1-比特独立可设计的反射相位响应。在 2.3.5 节中，分析了这种类 “I” 形结构，相位差 90° 的两个交叉极化旋转单元可以实现左旋与右旋圆极化各 1-比特的相位调制 [13]。基于此，这里也将通过调节类 “I” 形结构来实现高频的左旋与右旋圆极化各 1-比特独立调控。图 4.3(a) 和 (b) 给出了不同弧心角 α 的单元在高频处的交叉极化反射幅度与交叉极化反射相位。可以看出，这两个单元都可以在 14 ~17 GHz 范围内实现高效的交叉极化反射幅度，且交叉极化反射相位相差 90°，满足左、右旋圆极化各 1-比特相位的调制要求。图 4.3(c)~(f) 给出了单元分别在左、右旋圆极化波照射下的同极化反射幅度与反射相位。可以看出，该结构在左、右旋圆极化波照射下都能实现反射波 1-比特的相位调制，并且左旋与右旋圆极化波的隔离特性良好。

表 4.1 高频处左、右旋各 1-比特相位调制对应单元参数

右旋 \ 左旋	0°(0)	180° (1)
0° (0)	$\alpha = 140°$, $\varphi = 0°$(0/0)	$\alpha = 76°$, $\varphi = 45°$ (1/0)
180° (1)	$\alpha = 76°$, $\varphi = 135°$(0/1)	$\alpha = 140°$, $\varphi = 90°$ (1/1)

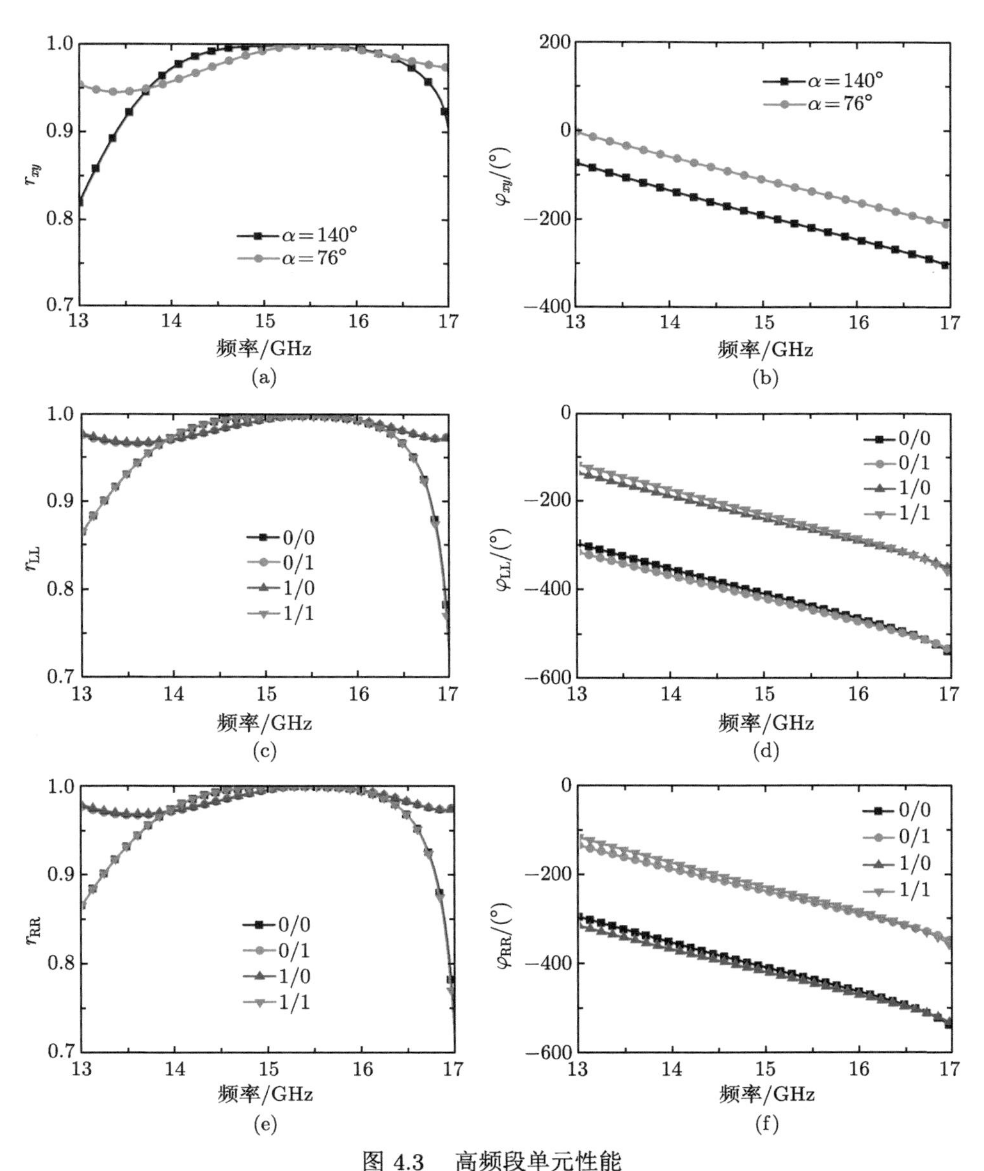

图 4.3 高频段单元性能

y 极化波入射下交叉极化反射幅度 (a) 和反射相位 (b)；左旋圆极化波入射下同极化反射幅度 (c) 和反射相位 (d)；右旋圆极化波入射下同极化反射幅度 (e) 和反射相位 (f)

最后，考察单元高、低频的隔离特性。图 4.4(a) 和 (b) 分别给出了单元在左旋与右旋圆极化波照射下的高频特性随低频十字形结构的变化情况。显然，改变十字形结构对高频的左旋与右旋圆极化的幅相特性几乎没有影响，这也就证明了低频对高频的隔离。图 4.4(c) 和 (d) 为单元在 x 极化波与 y 极化波照射下的低频幅相特性随高频类“I”形结构的变化特征。可以看出，改变高频的类“I”形结构对低频的幅相特性虽有一定的影响，但影响极为有限，这也就说明了高频对低频也具有较好的隔离。综上可知，设计的单元不仅实现了良好的极化隔离，还实现了较好的频率隔离，因此，该单元能实现四个完全独立反射波通道的调制。

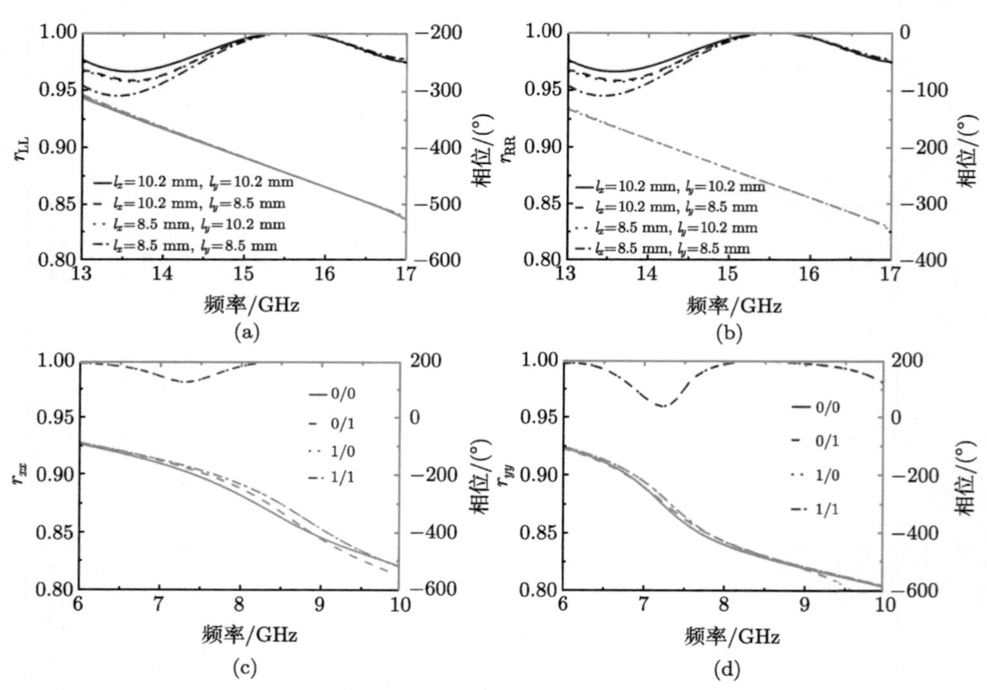

图 4.4 单元的高低频率隔离特性

改变十字形结构对高频处的左旋圆极化 (a) 与右旋圆极化 (b) 幅相特性的影响；改变类“I”形结构对低频处的 x 极化波 (c) 与 y 极化波 (d) 幅相特性的影响

上述单元在双频双极化的四个通道上都具有独立的 1-比特相位调制功能，相互之间影响较小，各通道的相位响应也能够自由组合，因此可以实现功能丰富的电磁波阵面调控。作为设计实例，这里利用超表面在四通道内分别实现了 23.3° 奇异偏折、漫散射、涡旋波产生以及 30° 奇异偏折四种远场波束调控功能。首先，根据广义斯涅耳定律，对于垂直照射波，其反射角度可根据下式计算：

$$\sin\theta_{\mathrm{r}}=\frac{\lambda}{2\pi}\frac{\mathrm{d}\Phi}{\mathrm{d}x} \tag{4.1}$$

其中，θ_{r} 为反射角，λ 为波长，$\mathrm{d}\Phi/\mathrm{d}x$ 为沿 x 方向的相位梯度。此时反射波是没有方位角的，其依然位于 xOz 面 (假设入射波沿 $-z$ 方向)。若要使反射波在方位角 $\varphi=\varphi_{\mathrm{r}}$ 方向保持 $\theta=\theta_{\mathrm{r}}$ 的反射角反射，则对应的广义斯涅耳定律变为

$$\sin\theta_{\mathrm{r}}=\frac{\lambda}{2\pi}\frac{\mathrm{d}\Phi}{\mathrm{d}l} \tag{4.2}$$

其中，$\mathrm{d}l$ 为沿方位角 $\varphi=\varphi_{\mathrm{r}}$ 方向的微元。因此，如需电磁波反射方位角为 $\varphi=\varphi_{\mathrm{r}}$，反射角为 $\theta=\theta_{\mathrm{r}}$，则超表面口径上的相位梯度应满足：

$$\Phi(x,y)=\frac{2\pi\sin\theta_{\mathrm{r}}}{\lambda}l \tag{4.3}$$

其中，l 为 xOz 面上沿方位角 $\varphi=\varphi_{\mathrm{r}}$ 的向量长度，其可以表示为

$$l=x\cos\varphi+y\sin\varphi \tag{4.4}$$

由此可得，反射面上的相位梯度为

$$\Phi(x,y)=\frac{2\pi\sin\theta_{\mathrm{r}}}{\lambda}(x\cos\varphi+y\sin\varphi) \tag{4.5}$$

根据式 (4.5)，针对低频的 x 极化波设定为奇异偏折功能，其偏折方向始终沿方位角 $\varphi=45^\circ$ 方向，反射角在 8 GHz 设定为 23.3°。设定单元数为 32×32，阵面尺寸为 352 mm× 352 mm。基于此设定，可计算出低频 x 极化波照射下的相位分布，而后进行 1-比特离散化处理。对于低频的 y 极化波，首先将 2×2 个单元组成一个超单元，然后将超单元按照随机分布排列成一个 16×16 的 1-比特随机阵列，其功能在于模拟粗糙面的漫散射效果，以期降低反射面的背向散射。

对于高频的左旋圆极化, 将其设定为双涡旋波束的功能，其对应的相位分布为线性梯度相位与涡旋梯度相位的叠加，即 [1]

$$\Phi(x,y)=\frac{2\pi\sin\theta_{\mathrm{r}}}{\lambda}x+l\arctan\left(\frac{y}{x}\right) \tag{4.6}$$

式中前半部分的线性梯度决定了双涡旋波束的偏折角度，也就是涡旋波束零深指向方位。后半部分的涡旋波束则决定了涡旋波的模式数与涡旋波的锥角。设定涡旋波在 15 GHz 处的偏折角为 ± 20°，涡旋模式数为 2，则根据式 (4.6) 计算并

进行相位离散后可得到左旋圆极化所需的相位分布。为便于验证，将高频右旋圆极化波照射下的功能设计为奇异偏折，且反射波方位角为 $\varphi = 90°$，15 GHz 处的波束偏折角为 30°。基于以上设定，根据式 (4.5) 计算并进行相位离散，可得右旋圆极化波的相位分布。最后根据相位分布与结构参数的对应关系可得到最终的双频、四极化、四功能样品结构分布。测试结果如图 4.5 所示，测试结果与仿真分析较为吻合，验证了该超表面在两个宽频带内的四种独立电磁功能。更多具体的测试方法和结果分析可参见文献 [1]。

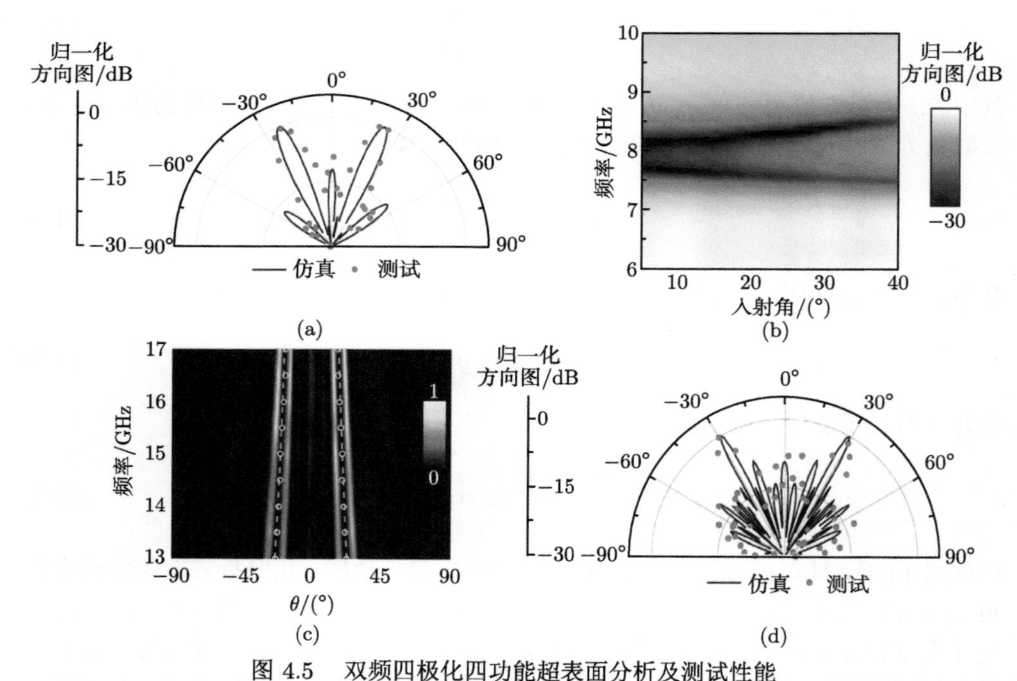

图 4.5 双频四极化四功能超表面分析及测试性能

(a) x 极化波入射下 8 GHz 处对角面上的二维仿真分析与测试散射场；(b) y 极化波入射下测试的样品背向 RCS 缩减值随频率变化效果；(c) 左旋圆极化波照射下 xOz 面上二维散射场分布随频率变化效果 (二维色度图为仿真值，虚线为根据广义斯涅耳定律计算出的理论波束偏折角，圆圈为测得的涡旋波零深位置)；(d) 右旋圆极化波照射下 15 GHz 处 yOz 面上仿真分析与测试的二维散射场分布

4.3 超表面 Salisbury 屏

传统的 Salisbury 屏吸波结构因吸波带宽较窄限制了其更广泛的实际应用，受近年来超表面领域的研究成果启发，人们提出可以通过设计超表面的反射相位，实现高性能及宽频带范围的吸波效果 [6]。该原理利用了区域交叠型超表面设计方法，将多种不同相位响应的超表面引入 Salisbury 屏，代替单一反射相位的金属接地

层，从而进一步调控结构的吸波峰和工作带宽。

4.3.1 Salisbury 屏吸波器工作原理

经典无源微波吸收器 Salisbury 屏的基本结构如图 4.6 所示，由一层厚度 t 的损耗电阻膜 (电导率 σ，介电常数 ε_2，磁导率 μ_2，传播常数 β_2，特征阻抗 η_2) 与相距 l 的金属接地层构成 (间隔介质层介电常数 ε_1，磁导率 μ_1，传播常数 β_1)。通常将高阻损耗层等效为集总元件，可以利用等效传输线模型来理论分析和计算 Salisbury 屏的反射系数。

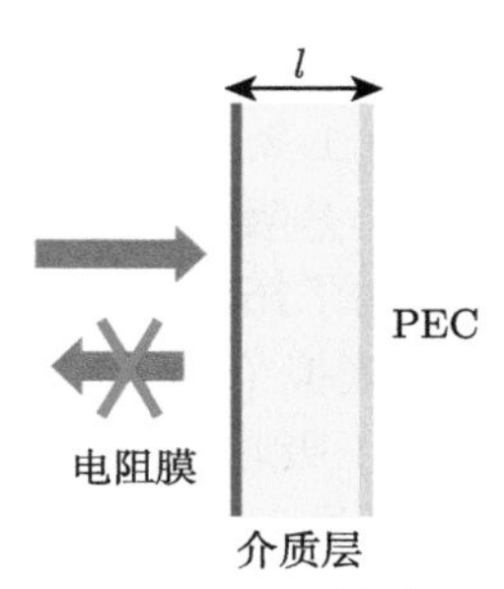

图 4.6 Salisbury 屏的结构示意图
PEC: 完美电壁边界条件

在电磁波入射方向上，各层向金属底板方向看去的等效输入阻抗 (金属接地层/介质层 Z_1，介质层/电阻膜 Z_2，电阻膜表层 Z_3) 可由下式计算：

$$\begin{cases} Z_1 = 0 \\ Z_2 = \mathrm{j}\eta_1 \tan(\beta_1 l) \\ Z_3 = \eta_2 \dfrac{Z_2 + \mathrm{j}\eta_2 \tan(\beta_2 t)}{\eta_2 + \mathrm{j}Z_2 \tan(\beta_2 t)} \end{cases} \tag{4.7}$$

当 $\beta_1 l$ 的值逼近 $\dfrac{\pi}{2} + n\pi$ 时,

$$Z_3 = \frac{\eta_2}{\mathrm{j}\tan(\beta_2 t)} \tag{4.8}$$

其中，$\eta_2 = \sqrt{\dfrac{\mu_2}{\varepsilon_2}}$，$\beta_2 = \omega\sqrt{\mu_2\varepsilon_2}$，$\varepsilon_2 = \varepsilon_0\left(\varepsilon_\mathrm{r} + \dfrac{\sigma}{\mathrm{j}\omega\varepsilon_0}\right)$，若电阻膜厚度 t 远小于波长，则可得

$$Z_3 = \frac{1}{\mathrm{j}\omega\varepsilon_2 t} = \frac{1}{\sigma t} = R_\mathrm{s} \quad (\text{电阻膜表面阻抗}) \tag{4.9}$$

因此，Salisbury 屏结构的总体反射系数为

$$\Gamma = \frac{\eta_0 - R_s}{\eta_0 + R_s} \tag{4.10}$$

当电磁波传播过程中的相位变化和接地层反射的相位 (π) 的总和达到 2π 时，结构将发生电磁谐振产生吸收峰，即 Salisbury 屏的谐振吸波条件为 ($\Gamma = 0$)

$$\begin{cases} f_n = \dfrac{2n+1}{4l}c, \quad n = 0, 1, 2, \cdots \\ R_s = \eta_0 = 377\ \Omega \end{cases} \tag{4.11}$$

此时 $\varphi_{\text{path}}(f) + \varphi_{\text{pl}} = 2n\pi$, 其中 φ_{path}、φ_{pl} 分别代表波传播路径和金属接地层的反射相位所引起的相位延迟，$n = 0, 1, 2, \cdots$ 对应第 n 阶谐振模式。Salisbury 屏在频带上会出现周期性的吸波峰，但是吸波峰之间仍具有较宽范围的高反射频带，无法适应连续的宽带吸波的要求。为了拓展 Salisbury 屏结构的连续吸波带宽，目前的许多研究成果采取了诸如电路模拟 (circuit analog, CA) 吸收器 [14]、高阻抗表面 (high impedance surface, HIS) 吸收器 [15] 等多种方式。另外，也可以通过增加电阻膜的层数构建 Jaumann 吸波器，但不可避免地会增加整体结构的厚度。

4.3.2　超表面 Salisbury 屏设计方法与实验验证

1. 设计方法和实验验证

超表面 Salisbury 屏 (metasurface Salisbury screen, MSS) 是将传统 Salisbury 屏的金属地板替换成反射型超表面，如图 4.7(a) 所示，并通过对超表面单元反射相位和位置进行优化设计，最终在连续宽频带内产生多个 Salisbury 谐振，从而在基本不增加厚度的情况下有效拓宽吸波带宽 [6]。图 4.7(b) 直观展示了超表面 Salisbury 的特点，其底板由四种不同相位响应的反射超表面单元组成。四种单元均是由超表面单元以及与其相距 d 的电阻膜组成，电阻膜方阻 $R_s = \eta_0 = 377\ \Omega/\square$，中间为空气层。其中，MSS 结构由 3×3 的超单元组组成，且各单元随机分布于同一平面内。图 4.7(c) 从反射曲线角度概括性地介绍了超表面 Salisbury 屏的工作原理，即交错排布各单元在频率轴上的谐振峰位置，等效实现宽带内连续的电磁吸波。

下面先利用等效电路模型分析 MSS 单元的电磁响应特性，其等效传输线模型如图 4.7(d) 所示。将与超表面单元相连接的空气层等效为特性阻抗为 η_0、传播常数为 $\beta_0 = \omega/c$ 的一段传输线，电阻膜等效为并联在传输线中的集总电阻 R_s。整个传输线的终端是无损负载 Z_L。在传统 Salisbury 屏中 Z_L 等于 0，但是在超表面 Salisbury 屏中，Z_L 可以通过超表面单元设计为任意电抗，即满足下式：

$$(Z_L - \eta_0)/(Z_L + \eta_0) = e^{j\psi(f)} \tag{4.12}$$

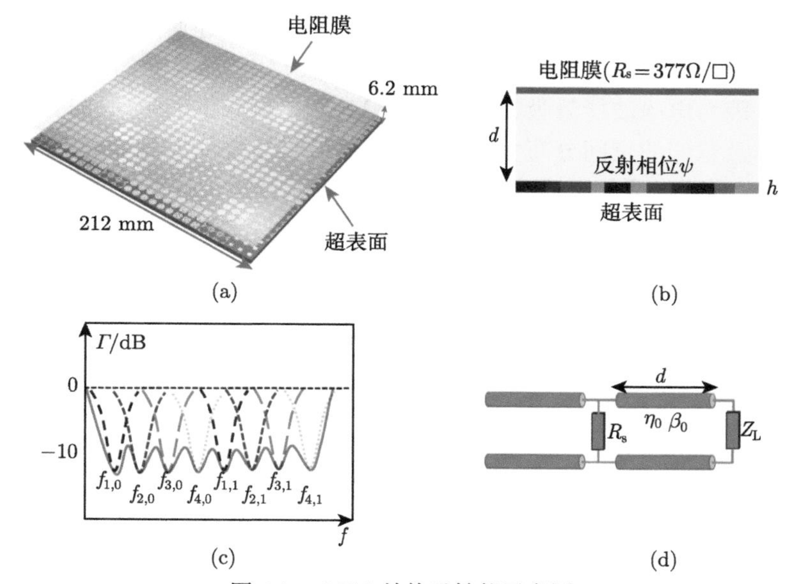

图 4.7 MSS 结构及性能示意图

(a)MSS 整体结构示意图；(b) 四种超表面单元组成 MSS 结构示意图，一种颜色代表了一种超表面单元；(c) 四种单元 MSS 反射曲线，每个颜色曲线对应 (b) 中每种单元的谐振;(d)MSS 单元等效传输线模型

其中，$\psi(f)$ 是超表面单元的反射相位。计算化简之，可以得 MSS 单元的反射系数：

$$\Gamma(f)=\frac{1-\mathrm{e}^{\mathrm{j}(2\beta_0 d-\psi(f))}}{3\mathrm{e}^{\mathrm{j}(2\beta_0 d-\psi(f))}+1} \tag{4.13}$$

因为超表面以金属为底板，所以 MSS 单元的吸收性能仅与反射系数相关，通常表示为 $A(f)=1-|\Gamma(f)|^2$。上面的公式说明电磁吸收与超表面单元的反射相位有关，可以化简得到 MSS 的谐振吸收频率与单元反射相位的关系式：

$$4\pi f_n d/c-\psi(f_n)=2n\pi,\quad n=0,1,2,\cdots \tag{4.14}$$

因超表面相位 $\psi(f_n)$ 的可设计性，电阻膜与地板之间的空气层距离不再需要满足 $\lambda/4$ 波长的谐振条件。对于给定的参数 d，MSS 的谐振频率满足公式 (4.14)。因而，频谱中的吸收峰可以通过预先设计超表面的反射相位来灵活调控。并且，通过调控 $\psi(f_n)$ 可以在给定带宽同时激励多个高阶 MSS 谐振，从而减小了相邻谐振之间的间隔，实现连续宽带吸波。

实现超宽带 MSS 结构的重点是选择合适的超表面单元。基于前文的原理分析，这里设计四种超表面单元结构，如图 4.8 所示。仿真分析得到超表面单元反射相位以及相应的 MSS 单元反射系数如图 4.8 右侧所示。根据公式 (4.14)，MSS 的谐振频率就是直线 $\varphi_n(f)=4\pi fd/c-2n\pi, n=0,1,2,\cdots$ (图 4.8 中的虚线) 与超表面反射相位的交点，入射电磁波在 MSS 谐振频率处通过电阻膜耗散掉，从而实现强吸波。作为应用实例，设计了包含四种 MSS 超单元的 9 × 9 的阵列超表面结构。因为电磁波能量吸收是由多种 MSS 谐振产生的，所以每种类型的超单元占比以及它们的空间分布会对 MSS 整体的吸波性能以及背向散射的模式有很大的影响。因此，采用了两个步骤优化结构来获得预设频带内最好的吸波性能。第一步，优化每种类型超单元的占比，以获得最大吸波效率的连续工作频带；第二步，对每种类型超单元的空间位置进行优化，降低散射模式的旁瓣。具体的优化过程详见文献 [6]。最后，按照优化得到的超单元分布进行样品制作并实验测试，验证设计方法的有效性。

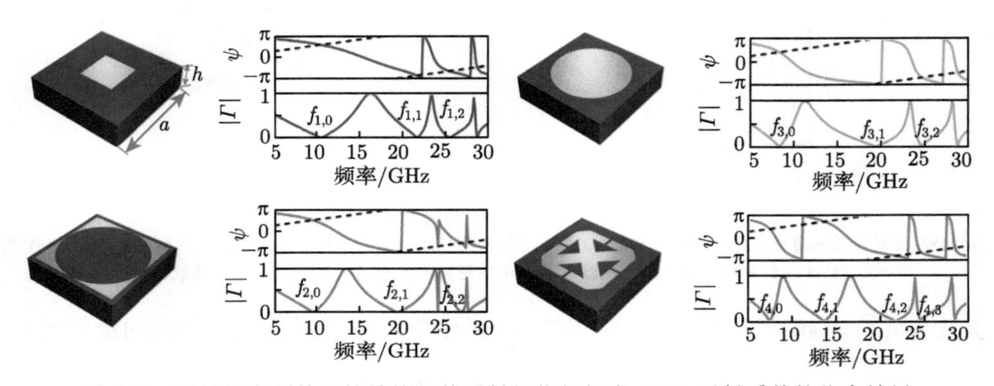

图 4.8　四种超表面单元的结构及其反射相位与相应 MSS 反射系数的仿真结果

如图 4.9(a) 和 (b) 所示，在 x 和 y 极化波入射下，超表面 Salisbury 屏的反射系数在 6~30 GHz 范围内均低于 0.15，与仿真及理论分析结果较为吻合。相比于同等厚度的传统 Salisbury 屏吸收器，所设计的 MSS 吸收器通过超表面地板引入多个邻近的谐振，从而可以实现更宽频带内的连续吸波，具有超宽带吸波、重量轻、斜入射稳定和易于制造等特点，解决了传统 Salisbury 屏吸波带宽较低的问题。

2. 光学透明超表面 Salisbury 屏

电磁隐身技术在实际应用中，常常需要微波吸波和光学透明同时兼备，如针对武器装备的视窗等。因此，为了实现具有光学透明的超表面 Salisbury 屏结构，可以采取透明导电材料铟锡氧化物代替不透明的电阻膜，采用高透光率石英玻璃作为介质进行样品的设计和制作 [8]。铟锡氧化物 (indium tin oxide，ITO) 是一种新型的光学透明导电材料，能够代替传统金属 (例如铜) 应用于电磁器件中，以满足对光学透明的应用需求 [16,17]。通过改变 ITO 膜层的厚度可以调整其表面方电阻值，进而在设计过程中灵活调控器件的损耗。具体地，采用石英玻璃作为介质基板，两种不同电导率的 ITO 涂层分别作为金属层和损耗层，实现 MSS 结构的高透明度。该 MSS 结构如图 4.10 所示，上层为刻蚀在透明的薄石英玻璃上表面电阻为 377 Ω/□ 的 ITO 电阻膜，用以代替 Salisbury 屏中的油墨喷涂电阻层。底部超表面采用的介质为玻璃，且玻璃表面的超表面金属图案部分及底面的接地层均由高导电性 ITO 薄膜 (方阻约为 0.17 S/□) 形成。经透光仪测试，MSS 的整体透明度能够达到 75% 。

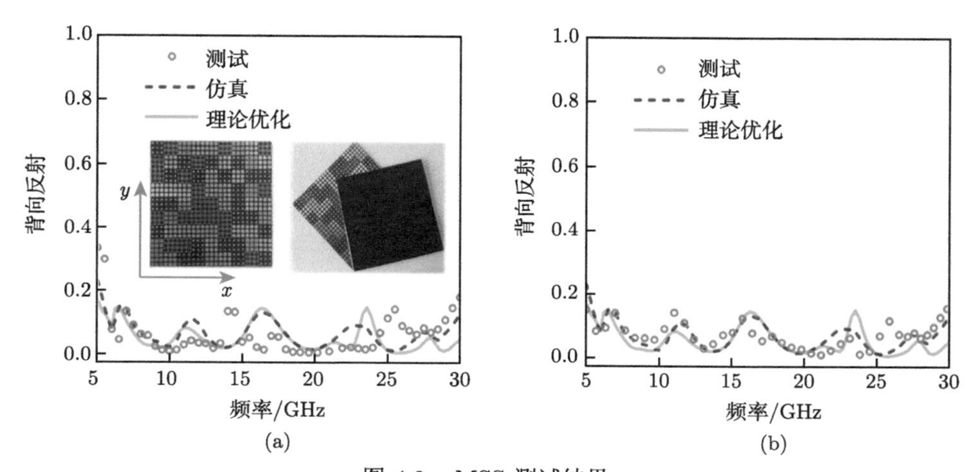

图 4.9 MSS 测试结果

MSS 结构在 x 极化波 (a) 和 y 极化波 (b) 正入射下的测试、仿真分析以及理论计算的背向反射结果

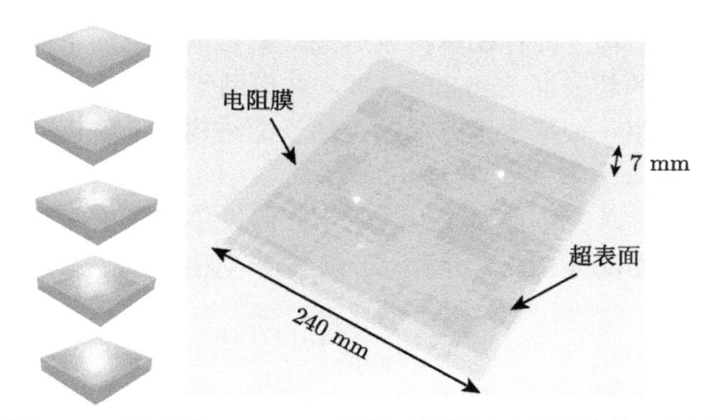

图 4.10 超表面 Salisbury 屏单元结构以及整体结构示意图

在实际设计过程中，选用了 5 种超表面单元，每种单元的占比及位置分布按上文中提及的方式优化。如图 4.11 所示，实验测试与仿真分析结果吻合良好，均证明该结构能在 4.1~17.5 GHz 宽带范围内保持接近 90%的吸收率，并且能保持 ±40° 以内的斜入射稳定性和极化不敏感性，有望应用于视觉观测窗口的隐身、太

阳能电池板及其他相关电磁兼容等领域。

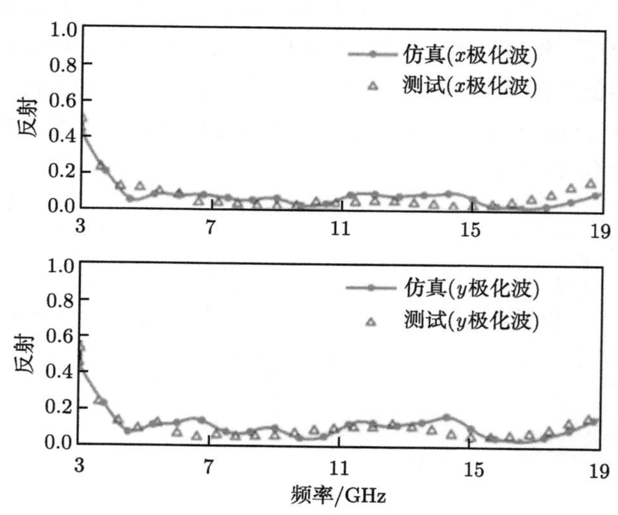

图 4.11　两种正交的 x、y 极化波下，MSS 结构仿真分析与测试的反射曲线

3. 超表面 Salisbury 屏的全解析设计方法

上述超表面 Salisbury 屏有效展宽了传统 Salisbury 屏的吸波带宽，但在设计过程中，由于单元结构复杂，其电磁响应特性的评估仍依赖于全波仿真计算和设计者的经验，因此设计周期长、复杂度高。根据前文的理论分析，如果超表面单元的阻抗响应与其结构之间存在解析表达式，就可以自上而下的方式，设计工作在某一特定频段内的超表面 Salisbury 屏，并借助于智能优化算法快速完成相关优化设计。这里介绍一种基于正方形贴片超表面结构的全解析方法，进行超宽带 Salisbury 屏的设计。

正方形金属贴片单元如图 4.12(a) 所示。假设单元在平面上周期排布，其等效传输线分析电路如图 4.12(b) 所示，于是其输入阻抗的解析表达式为 [18,19]

$$Z^{\mathrm{TE}}=\frac{\mathrm{j}\omega\mu_0\dfrac{\tan(\beta h)}{\beta}}{1-2k_{\mathrm{eff}}\gamma\dfrac{\tan(\beta h)}{\beta}\left(1-\dfrac{\tan(\beta h)}{\beta}\right)} \tag{4.15}$$

$$Z^{\mathrm{TM}}=\frac{\mathrm{j}\omega\mu_0\dfrac{\tan(\beta h)}{\beta}\left(1-\dfrac{\sin^2(\alpha)}{\varepsilon_{\mathrm{r}}}\right)}{1-2k_{\mathrm{eff}}\gamma\dfrac{\tan(\beta h)}{\beta}\left(1-\dfrac{\sin^2(\alpha)}{\varepsilon_{\mathrm{r}}}\right)} \tag{4.16}$$

式中，$\beta=\sqrt{k_0^2\varepsilon_{\mathrm{r}}-k_{\mathrm{t}}^2}$ 是介质中波矢的法向分量，$k_{\mathrm{t}}=k_0\sin(\alpha)$ 是波矢的切向分量，h 是介质层厚度，$k_{\mathrm{eff}}=k_0\sqrt{\dfrac{\varepsilon_{\mathrm{r}}+1}{2}}$ 是媒质中的等效波数，ε_{r} 是介质的等效介电常数，α 是入射角。理想导电贴片阵列的网格参数 γ 为

$$\gamma=-\frac{k_{\mathrm{eff}}a}{\pi}\ln\left[\sin\frac{\pi(a-w)}{2a}\right] \tag{4.17}$$

其中，a 是单元周期，w 是金属贴片的边长。在这里选定 a= 12 mm, d= 6 mm, h =3 mm, 介质层的相对介电常数为 4.3，损耗角正切为 0.002。根据式 (4.12)、(4.15) 和 (4.16) 可以求得不同 w 下随频率变化的反射相位响应。根据上文分析，当超表面单元反射相位满足式 (4.14) 时，将产生 MSS 谐振。因此，可以通过调整参数 w 来改变谐振频率。

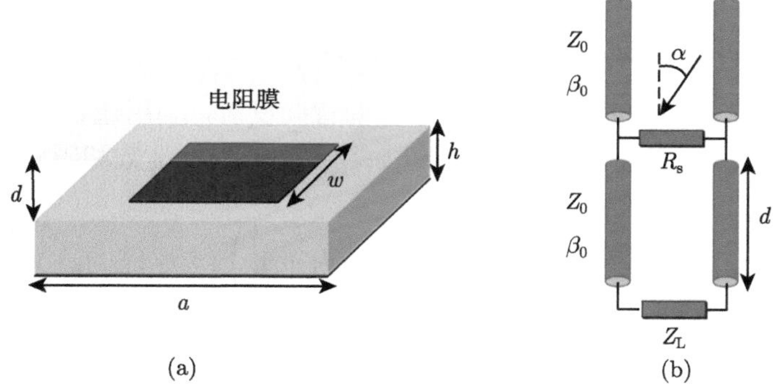

图 4.12 单元结构
正方形金属贴片单元 (a) 及其等效电路模型 (b)

以一个包含 5 种不同参数 $w_i(i$=1, 2, 3, 4, 5) 的 MSS 单元为设计实例，构建 10×10 阵列的超表面，通过优化设计，以期实现 4~18 GHz 的宽带吸波。因 MSS 整体的吸收性能是由单元多重谐振决定的，所以重点需要优化不同单元的占比和空间排布位置。根据前文的分析模型，在这里提出一个系统的方法来优化设计，以达到 MSS 的最佳性能。首先，推导入射波以 α 角入射时，MSS 上的等效电流和磁流。然后，通过类似于相控阵经典理论的方法计算 MSS 的远场散射，其中每个 MSS 单元相当于具有特定初始振幅和相位的电磁表面源 [18]。经过推导化简后，可以分别获得 TE 和 TM 极化入射下 MSS 的散射电场：

$$\begin{aligned}\boldsymbol{E}_{\mathrm{s}}^{\mathrm{TE}}=&\mathrm{j}k(\cos(\varphi)(\cos(\theta)\cos(\alpha)+1)\hat{\theta}\\&-\sin(\varphi)(\cos(\theta)+\cos(\alpha))\hat{\varphi})\cdot\sum_{p,q}\frac{\Gamma_{p,q}E_0\mathrm{e}^{-\mathrm{j}kr}}{4\pi r}I(\theta,\varphi,\alpha,p,q)\end{aligned} \tag{4.18}$$

$$
\begin{aligned}
\boldsymbol{E}_{\mathrm{s}}^{\mathrm{TM}} = & -\mathrm{j}k(\sin(\varphi)(\cos(\theta)+\cos(\alpha))\hat{\theta} \\
& + \cos(\varphi)(\cos(\theta)\cos(\alpha)+1)\hat{\varphi}) \cdot \sum_{p,q} \frac{\Gamma_{p,q} E_0 \mathrm{e}^{-\mathrm{j}kr}}{4\pi r} I(\theta,\varphi,\alpha,p,q)
\end{aligned} \tag{4.19}
$$

其中，E_0 是入射电场的幅度，k 是波数，r 是远场区域的观测半径，$\Gamma_{p,q}$ 是位于 (pa, qa) 处的 MSS 单元复反射系数，$I(\theta,\varphi,\alpha,p,q)$ 是角度 θ、方位角 φ 以及入射角 α 的单元函数 [6]：

$$
\begin{aligned}
& I(\theta,\varphi,\alpha,p,q) \\
= & \int_{qa}^{(q+1)a} \int_{pa}^{(p+1)a} \mathrm{e}^{\mathrm{j}k}(\sin(\theta)\cos(\varphi)x' + \sin(\theta)\sin(\varphi)y' + \sin(\alpha)y'\mathrm{d}x'\mathrm{d}y')
\end{aligned} \tag{4.20}
$$

首先考虑正入射时的情况 $(\alpha = 0°)$，相比于同等大小的金属板，MSS 的背向 $\mathrm{RCS}(\theta = 0°)$ 减小到 $20\lg\left(\left|\sum\limits_{i=1}^{5} x_i \cdot \Gamma(f;w_i)\right|\right)$，其中 $\Gamma(f;w_i)$ 是 MSS 单元的反射系数。为了在设计的频段内实现最低的背向反射，利用遗传算法 (genetic algorithm, GA) 来选择最佳的参数 w_i 和 x_i。定义的目标函数和限制条件为

$$
\begin{aligned}
& G(\boldsymbol{w},\boldsymbol{x}) = \mathrm{Max}\left\{20\lg\left(\left|\sum_i x_i \cdot \Gamma(f;w_i)\right|\right), f \in (f_\mathrm{l}, f_\mathrm{h})\right\} \\
& 0 \leqslant x_i, \quad \sum_i x_i = 1, \quad 0 \leqslant w_i \leqslant a
\end{aligned} \tag{4.21}
$$

通过 GA 优化单元的参数和占比，可以实现超宽频带内的背向反射缩减。但是，MSS 单元的空间分布也需要优化，从而避免背向半空间内出现高旁瓣。因此，可利用模拟退火算法 (simulated annealing algorithm)，优化得到最佳的单元空间分布，具体的优化过程参见文献 [7]。

对优化得到的样品结构进行加工并测试，测试结果如图 4.13 所示。结果显示，在正交双极化 (x 或者 y 极化) 电磁波正入射下，设计的 MSS 可以实现从 3.74~18.5 GHz 频带范围内超过 88%吸收率的高效吸波，相比同等厚度的传统 Salisbury 屏，该结构显著拓宽了吸波频带。斜入射下 MSS 的测试性能如图 4.13(c) 和 (d) 所示，其在大入射角下也能保持较稳定的吸波性能。

超表面 Salisbury 屏结构的优势在于将传统 Salisbury 屏结构中的金属地板用谐振于多个频率的超单元排布组合而成的超表面替代，从而可以在连续频带内产生多个 Salisbury 屏谐振，实现了整体结构的频率复用，以达到在连续宽带频率范围内工作的效果。

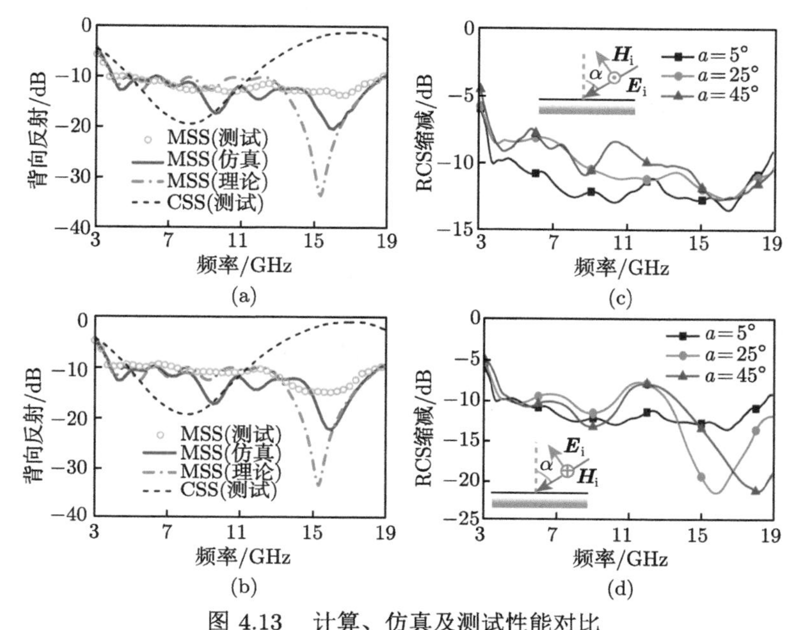

图 4.13 计算、仿真及测试性能对比

x 极化 (a)，y 极化 (b) 正入射下，理论计算、仿真分析以及测试得到的 MSS 背向反射曲线；测试的 TE(c) 与 TM(d) 极化下斜入射的 RCS 衰减性能

4.4 频率选择型超表面及其散射调控

通常宽带超表面在工作频带内具有相同的电磁功能，例如，宽带超表面透镜在带内均可实现相同的电磁波聚焦功能。但是，在一些应用场景中，需求同时实现不同频段中具有不同的电磁响应，例如，在针对隐身要求实现宽带低散射的同时，保证带内具有窄带高反射窗口，满足己方高效电磁跟踪要求；或者，在隐身雷达天线罩设计中，需要在雷达工作频段内实现透射电磁波功能，而在带外则需通过低散射功能来降低整体的散射，以实现电磁隐身，达到降低被探测到的风险的目的。基于此，本节将介绍具有频率选择特性的编码超表面，通过对超表面的相位色散调控，实现带外宽带 RCS 缩减与带内高反射/高透射的频率选择式电磁多功能性。

4.4.1 频率选择型低散射/高反射超表面

图 4.14(a) 为频率选择型低散射/高反射超表面的功能示意图，通过频率复用的方式在宽带 RCS 缩减的同时集成带内窄带频率窗口中的镜面反射。通常而言，利用 1-比特编码超表面实现宽带 RCS 缩减，关键是构建两种单元在宽带范围内满足 180° 反射相位差。但是，为满足带内窄频段窗口内高反射要求，该超表面的

两种单元需要在高反射窗口频带内具有相同的反射相位影响，这就需要对结构单元的相位色散特性进行有效调控。作为一种具体设计方法，采用如图 4.14(b) 所示的单元结构，该单元由中间十字金属图案和外围弧形金属框构成，具有显著的双各向异性特征，即该结构对 x 极化和 y 极化入射波的电磁响应不同。利用该结构的双各向异性特点，通过结构参数的优化设计和 90° 几何旋转操作，可仅使用这一种结构来实现 0 单元和 1 单元两种不同相位色散特性设计需求。

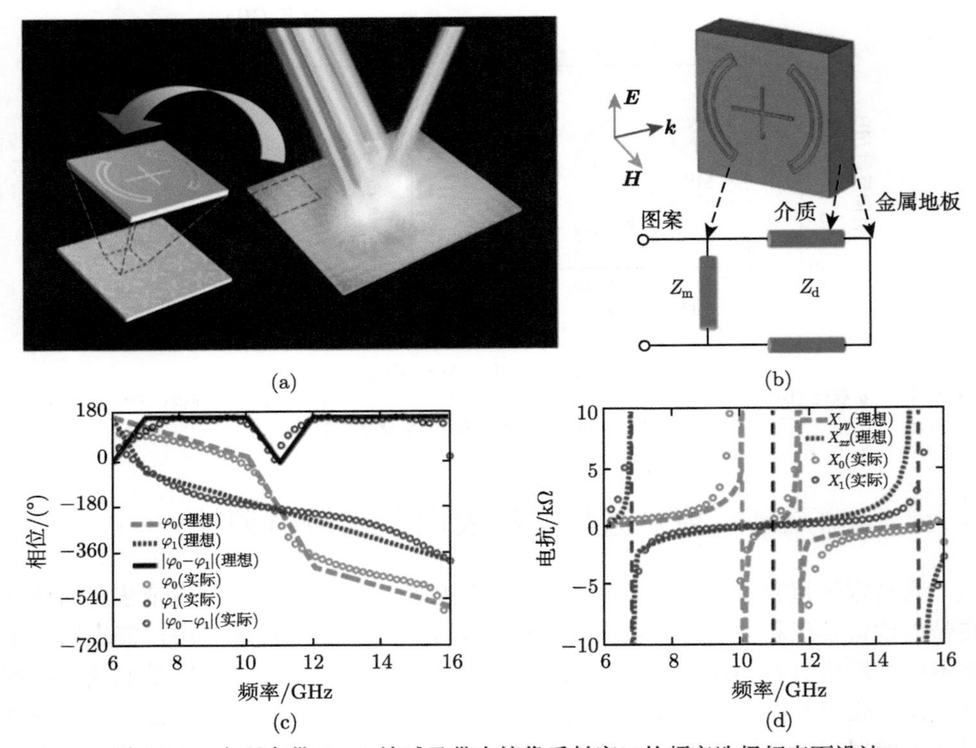

图 4.14　实现宽带 RCS 缩减及带内镜像反射窗口的频率选择超表面设计

(a) 整体功能示意；(b) 结构单元及等效传输线模型；(c) 红色虚线、蓝色虚线分别代表为了实现期望的频率色散特性，0 单元和 1 单元应满足的理想相–频曲线，黑色实线代表相位差；红圈、蓝圈和黑圈则分别对应 0 单元和 1 单元仿真实现的相–频曲线及相应的相位差；(d) 红色虚线和蓝色虚线表示理想电抗张量随频率的变化，红圈和蓝圈分别为 0 单元和 1 单元仿真实现的电抗

通过建立等效传输线模型，对图 4.14(b) 所示的结构单元进行表面阻抗理论分析，以指导结构单元的设计和优化。在电磁波垂直入射条件下，结构单元中的金属图案、介质层与金属地板可以等效为表面金属阻抗 Z_m 和带金属背板的介质阻抗 Z_d 的并联，因此其总阻抗为

$$Z_\mathrm{in}=\frac{1}{\dfrac{1}{Z_\mathrm{m}}+\dfrac{1}{Z_\mathrm{d}}} \tag{4.22}$$

其中，$Z_{\mathrm{d}}=\mathrm{j}\eta_0\tan(\beta d)/\sqrt{\varepsilon_{\mathrm{r}}}$，$\eta_0$ 表示自由空间波阻抗，β 为介质层中的相位常数。考虑到结构单元的双各向异性，同时假设为无损理想条件，则阻抗仅包含电抗部分，因此可以利用 2 阶电抗矩阵描述结构单元的各向异性表面阻抗：

$$\boldsymbol{Z}_{\mathrm{m}}(w)=\mathrm{j}\boldsymbol{X}_{\mathrm{m}}(w)=\mathrm{j}\begin{bmatrix} X_{\mathrm{m}xx}(w) & 0 \\ 0 & X_{\mathrm{m}yy}(w) \end{bmatrix} \tag{4.23}$$

其中，电抗 $\boldsymbol{X}_{\mathrm{m}}$ 与角频率 w 的关系满足 Foster 阻抗定理，具体表现为电抗从零到正无穷，再跳变到负无穷，再从负无穷到零，如此循环往复。

联立式 (4.22)、(4.23) 可得

$$\begin{aligned}\boldsymbol{Z}(w)&=\mathrm{j}\begin{bmatrix} X_{xx}(w) & 0 \\ 0 & X_{yy}(w) \end{bmatrix}\\ &=\begin{bmatrix} \mathrm{j}\dfrac{X_{\mathrm{m}xx}(w)\eta_0\tan(\beta d)}{\eta_0\tan(\beta d)+X_{\mathrm{m}xx}(w)\sqrt{\varepsilon_{\mathrm{r}}}} & 0 \\ 0 & \mathrm{j}\dfrac{X_{\mathrm{m}yy}(w)\eta_0\tan(\beta d)}{\eta_0\tan(\beta d)+X_{\mathrm{m}yy}(w)\sqrt{\varepsilon_{\mathrm{r}}}} \end{bmatrix}\end{aligned} \tag{4.24}$$

由于阻抗是纯虚数，基于此可以进一步导出 [20]：

$$\mathrm{e}^{\mathrm{j}\varphi_{xx}}=\frac{\mathrm{j}X_{xx}-\eta_0}{\mathrm{j}X_{xx}+\eta_0},\quad \mathrm{e}^{\mathrm{j}\varphi_{yy}}=\frac{\mathrm{j}X_{yy}-\eta_0}{\mathrm{j}X_{yy}+\eta_0} \tag{4.25}$$

其中，φ_{xx}、φ_{yy}、X_{xx}、X_{yy} 分别对应 x 极化和 y 极化入射情况下的反射相位及电抗。从导出的相位公式分析出以下规律：阻抗 X_{xx}、X_{yy} 较小时，对应的反射相位接近 $\pm180°$；而当 X_{xx}、X_{yy} 较大时，对应的反射相位接近 0°；当阻抗 X_{xx}、X_{yy} 接近自由空间的波阻抗时，反射相位接近于 90°。通过优化结构单元的几何参数可以实现不同的阻抗色散特性，并进一步实现需要的相位色散特性。那么，最初的设计目标可以归结为对结构单元的阻抗张量进行色散调控。结构单元的各向异性是实现 0 单元和 1 单元不同相位色散特性的物理基础。

图 4.14(c) 展示了为实现频率选择型低散射/高反射多功能超表面的目标，两种单元应当满足的理想相位色散特性条件与实际设计结构所实现的相位曲线的对比，图 4.14 (d) 为对应的等效电抗随频率的变化规律。其中一个单元可由另外一个单元经面内 90° 几何旋转得到。可见，1 单元的相–频曲线在宽频带内近似线性地缓慢下降，而 0 单元的相–频曲线则在前半部分频段以高于 1 单元相位 180° 的绝对数值近似线性地缓慢降低，从而满足了反相条件，但在中间窗口频带处发生

了较为快速的 360° 相位突变，这直接导致了两单元的相位关系从反相到同相再到反相。在这一过程中，带内镜像反射的同相条件和 RCS 缩减的反相条件都得到了满足。实际上，这只是众多实现相位色散特性设计方式中的一种，只要两单元的相位差能在不同频段形成反相、同相条件，即可实现低散射与高反射的频选式结合。

至此，已构建了可以满足特定频段反相、同相条件的 0 单元和 1 单元，但两种单元应当按照什么方式排布构成超表面是需要进一步探讨的问题。结构单元的具体排布方式会对最终的功能实现产生影响，合理的结构单元排布方式将有助于超表面实现良好的工作性能。这里利用计算机产生的伪随机 0、1 编码序列组成随机矩阵，以模拟结构单元排布方式，图 4.15 (a) 展示了优化过程中的 4 种结构单元排布方式。最佳随机分布图案可通过对多次随机分布的结果进行筛选得到。在优化过程中，首先将两种结构单元数量相差较大的排布方式剔除，保持两种单元的数量尽量一致，因为过大单元数目差的排布方式将与满足同相、反相条件的物理机理要求偏差较大。进一步，根据不同排布方式下超表面的归一化 RCS 仿真分析结果，进一步评判不同随机图案的散射性能。

图 4.15(b) 所示的仿真分析结果表明不同的排布方式对宽带 RCS 缩减功能的影响较大，而镜面反射功能受结构单元排布方式的影响较小。最终的最优单元布局如 P_0 所示，可以实现最好的 RCS 缩减效果，即尽量大的 RCS 缩减带宽和缩减幅度。基于此排布方式，对超表面进行加工和性能测试，加工的样品如图 4.15(c) 所示。样品由 7×7 个超单元组成，每个超单元由 3×3 个同种结构单元 (0 单元或 1 单元) 构成，样品总尺寸为 308 mm × 308 mm，详细信息可参见文献 [21]。

图 4.16(a) 展示了超表面在不同频率处，正交的 TE、TM 极化波分别入射下的三维散射方向图的仿真分析结果。选取 9.1 GHz、10.7 GHz、12.2 GHz 三个频率的结果分析表征，可以观察到 9.3 GHz 和 12.2 GHz 处，三维远场散射的背向 RCS 得到了有效的缩减；而在带内高反射窗口的 10.7 GHz 处，可以观察到显著的镜像反射波束。图 4.16(b) 和 (c) 给出了对应于 0° 方位角，在 TE 极化波和 TM 极化波入射条件下归一化 RCS 仿真分析及实验测试结果对比。所设计的超表面实现了最初的设计目标所要求的频率选择散射特性，即在 7.5 ~9.5 GHz 频段和 11.6~15 GHz 频段实现了有效的背向 RCS 缩减，同时，在中心频率为 10.7 GHz 的窄带内，形成了高效镜像反射窗口。仿真分析与实验测试结果具有较高的一致性，说明了结构设计的可靠性。通过频率复用的方式，最终设计的超表面具备双极化宽带 RCS 缩减及带内窄带窗口内镜像反射的功能。这类频率复用的电磁功能还有望进一步应用于天线系统中，例如，作为天线地板在保证天线正常工作的同时，能够实现天线的带外散射缩减。

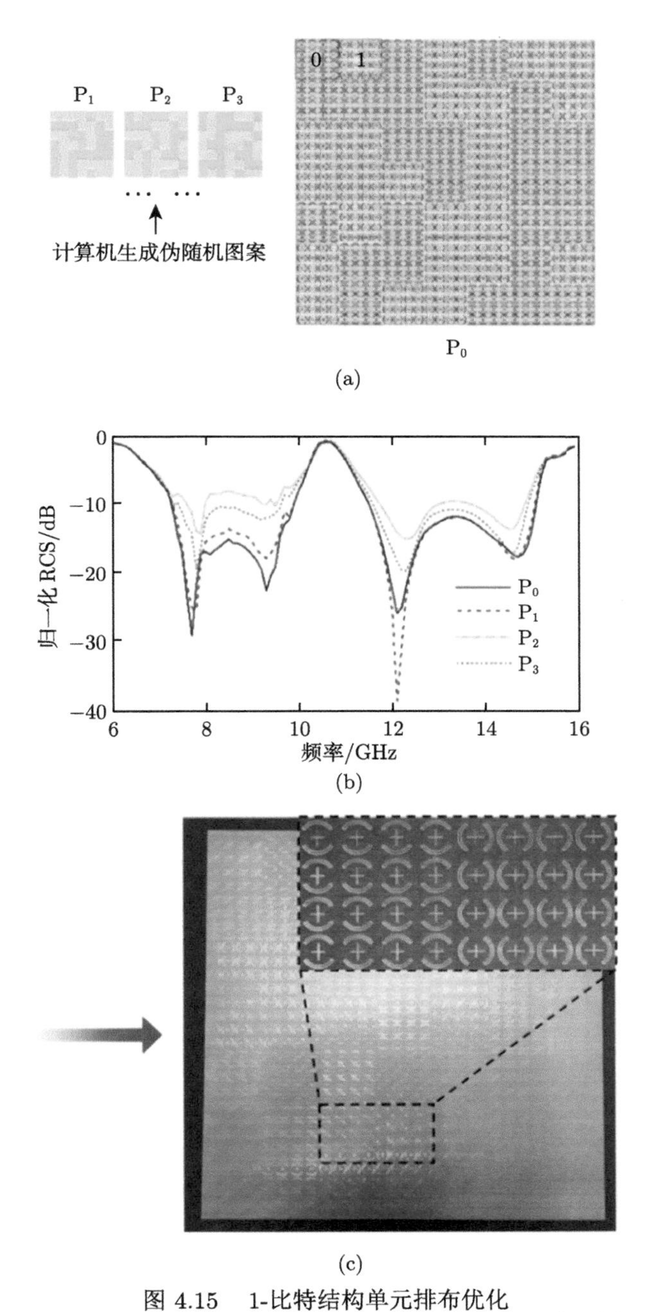

图 4.15 1-比特结构单元排布优化

(a) 结构单元的不同排布方式示意；(b) 结构单元按不同排布方式的归一化 RCS 结果对比；(c) 结构单元按 P_0 排布方式，加工制作的样品展示

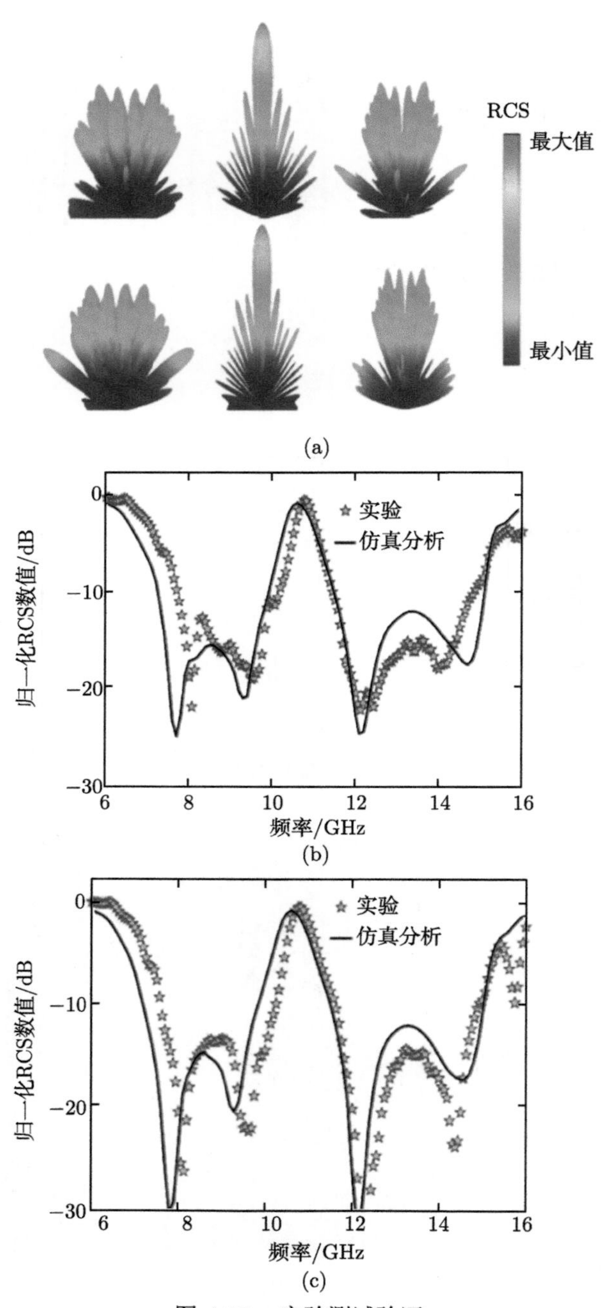

图 4.16　实验测试验证

(a)9.1 GHz、10.7 GHz、12.2 GHz 频率处的远场三维方向图，第一排为 TE 极化波入射仿真结果，第二排为 TM 极化波入射仿真结果；(b)TE 极化波入射情况下的归一化 RCS 随频率变化仿真与测试结果；(c)TM 极化波入射情况下的归一化 RCS 随频率变化仿真与测试结果

4.4.2 频率选择型低散射/高透射超表面

对于一些特别的应用需求，如天线罩设计中，需要天线在工作频段具备高效透射的性能，而在工作频段外具备良好的宽带 RCS 缩减功能，以降低被探测的可能。因此，要求超表面在满足宽带低 RCS 功能的同时实现带内窄带窗口的高透射，这类特性在电磁隐身应用中也具有重要意义。考虑这些应用需求，文献 [3] 提出了一种宽带 RCS 缩减、带内窄带窗口中高透射的频率选择型多功能超表面。

与 4.4.1 节中提出的多功能超表面相比，该超表面在功能需求上由带内镜像反射转换到高透射，这导致其在结构单元设计上形成了根本的差异。即反射型单元应转变为能满足透射功能的单元，除了对结构单元的相–频曲线有效设计外，还需要调控其幅–频曲线。考虑到单层金属图案的结构单元很难实现对幅度、相位色散特性同时的灵活调控，因此采用了具备多层金属图案的结构单元，增加调节自由度，来实现上述目标。图 4.17(a) 展示了两种结构单元模型。其主要设计思想为通过三层金属图案和两层介质组成结构单元，两种单元的中间图案相同，主要用于实现高效的带通效果；而在顶层和底层图案上存在差异性，主要用于实现相位调控等，图 4.17(b) 所示为结构单元的等效导纳模型。

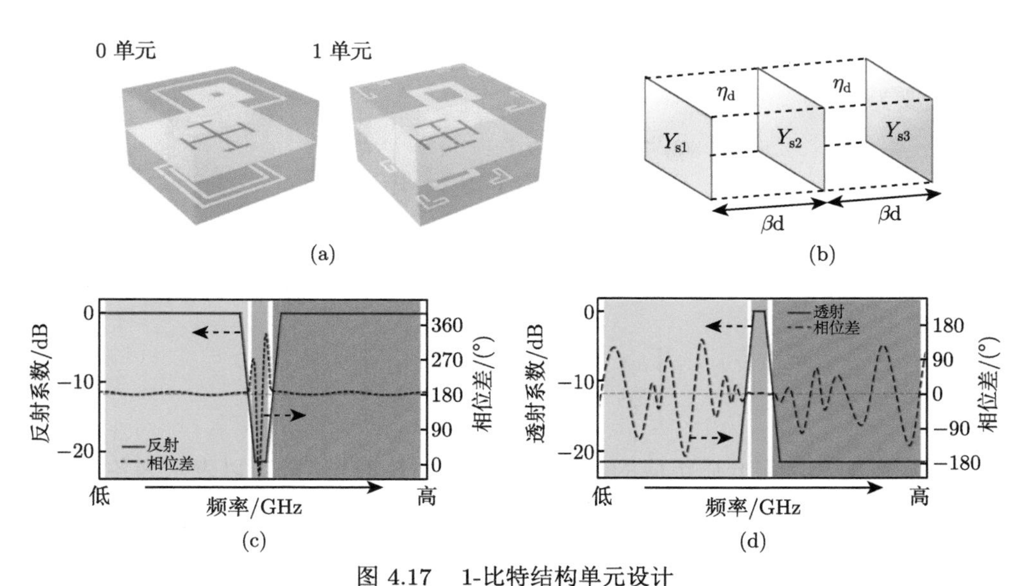

图 4.17 1-比特结构单元设计

(a) 0 单元、1 单元结构示意；(b) 结构单元的等效导纳模型；(c) 两结构单元需要满足的反射系数和反射相位差随频率变化的关系；(d) 两结构单元需要满足的透射系数和透射相位差随频率变化的关系

需要设计的两种结构单元应满足如图 4.17(c) 和 (d) 所示的反射和透射相位及幅度特征：在中心窗口频带保持高透射幅度 (带通特性) 且在中心透波频段两单元的透射相位差接近于 0°；通带外满足高反射幅度且两单元的反射相位差接近

180°，即在数学上表示为

$$\mathrm{RCS_{ms}} = \left|\frac{R_0(w) + R_1(w)\exp(-\mathrm{j}\beta_\mathrm{d}(w))}{2}\right| \tag{4.26}$$

$$R_0(w) \approx R_1(w) \approx \begin{cases} 1, & w < w_0 - w_\mathrm{d}, w > w_0 + w_\mathrm{d} \\ 0, & w_0 - w_\mathrm{d} \leqslant w \leqslant w_0 + w_\mathrm{d} \end{cases} \tag{4.27}$$

其中，$\beta_\mathrm{d}(w)$、$R_0(w)$、$R_1(w)$ 分别表示 1-比特双单元的相位差及各自的反射幅度随频率的变化关系。

利用等效导纳模型分析结构单元的电磁响应特性能有效指导单元结构的设计与优化。多层结构单元可以等效为图 4.17(b) 所示的导纳模型，采用 $ABCD$ 传输矩阵方法，对该结构的反射和透射系数进行理论分析。任意结构的 $ABCD$ 矩阵可定义为

$$\begin{bmatrix} E_1 \\ H_1 \end{bmatrix} = \begin{bmatrix} A & B \\ C & D \end{bmatrix} \begin{bmatrix} E_2 \\ H_2 \end{bmatrix} \tag{4.28}$$

其中，E_1、E_2、H_1、H_2 分别代表结构两侧总的电场和磁场；下标 1 和 2 代表结构的两侧，其中 1 代表前侧区域，2 代表后侧区域。另一方面，任意结构的 S 矩阵可定义为

$$\begin{bmatrix} E_1^- \\ E_2^- \end{bmatrix} = \begin{bmatrix} S_{11} & S_{12} \\ S_{21} & S_{22} \end{bmatrix} \begin{bmatrix} E_1^+ \\ E_2^+ \end{bmatrix} \tag{4.29}$$

其中，E_1^+、E_2^+ 分别表示结构前、后侧的入射场，E_1^-、E_2^- 分别表示结构前、后侧的出射场。假定结构由无损耗材料组成，每一层金属图案的 $ABCD$ 矩阵可以表示为

$$\begin{bmatrix} A & B \\ C & D \end{bmatrix}_\mathrm{P} = \begin{bmatrix} 1 & 0 \\ Y_\mathrm{s} & 1 \end{bmatrix} \tag{4.30}$$

三层金属图案和两层介质组成的结构单元的总 $ABCD$ 矩阵可以表示为各分立组分 $ABCD$ 矩阵的并联形式，即

$$\begin{aligned} \begin{bmatrix} A & B \\ C & D \end{bmatrix}_\mathrm{t} = & \begin{bmatrix} 1 & 0 \\ Y_\mathrm{s1} & 1 \end{bmatrix} \begin{bmatrix} \cos(\beta d) & \mathrm{j}\eta_\mathrm{d}\sin(\beta d) \\ \dfrac{\mathrm{j}\sin(\beta d)}{\eta_\mathrm{d}} & \cos(\beta d) \end{bmatrix} \\ & \begin{bmatrix} 1 & 0 \\ Y_\mathrm{s2} & 1 \end{bmatrix} \begin{bmatrix} \cos(\beta d) & \mathrm{j}\eta_\mathrm{d}\sin(\beta d) \\ \dfrac{\mathrm{j}\sin(\beta d)}{\eta_\mathrm{d}} & \cos(\beta d) \end{bmatrix} \begin{bmatrix} 1 & 0 \\ Y_\mathrm{s3} & 1 \end{bmatrix} \end{aligned} \tag{4.31}$$

再由 $ABCD$ 矩阵表示 S 矩阵可导出：

$$\begin{bmatrix} S_{11} & S_{21} \\ S_{12} & S_{22} \end{bmatrix} = \begin{bmatrix} \dfrac{A+\dfrac{B}{\eta_0}-C\eta_0-D}{A+\dfrac{B}{\eta_0}+C\eta_0+D} & \dfrac{2}{A+\dfrac{B}{\eta_0}+C\eta_0+D} \\ \dfrac{2}{A+\frac{B}{\eta_0}+C\eta_0+D} & \dfrac{-A+\dfrac{B}{\eta_0}-C\eta_0+D}{A+\dfrac{B}{\eta_0}+C\eta_0+D} \end{bmatrix} \tag{4.32}$$

其中，η_0 为自由空间的波阻抗；βd 为介质层的电尺寸厚度，β 为相位常数，d 为介质层物理厚度。根据式 (4.32)，对于单层金属图案应有

$$Y_{\mathrm{s}} = \frac{-2S_{11}}{1+S_{11}\eta_0} = \frac{2(1+S_{11})}{S_{21}} \tag{4.33}$$

进一步地，式 (4.33) 对结构单元的设计需求可以导出为对等效导纳的设计需求即

$$\begin{cases} Y_{\mathrm{s}}'(w) = \dfrac{2(1+\mathrm{e}^{\mathrm{j}\alpha'(w)})}{\mathrm{e}^{\mathrm{j}\alpha'(w)}}, \quad Y_{\mathrm{s}}''(w) = \dfrac{2(1+\mathrm{e}^{\mathrm{j}\alpha''(w)})}{\mathrm{e}^{\mathrm{j}\alpha''(w)}}, & |w-w_0| < w_{\mathrm{d}} \\ \alpha'(w) = \alpha''(w), & |w-w_0| < w_{\mathrm{d}} \\ Y_{\mathrm{s}}'(w) = \dfrac{-2\mathrm{e}^{\mathrm{j}\varphi'(w)}}{(1+\mathrm{e}^{\mathrm{j}\varphi'(w)})\eta_0}, \quad Y_{\mathrm{s}}''(w) = \dfrac{-2\mathrm{e}^{\mathrm{j}\varphi''(w)}}{(1+\mathrm{e}^{\mathrm{j}\varphi''(w)})\eta_0}, & |w-w_0| \geqslant w_{\mathrm{d}} \\ |\varphi'(w)-\varphi''(w)| = \pi, & |w-w_0| < w_{\mathrm{d}} \end{cases} \tag{4.34}$$

仅具备单层金属图案的结构单元的确难以实现图 4.17(c) 和 (d) 所示的幅度、相位色散特性，故而考虑采用多层金属介质结构来设计基本结构单元。经过仿真优化设计，最终实现的 0 单元和 1 单元的幅–频、相–频特性曲线如图 4.18(a) 和 (d) 所示。两单元在中心频率 12.0 GHz 附近都保持了较高的透射幅度，展现出带通滤波特性，通带插入损耗在 1.0 dB 以下，且两个单元的透射相位差接近于 0°；在 7.5~11.8 GHz 和 12.1~15.7 GHz 频段保持了较高的反射幅度，且两单元的反射相位差接近 180°，可用于实现良好的 RCS 缩减效果，满足了单元设计的需求。

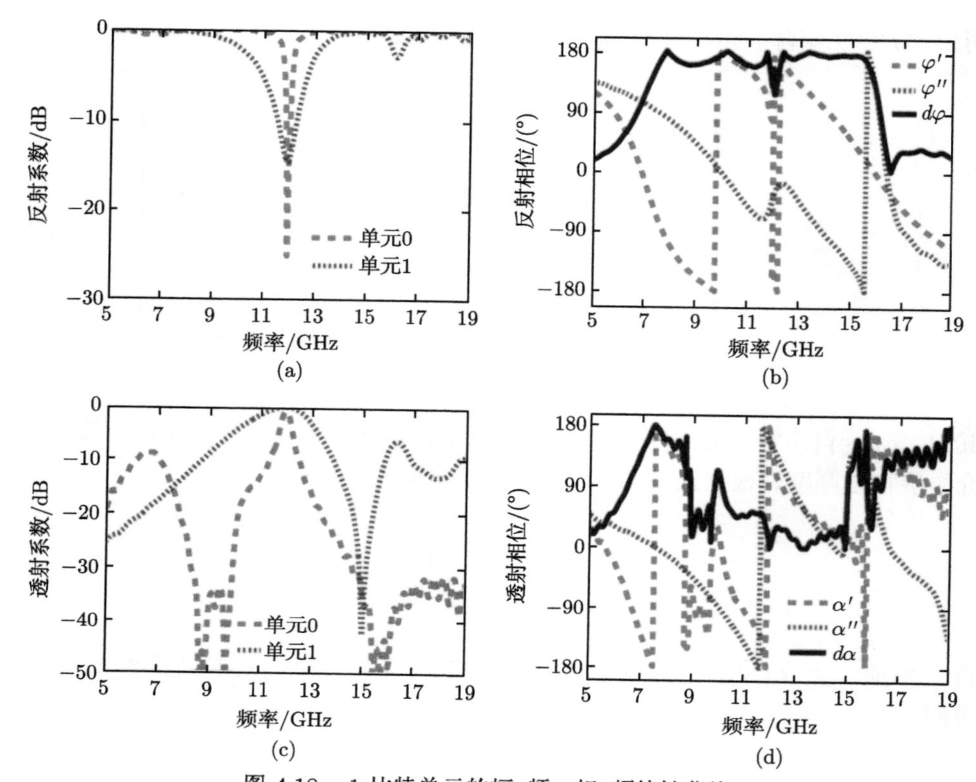

图 4.18 1-比特单元的幅–频、相–频特性曲线

0 单元和 1 单元的反射系数随频率变化关系 (a)，反射相位、相位差随频率变化关系 (b)，透射系数随频率变化关系 (c) 及透射相位、相位差随频率变化关系 (d)

图 4.19(a) 展示了超表面在 8.5 GHz、12.0 GHz、13.5 GHz 三个典型频率处的三维散射方向图仿真分析结果。可以看到在三个频点处，三维远场散射方向图呈现出规律性的向四周散射状，在整个工作频段，其背向 RCS 得到了有效的缩减。将设计好的两种结构单元按照棋盘格形式排布，并加工如图 4.19(b) 所示的样品进行实验测试验证。样品由 4 × 4 个超单元组成，每个超单元由 4 × 4 个同种结构单元构成，样品总尺寸为 260 mm × 260 mm。图 4.19 分别给出了在 TE 极化波入射条件下的 RCS 缩减和透射幅度随频率的变化关系。所设计的超表面在 7.5~15.7 GHz 全频段都实现了良好的背向 RCS 缩减效果，同时在 11.8~12.1 GHz 频段具备了高效的透射窗口，仿真分析结果与实验测试结果具有较好的一致性，且超表面具有极化不敏感的特性，可满足任意极化的工作需求。

频率复用是实现超表面多功能设计的重要途径，基于频率选择特性的设计方式的关键在于对结构单元的电磁响应进行色散调控，如相–频曲线、幅–频曲线。其目的是实现结构单元在不同频段差异化的相位响应或幅度响应，进而满足不同目标功能的电磁响应需求。

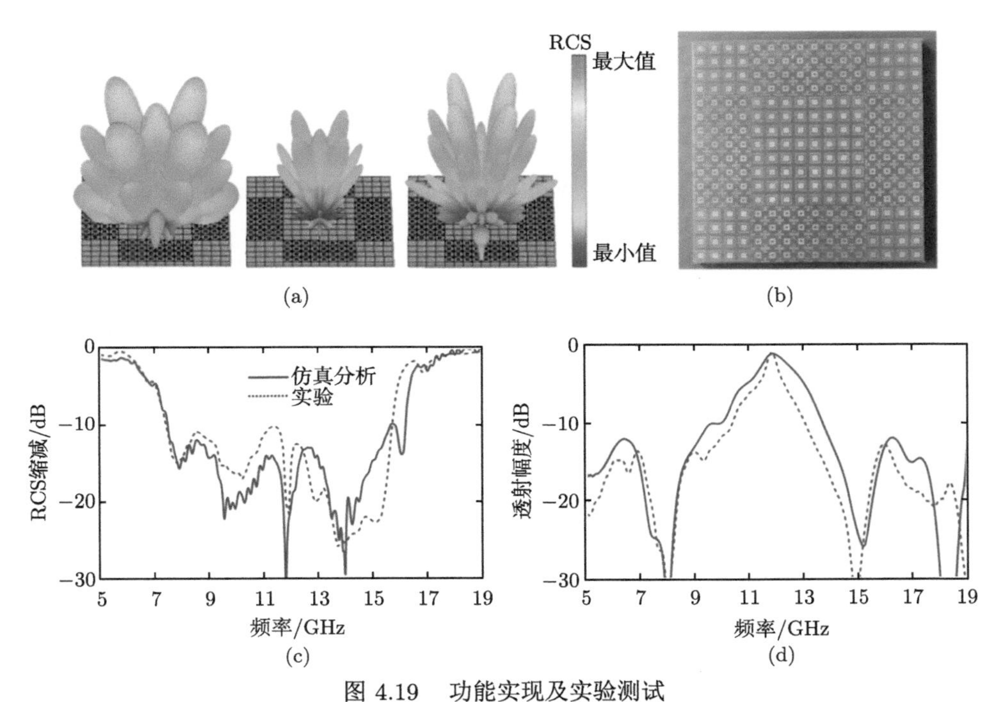

图 4.19 功能实现及实验测试

(a) 超表面在 8.5 GHz、12.0 GHz、13.5 GHz 三个频点处的远场三维方向图仿真结果；(b)1 -比特单元按棋盘格排布，加工的样品；(c)TE 极化入射波条件下，RCS 缩减随频率变化的仿真与测试结果对比；(d)TE 极化入射波条件下，透射幅度随频率变化的仿真与测试结果对比

4.5 本 章 小 结

本章以几个具体的研究为例，阐述了频率复用超表面的多种实现方式及其应用。通过设计超表面单元结构或者空间排布特性，可使其工作于多频带、连续宽频带等，进而应用于多通道波束调控、连续宽带吸波器、频选式电磁多功能器件等，有效提升超表面的调控自由度及应用范围。相关研究理论和设计分析具有良好的适用性，能够拓展至其他频段，例如毫米波、太赫兹频段等。

参 考 文 献

[1] Luo X, Guo W, Qu K, et al. Quad-channel independent wavefront encoding with dual-band multitasking metasurface. Optics Express, 2021, 29(10):15678.

[2] Liu K, Wang G, Cai T, et al. Dual-frequency geometric phase metasurface for dual-mode vortex beam generator. Journal of Physics D: Applied Physics, 2019, 52(25): 255002.

[3] Sima B, Chen K, Zhang N, et al. Wideband low reflection backward scattering with an inter-band transparent window by phase tailoring of a frequency-selective metasurface. Journal of Physics D: Applied Physics, 2021, 55(1): 015106.

[4] Yue H, Chen L, Yang Y, et al. Design and implementation of a dual frequency and bidirectional phase gradient metasurface for beam convergence. IEEE Antennas and Wireless Propagation Letters, 2019, 18(1): 54-58.

[5] Wang C, Yang Y, Liu Q, et al. Multi-frequency metasurface carpet cloaks. Optics Express, 2018, 6(11): 14123.

[6] Zhou Z, Chen K, Zhao J, et al. Metasurface Salisbury screen: achieving ultra-wideband microwave absorption. Optics Express, 2017, 25(24): 30241-30252.

[7] Zhou Z, Chen K, Zhu B, et al. Ultra-wideband microwave absorption by design and optimization of metasurface Salisbury screen. IEEE Access, 2018, 6: 26843-26853.

[8] Li T, Chen K, Ding G, et al. Optically transparent metasurface Salisbury screen with wideband microwave absorption. Optics Express, 2018, 26(26): 34384.

[9] Li F, Tang T, Liu B, et al. Dual-frequency multi-function switchable metasurface. Optik, 2021, 248: 168207.

[10] Zhang Y, Cao Z, Huang Z, et al. Ultrabroadband double-sided and dual-tuned active absorber for UHF band. IEEE Transactions on Antennas and Propagation, 2021, 69(2): 1204-1208.

[11] Zhang N, Chen K, Zheng Y, et al. Programmable coding metasurface for dual-band independent real-time beam control. IEEE Journal on Emerging and Selected Topics in Circuits and Systems, 2020, 10(1): 20-28.

[12] Saifullah Y, Chen Q, Yang G M, et al. Dual-band multi-bit programmable reflective metasurface unit cell: design and experiment. Optics Express, 2021, 29(2): 2658.

[13] Guo W, Wang G, Luo X, et al. Ultrawideband spin-decoupled coding metasurface for independent dual-channel wavefront tailoring, Annalen der Physik, 2020, 532(3): 1900472.

[14] Yang J, Shen Z. A thin and broadband absorber using double-square loops. IEEE Antennas and Wireless Propagation Letters, 2007, 6(11): 388-391.

[15] Costa F, Monorchio A, Manara G. Analysis and design of ultra-thin electromagnetic absorbers comprising resistively loaded high impedance surfaces. IEEE Transactions on Antennas and Propagation, 2010, 58(5): 1551-1558.

[16] Jang T, Youn H, Shin Y, et al. Transparent and flexible polarization-independent microwave broadband absorber. ACS Photonics, 2014, 1(3): 279-284.

[17] Zhang C, Cheng Q, Yang J, et al. Broadband metamaterial for optical transparency and microwave absorption. Applied Physics Letters, 2017, 110(14): 143511.

[18] Luukkonen O, Granet G, Gousse G, et al. Simple and accurate analytical model of planar grids and high-impedance surfaces comprising metal strips or patches. IEEE Transactions on Antennas and Propagation, 2008, 56(6): 1624-1632.

[19] Balanis C A. Antenna Theory: Analysis and Design. New York: Wiley, 1997.

[20] Sievenpiper D F, Schaffner J H, Song H J, et al. Two-dimensional beam steering using an electrically tunable impedance surface. IEEE Transactions on Antennas and Propagation, 2003, 51(10): 2713-2722.

[21] Sima B, Chen K, Luo X, et al. Combining frequency-selective scattering and specular reflection through phase-dispersion tailoring of a metasurface. Physical Review Applied, 2018, (10): 064043.

第 5 章　电磁波幅度调控及有源吸波结构

5.1　引　　言

超材料吸波器是利用超材料实现对电磁波幅值调控的代表性应用之一。这类超材料吸波器的功能主要是实现对电磁波的吸收或衰减，因此，其在电磁隐身、电磁屏蔽、色彩显示以及热能利用等诸多领域都具有重要应用价值。

2008 年 N. I. Landy 教授团队首次提出基于超材料的完美吸波器 [1]，通过构造超材料单元结构及调整金属谐振器的几何尺寸来调节电谐振和磁谐振的强度，以实现对入射电磁波幅值的调控，经实验验证，最终可以实现 88%以上吸收率的吸波效果。这类超材料吸波器，一般是通过结构单元在二维平面展拓形成的，也属于超表面的范畴。

然而，最早提出的超材料吸波结构，仅在单一极化和垂直入射条件下才能实现单频点的完美吸波性能，当电磁波斜入射时吸波性能会迅速变差，这严重限制了其在实际场景中的应用。同时，传统无源超材料吸波器一旦加工完成，吸波性能即固定不变，也限制了其灵活应用。因此，通过引入有源元件和可调材料加载技术，频率可调谐 [2-4]、吸波深度可调节 [5-8]，甚至具有两种或多种状态连续可调的吸波器应运而生，下面将分类介绍微波频段典型的电调控有源超材料吸波器的研究工作。

5.2　状态动态切换的超材料吸波器结构

由于传统的超材料吸波器结构功能单一固定，其更广泛的实际应用受到了限制，本节介绍将电调控元件 PIN 二极管加载到超材料吸波结构中，实现两个甚至多个吸波状态的动态切换。首先，作为第一个设计案例，介绍一种吸收/反射可切换吸波器 [9]，所设计的单元结构如图 5.1 所示，是由两种倾斜 $\pm 45^\circ$ 放置的圆形金属开口谐振环交错排布而成，并用 PIN 二极管连接两个相邻的开口谐振环，同时形成整体的馈电网络，实现所有 PIN 二极管的直流偏置。

由于所设计结构中的金属背板保证其完全反射而无透射能量，因此测试结构的反射率就可以反映其电磁波能量的吸收性能。通过实际制备并进行反射实验测试，超材料结构的反射系数如图 5.2 所示，可以看出当 PIN 二极管处于 ON 状态 (加载直流电压偏置) 时，两个开口谐振环相当于连接在一起，此时单元整体处于高反射状态；当 PIN 二极管处于 OFF 状态 (零电压偏置) 时，两个开口谐振环均处于独立的谐振工作模式，整体表现为中心频率为 3.3 GHz 的窄带吸收谐振状态，并能够在 0°~50° TE/TM 斜入射下，保持吸波性能稳定，不过该设计的吸波频带较窄。

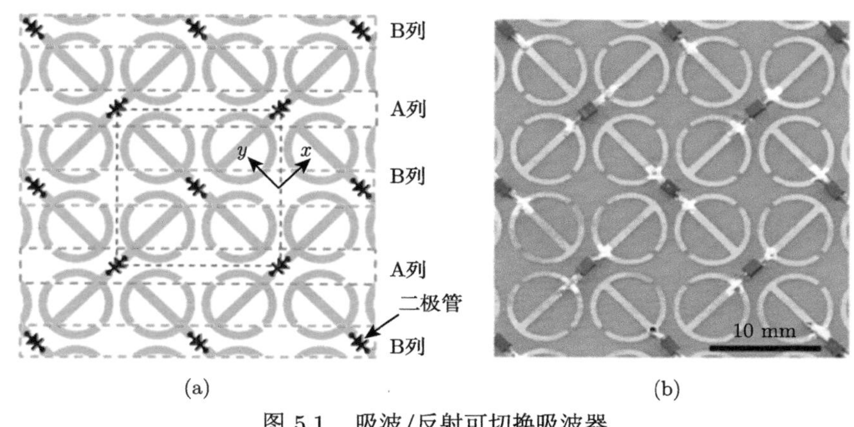

图 5.1 吸波/反射可切换吸波器
(a) 超材料的设计示意图；(b) 样品照片

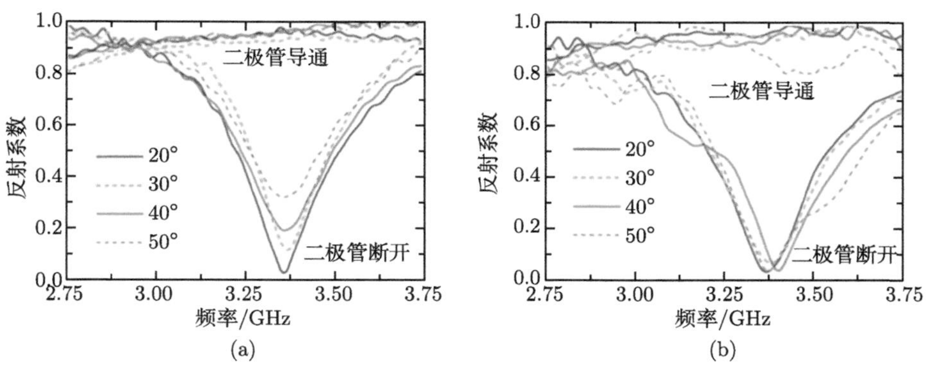

图 5.2 状态可切换的超材料吸波器的反射系数测试结果
(a)TE 极化；(b)TM 极化

其次，作为第二个设计实例，为实现宽频带内的吸波性能调控，设计了另一种吸波/高反射状态可切换的吸波器 [10]。具体单元结构如图 5.3(a) 所示，包含顶层金属谐振结构、空气层、底层金属地板、金属馈线层四层结构，其中，顶层和底层金属结构均附着在 FR4 介质层上，且由空气层隔开。顶层金属谐振结构主要包含一个嵌入 PIN 二极管的开口谐振方环，其对角处通过 10 kΩ 的电阻与竖直馈电线相连，并连通到底层金属馈线层。10 kΩ 的电阻主要用于避免相邻金属结构之间产生不必要的耦合，保证单元结构中加载的 PIN 二极管能正常工作。在这里，PIN 二极管可被视为一个阻值随偏置电压变化而变化的等效电阻，当其两端的偏置电压变化时，PIN 二极管能够处于不同的工作状态之间 (即 “ON”、“OFF” 及中间态)，进而实现吸波状态的动态连续可调。每个单元中包含的四个 PIN 二极管具有相同的偏置电压，因而工作在相同的状态。经过结构优化设计，最终选定的结构参数分别为 $w_1 = 22.5$ mm, $w_2 = 33$ mm, $h_1 = 1$ mm, $h_2 = 17$ mm, $h_3 = 0.5$ mm。

为了验证吸波结构的可调吸波效果，在电磁仿真计算软件中对单元结构进行了全波仿真分析。其中，横向采用周期延拓边界条件，纵向加载波端口激励，电磁波沿着 z 轴负方向入射。当 PIN 二极管的等效阻值随不同偏置电压不断变化时，单元结构的仿真分析结果如图 5.3(b) 所示，该吸波器结构的反射幅度曲线在 2.11~5.26 GHz 频段内随电阻的阻值连续变化，即吸波器的反射能量可以随着 PIN 二极管两端的偏置电压变化而连续可控。此外，当等效电阻阻值达到 315 Ω 时，单元结构具有良好的宽带吸波效果，且工作频带内能量吸收率高于 90%。由于所设计的谐振结构具有对称性，因此该吸波器可在不同正交极化方向上都具有相同的吸波效果，其仿真分析结果如图 5.3(c) 所示。可以看到，当 PIN 二极管等效电阻的阻值设置为 315 Ω 时，吸波器单元在 x、y 极化方向入射波照射下都具有良好的吸波效果，且吸波频带几乎重合，验证了其良好的极化不敏感吸波特性。其中，吸波器结构在 x、y 极化方向上吸波性能微小的差异可能源于顶层金属结构对角线上不对称的金属馈线结构。

为了进一步验证该吸波器的设计效果，将吸波器单元按 10 × 10 的平面阵列组成超表面结构，进行加工制作，并利用弓形架系统对其反射幅度响应进行测试。弓形架系统测试环境如图 5.4(a) 所示，实际加工的样品如图 5.4(b) 所示，吸波器结构整体尺寸为 330 mm × 330 mm × 18.5 mm。在电磁波正入射条件下，改变 PIN 二极管两端偏置电压，测试得到的吸波器反射幅度曲线如图 5.4(c) 所示。可以看到，吸波器在 2.2~5.1 GHz 频段内反射幅度随偏置电压的变化而变化，实现了可调控的吸波效果。相比于仿真分析，实验测试中吸波器的能量吸收率略低，因为所采用的 PIN 二极管等效电阻阻值随电压变化的实际调控范围有限。对比图 5.3(b) 和 (c) 可以发现，实验测试中 PIN 二极管在 1.371 V 偏置电压的控制下，近似实现了等效电阻阻值为 90 Ω 时的吸波效果。若采用等效阻值更高的 PIN 二极管或优化电路结构设计，则能够进一步提升该宽带吸波器的吸波性能。虽然实验中吸波器的能量吸收率略有降低，但仍具有良好的宽带吸波状态及可切换的效果，为可调吸波器提供了一种设计思路。

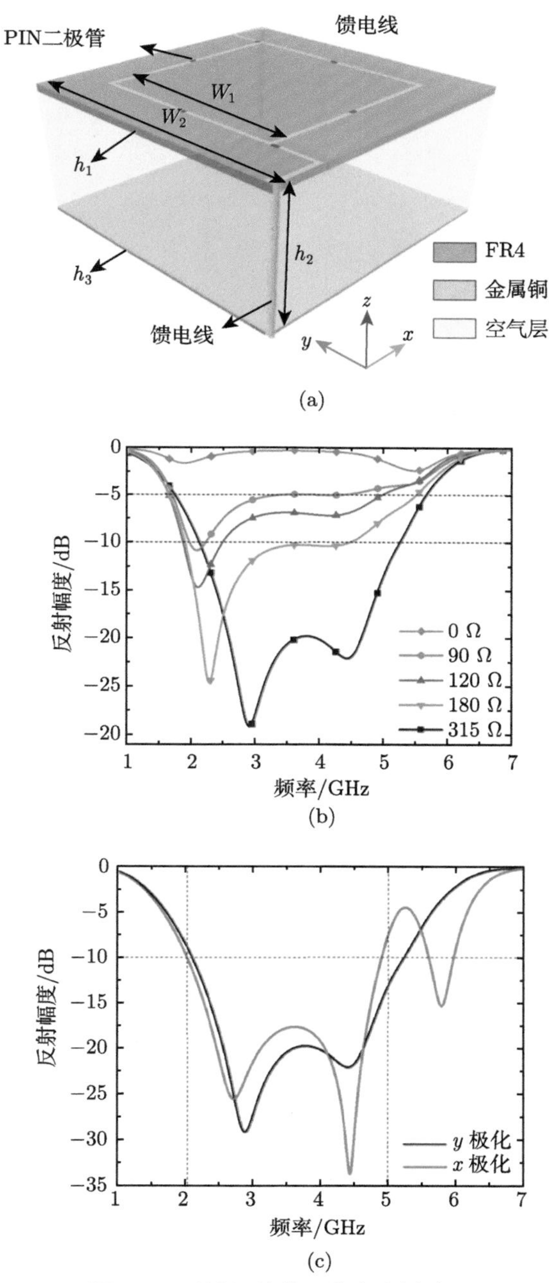

图 5.3 吸波器结构及仿真分析结果

(a) 可调宽带吸波器结构示意图；(b) 正入射下，当 PIN 二极管等效电阻变化时，吸波器结构的反射幅度曲线；(c) 当 PIN 二极管等效电阻为 315 Ω 时，吸波器结构在 x、y 极化方向的反射幅度曲线

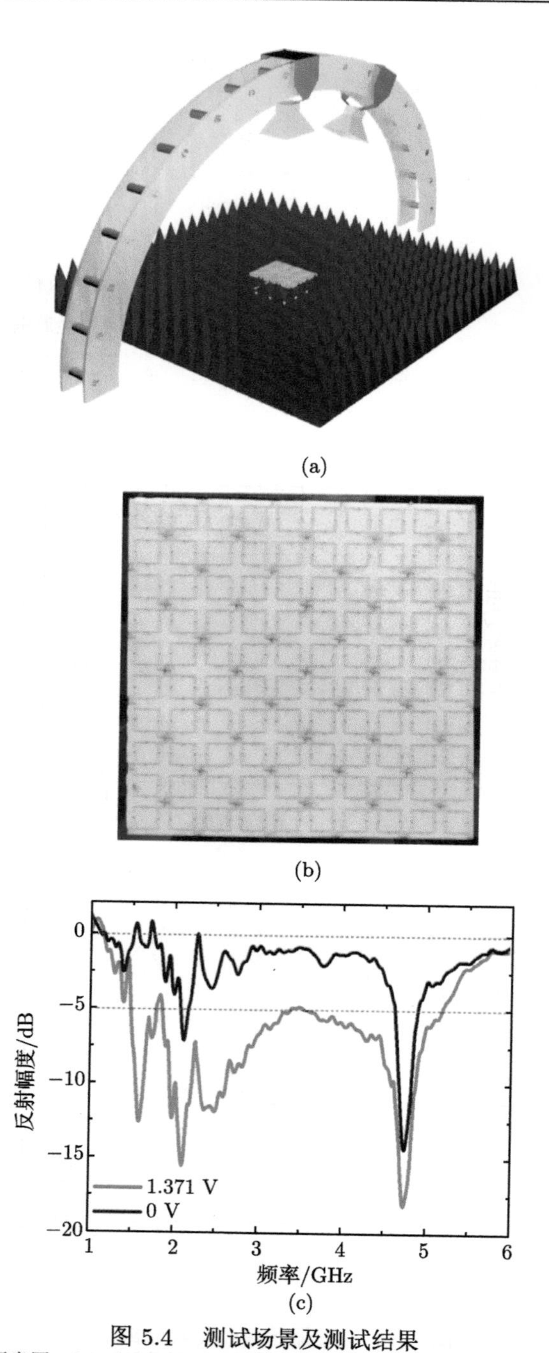

图 5.4　测试场景及测试结果

(a) 弓形架系统测试环境示意图；(b) 吸波器样品照片；(c) 当 PIN 二极管在不同偏置电压控制下时，实试得到的超材料吸波器反射幅度曲线图

5.3 状态连续动态可调的超材料吸波结构

上面介绍的超材料吸波器可实现两个状态之间的动态切换，但吸波性能的调节自由度仍十分有限，存在吸波带宽窄，吸波深度不足等局限。因此，设计能够实现更多自由度的宽带超材料吸波器，如吸波深度、吸波频率、吸波带宽等特性的连续动态可调，才更能满足智能化可调电磁系统的需求。本节介绍两个设计实例，分别实现吸波深度、吸波频率的连续可调。

5.3.1 吸波深度连续可调的超材料吸波结构

首先，介绍吸波深度连续可调的超材料吸波器设计实例。为实现吸波状态的连续可调，这里引入集总参数加载实现连续可调的有源器件。利用 PIN 二极管在导通状态下正向电阻随偏置电压的增大而减小的特性，类似图 5.1 单元的结构，也可实现吸波深度连续可调的超材料吸波器设计 [11]，超材料单元结构如图 5.5(a) 所示，由两种正交极化方向上排列的圆形金属开口谐振环交错排布而成, 并由 PIN 二极管连接两个相邻的开口谐振环，实际制作的样品整板照片如图 5.5(b) 所示。从仿真分析的单元反射系数可以看出 (图 5.5(c))，当 PIN 二极管处于 ON 状态时，两个开口谐振环由于 PIN 二极管处于导通状态，等效为连接在一起，此时单元整体处于高反射状态；当 PIN 二极管处于 OFF 状态时，两个开口谐振环处于独立谐振模式，整体表现为中心频率 3.3 GHz 的窄带吸波状态。当 PIN 二极管偏置电压逐渐从 0 V 开始增大时，吸波器的吸波深度会逐渐减小，即从吸收状态连续调节至高反射状态，完成从吸波到反射的功能切换，并且吸波深度连续可调。

虽然这一设计能够实现吸波深度的连续可调，但由于吸波器的设计是基于开口谐振环这种窄带谐振吸波结构的，并且吸波频率不可调，因此其调谐范围和吸波带宽仍然十分有限，使得其实际应用受限。

5.3.2 吸波频率连续可调的超材料吸波结构

为实现宽频段内吸波频率的连续调节，需要构建具有不同谐振模式的单元，使其在 PIN 二极管偏置电压变化时，可实现吸波器的谐振模式随之连续变化。本小节介绍一种单极化频率可调吸波器设计实例 [12]。吸波器的单元结构如图 5.6(a) 所示，单元由两组垂直放置的圆形开口谐振环紧密排布而成，对于这样的结构，入射波会在开口谐振环所在平面中形成强电谐振，而开口谐振环与金属地之间会感应出反向电流，类似环形电流，产生强磁谐振。因此，可以通过调整开口谐振环尺寸以及介质基板厚度，产生高效的吸波峰。

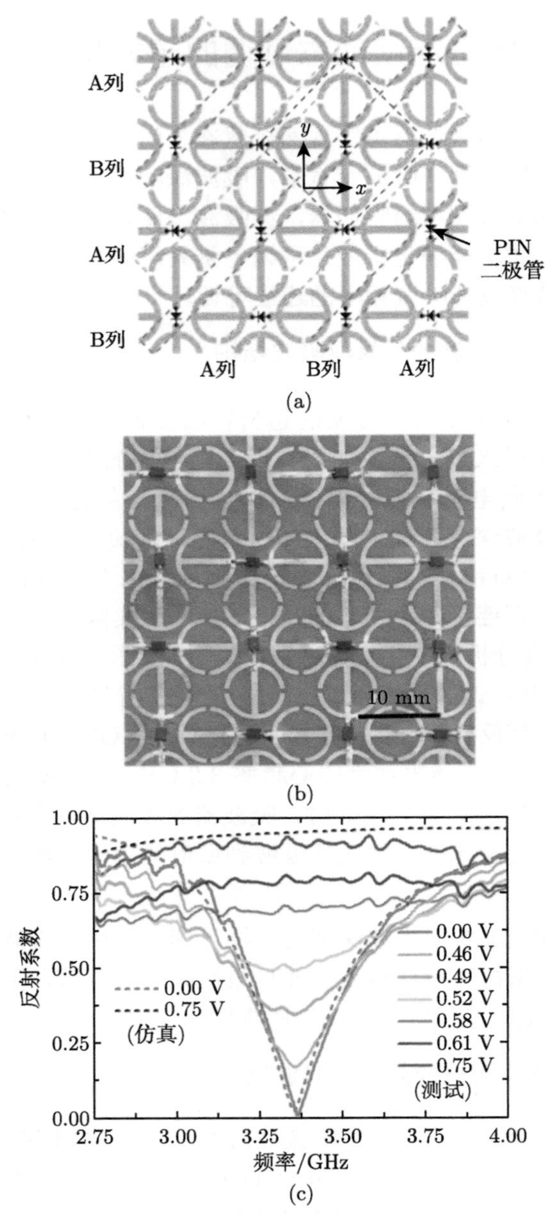

图 5.5　吸波深度可调的超材料吸波器

(a) 超材料单元结构示意图；(b) 吸波器样品照片；(c) 单元反射系数

采用 PIN 二极管连接两个开口谐振环，二极管形成的可调阻抗相当于并联在两个开口谐振环的容性阻抗之间。当二极管工作在反向偏压下时，其容性阻抗会降低开口谐振环的谐振频率。在正向偏置电压下，二极管处于导通状态，具有电感性阻抗，这会提高开口谐振环的谐振频率。吸波器的整体吸收率如图 5.6(b) 所示，通过控制耦合二极管的偏置电压，吸波器的工作频率可以在低频和高频，即 2.55~2.95 GHz 之间连续调节, 同时保持 98%以上的吸收率。

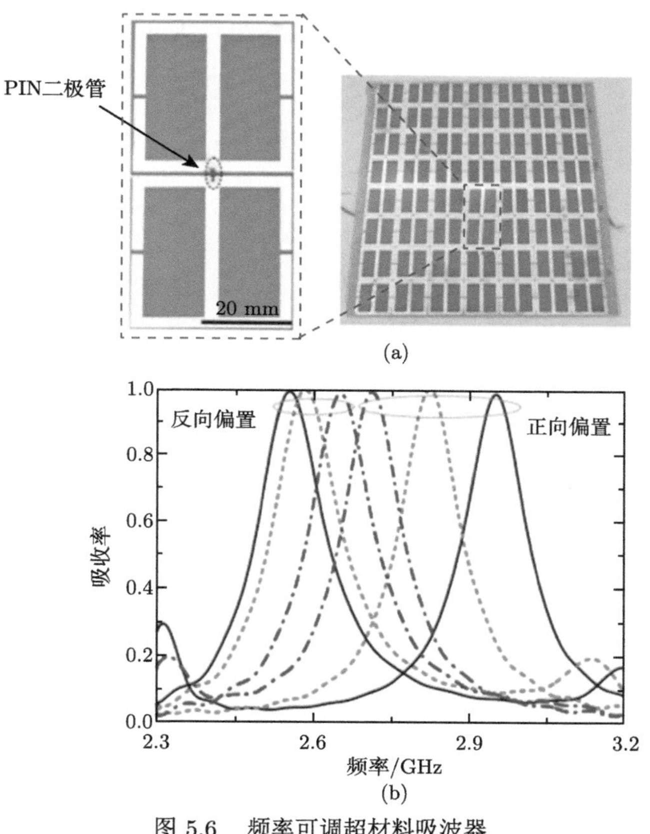

(a)

(b)

图 5.6 频率可调超材料吸波器

(a) 样品照片；(b) 单元吸收率仿真结果

单元的具体工作机理可以通过单元的表面电场及电流分布来解释，如图 5.7(a)~(d) 所示，当 PIN 二极管工作在 OFF 状态时，两个开口谐振环处于独立谐振模式，表面电流同向，两个开口谐振环叠加，形成更强的电谐振；而当 PIN 二极管工作在 ON 状态时, 单元表面电场集中在两个开口谐振环间的缝隙，由于 PIN 二极管的感抗耦合作用，单元谐振模式发生改变，电流集中在开口谐振环的主臂上，而非之前均匀分布在整个开口谐振环上，谐振模式的改变导致了整体吸波频率的改变。

然而，上述可调吸波器均是基于窄带无源吸波结构而设计的，其吸波带宽及调谐范围仍十分有限。为进一步拓展可调谐范围和带宽，介绍一种基于宽带吸波结构的宽带频率连续可调的吸波器设计 [13]。如图 5.8(a) 所示，其单元结构采用渐变形状的金属偶极子，并在中心嵌入 PIN 二极管，两个极化的偶极子分别印刷在介质板两侧，相邻单元之间采取 220 nH 隔离电感连接，从而整体实现串联的馈电网络结构。制作的样品如图 5.8(b) 所示，由 16 × 16 个单元构成，厚度为 25 mm, 整体尺寸为 600 mm× 600 mm，面密度仅为 2.06 kg/m^2，具有轻质、厚度薄的优点。

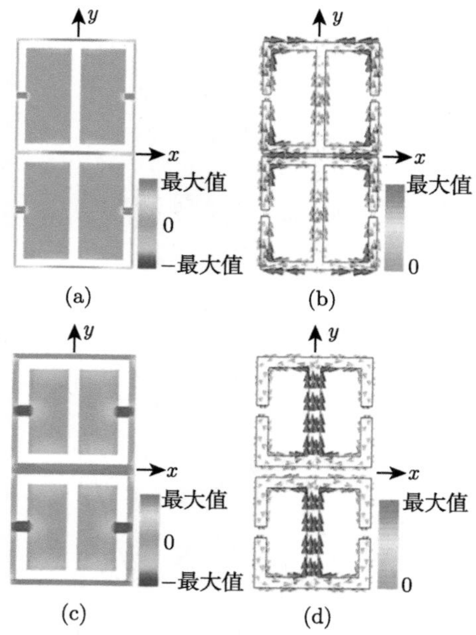

图 5.7　PIN 二极管处于不同状态时单元电场及表面电流分布

(a)OFF 状态下的电场分布；(b)OFF 状态下的表面电流分布；(c)ON 状态下的表面电流分布；(d)ON 状态下的表面电流分布

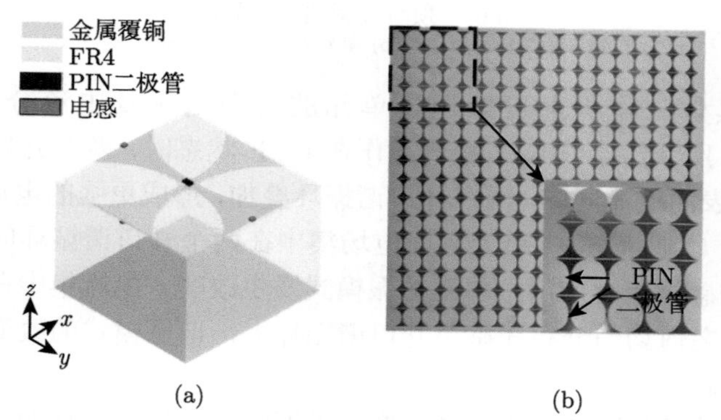

图 5.8　双极化宽带可调超材料吸波器示意图

(a) 单元结构示意图; (b) 制作的样品照片

通过改变 PIN 二极管偏置电压来调节其正向电阻，可使宽带吸波器的谐振模式发生改变。如图 5.9 所示，仿真分析的单元电流分布表明，当 PIN 二极管阻值为 50 Ω(低阻值状态) 时，电流集中在相邻单元偶极子之间的缝隙中；而当 PIN 二极管阻值增大至 400 Ω，电流主要集中在电阻上时，宽带吸波性能主要源于电阻的欧姆损耗。

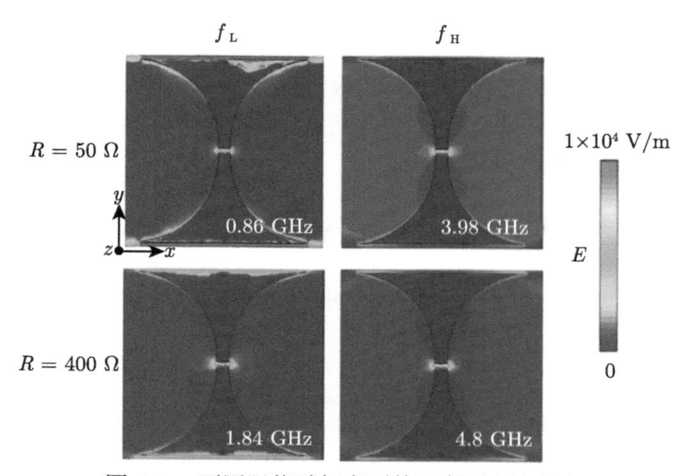

图 5.9 不同阻值时超表面单元表面电流分布

由此分析，所设计的宽频带可调吸波器主要基于双谐振态，形成双吸收峰宽带响应，通过调节电阻阻值，可以实现宽带吸波状态的整体频移。如图 5.10 所示，对制作的样品进行测试的结果与仿真分析的结果吻合良好，通过电流源对 PIN 二极管进行直流偏置，当偏置电流在 1.4~352 mA 范围内变化时，可实现覆盖 0.78~4.62 GHz 频率范围的宽带吸波，并且频率连续可调，相对带宽可达 142%。

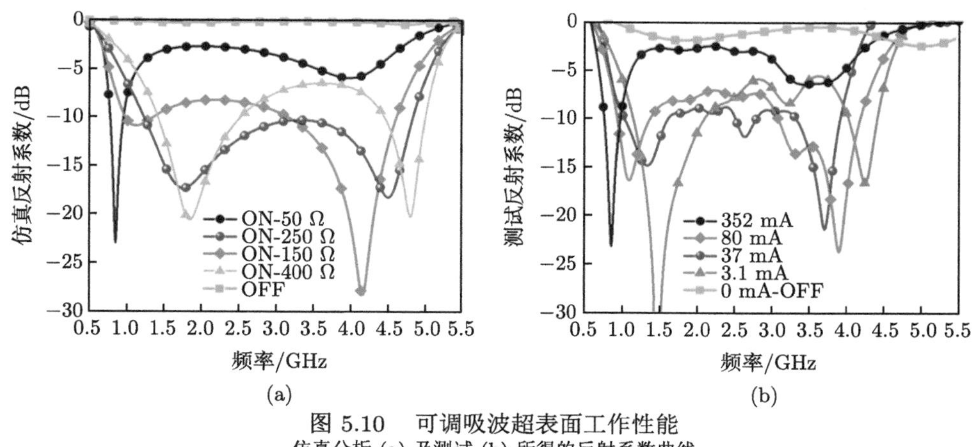

图 5.10 可调吸波超表面工作性能

仿真分析 (a) 及测试 (b) 所得的反射系数曲线

5.4 本章小结

有源超材料吸波器，作为一类电磁波反射幅度可调的多功能超表面结构，因其具备动态可调的吸收深度、吸波频率和吸波带宽等特性，受到研究者的广泛关注。电调有源超材料吸波结构，通过加载 PIN 二极管或变容二极管等电调器件，具有调节响应时间快、成本较低、可大规模部署的优势。本章从吸收/反射状态可切换的吸波器，到吸波状态连续可调的吸波器，分别介绍了窄带和宽带可调吸波器的设计机理、分析方法以及仿真测试结果，为其在智能隐身和电磁屏蔽等领域的应用提供了有效方案。

参考文献

[1] Landy N I, Sajuyigbe S, Mock J J, et al. Perfect metamaterial absorber. Physical Review Letters, 2008, 100(20): 207402.

[2] Huang C, Liao J M, Ji C, et al. Graphene-integrated reconfigurable metasurface for independent manipulation of reflection magnitude and phase. Advanced Optical Materials, 2021, 9(7): 2001950.

[3] Li J, Jiang J, He Y, et al. Design of a tunable low-frequency and broadband radar absorber based on active frequency selective surface. IEEE Antennas and Wireless Propagation Letters, 2016, 15: 774-777.

[4] Zhang Y, Cao Z, Huang Z, et al. Ultrabroadband double-sided and dual-tuned active absorber for UHF band. IEEE Transactions on Antennas and Propagation, 2021, 69(2): 1204-1208.

[5] Huang C, Ji C, Zhao B, et al. Multifunctional and tunable radar absorber based on graphene-integrated active metasurface. Advanced Materials Technologies, 2021, 6(4): 2001050.

[6] Zhao B, Huang C, Yang J, et al. Broadband polarization-insensitive tunable absorber using active frequency selective surface. IEEE Antennas and Wireless Propagation Letters, 2020, 19(6): 982-986.

[7] Song J, Huang C, Yang J, et al. Broadband and tunable radar absorber based on graphene capacitor integrated with resistive frequency-selective surface. IEEE Transactions on Antennas and Propagation, 2020, 68(3): 2446-2450.

[8] She Y, Ji C, Huang C, et al. Intelligent reconfigurable metasurface for self-adaptively electromagnetic functionality switching. Photonics Research, 2022, 10(3): 769-776.

[9] Zhu B, Feng Y, Zhao J, et al. Switchable metamaterial reflector/absorber for different polarized electromagnetic waves. Applied Physics Letters, 2010, 97(5): 051906.

[10] Zheng Y, Chen K, Jiang T, et al. Ultrathin L-band microwave tunable metamaterial absorber. Proceedings of the 2019 IEEE MTT-S International Wireless Symposium (IWS), 2019: 1-3.

[11] Zhu B, Feng Y, Zhao J, et al. Polarization modulation by tunable electromagnetic metamaterial reflector/absorber. Optics Express, 2010, 18(22): 23196-23203.
[12] Zhu B, Huang C, Feng Y, et al. Dual band switchable metamaterial electromagnetic absorber. Progress in Electromagnetics Research B, 2010, 24: 121-129.
[13] Wu Z, Zhao J, Chen K, et al. An active metamaterial absorber with ultrawideband continuous tunability. IEEE Access, 2022, 10: 25290-25295.

第 6 章　可重构相位调制超表面及电磁波动态调控

6.1　引　　言

传统无源超表面在设计加工后，电磁性能和功能随之固定，因此只能应用于特定的场景中。通过在电磁超表面单元中加载二氧化钒、石墨烯、电可调二极管等有源材料或元件的方式，构造出具有动态电磁响应的超表面，可实现丰富的电磁波近远场特性的实时、动态调控 [1-3]，因此近年来备受关注。相比于依靠单元尺度变化来调控电磁响应的无源超表面，这种可重构的设计思路提供了动态可调的相位响应，打破了无源结构中电磁功能一经设计完成便很难或无法改变的设计局限，提高了电磁超表面的应用范围和功能利用效率。为更好地阐述可重构相位调制超表面的概念与功能设计，本章将从超表面单元设计入手，介绍可重构相位超表面单元的通用设计方法，并利用其在空间上的特定排布来实现对电磁波的动态调控。

6.2　可重构相位调制超表面单元设计

相位调制单元根据相位产生原理的不同，可分为谐振型相位单元 (又称传播型相位单元) 与几何相位单元 (又称 Pancharatnam-Berry 相位单元，PB 相位单元)。谐振型单元通过改变单元结构尺寸来改变单元的电磁谐振特性，从而引入突变相位，进而达到调控电磁波的目的；几何相位单元则是通过结构的旋转来实现对电磁波反射/传输特性的调控，不需要物理尺寸上的变化即可实现连续的相位调制，但这种机制一般仅针对圆极化波。这些基于结构尺度变化来实现电磁特性调控的无源超表面单元，尽管可以通过不同的排列组合来实现多维度/多功能的电磁调控，但超表面一经设计完成，其功能是相对固定的，无法满足实时、动态的电磁调控需求，这也在很大程度上限制了超表面在实际中的应用。

有源超表面的提出为超表面的多维度与多功能集成化设计提供了新的实现方式。通过引入能够引起相位变化的有源元件或材料，可实现动态灵活的电磁响应切换，进而达到实时调控电磁波的目的。在微波频段，通常采用机械可调与电可调的方式来实现电磁功能的可重构。所谓机械调制即利用拉伸、旋转、弯折等机械形变来改变整个器件、材料或单元的电磁响应，进而达到动态调控电磁波的目的 [4,5]，这种方法将在第 7 章探讨。通常而言，机械调制的方式简单有效、调制范围较大，但其调制速度与调控精度有限。因此，为实现快速的电磁功能切换，微波频段更多采用电可调的方式，即通过在结构单元中加载 PIN 二极管或变容二极管等电可调元件，实现对电磁波的动态调控 [2,3]。具体而言，变容二极管利用 P-N 结反偏时结电容大小随外加电压变化的特性，连续调节单元的电磁响应，因此通过精确控制偏置电压即可实现连续的相位调制，但存在插损较高的问题，会在一定程度上影响单元与超表面的效率；PIN 二极管则通过改变电路直流电流来实现有效的电磁状态切换，而且具有价格低廉、插损较低的特点，但其工作状态比较有限，仅能工作于 ON/OFF 两种工作状态，因此多用于 1-比特可切换超表面设计。事实上，尽管电可调元件能够提供动态的电磁响应，但单元表现出来的其他电磁特征，如工作频率、带宽、幅度、极化等，仍然是由单元谐振结构几何特性与二极管共同决定的。为了更直观地表述可重构相位调制单元的设计方法，本章分别基于 PIN 二极管与变容二极管设计了两种典型的反射与透射单元，并结合仿真结果分析其电磁特性。

6.2.1 反射型可重构相位调制超表面单元

图 6.1(a) 为一种典型的反射型超表面单元，单元主体为介质基板上刻蚀的非对称“工”字形拓扑结构，然后在金属结构的中间截断，加载连接上 PIN 二极管。需要注意的是，如果“工”字形结构呈完全对称的设计，则虽然两个等长的金属臂可分别作为 PIN 二极管的正负极偏置电路来实现动态调控，但由于单元金属臂在 y 方向上相互连通，因此该结构仅能以列控的调制方式工作，在功能设计方面存在一定的局限性。为了避免这一限制，最终采用了图 6.1(a) 所示的非对称“工”字形结构，将金属臂的一端截断，并采用多层压合的方式在金属背板之后 ($-z$ 方向) 设计独立的直流馈电层，以实现每个单元独立控制的设计目标。同时，由于馈电网络均处于金属地的背面，该设计更有利于减弱馈电网络对于单元谐振特性的影响。

单元的反射特性曲线如图 6.1(b) 所示。在工作频点 9 GHz 处，通过改变 PIN 二极管的工作状态，单元能够实现 180° 的相位切换，且同时具有较高的反射效率，因此可作为独立的码元来构建 1-比特编码超表面。在具体的电磁波全波仿真分析过程中，PIN 二极管的两个工作状态分别等效于不同的 RLC(电阻–电感–电容) 电路模型。如图 6.1(c) 和 (d) 所示，当 PIN 二极管的工作状态由 OFF 切换至 ON 时，单元呈现完全不同的谐振状态，其相应谐振频率也将发生明显变化，相位突变也由此产生。由于 PIN 二极管工作于 ON/OFF 两种工作状态，因此单元呈现两种相位状态，即实现 1-比特相位调制。如需实现多种相位的动态调控，则可通过增加二极管数量以达到多种谐振状态切换，或者更换有源元件，如采用变容二极管 (电容可随偏置电压连续变化，详见 6.2.2 节)。

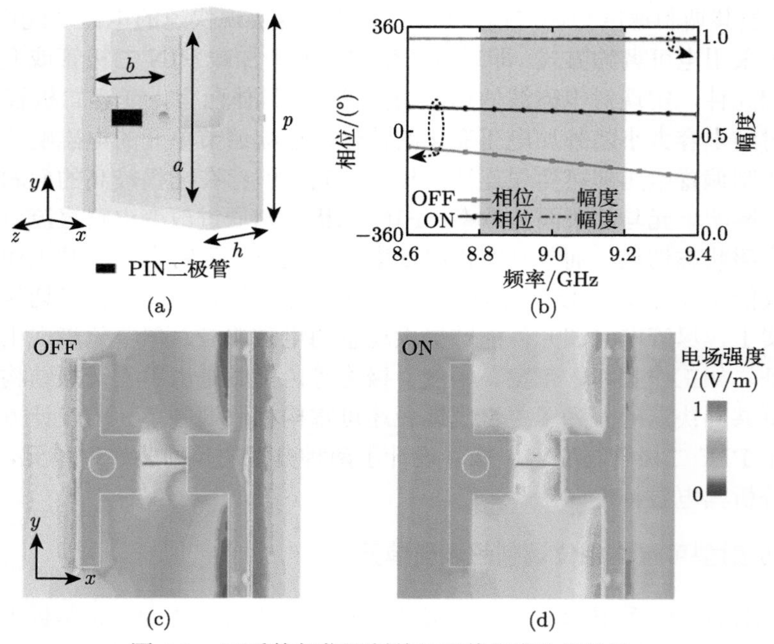

图 6.1　可重构相位调制单元及其仿真分析结果

(a) 单元结构示意图；(b) 单元反射特性曲线；(c)PIN 二极管工作于 OFF 状态下的单元电场分布图；(d)PIN 二极管工作于 ON 状态下的单元电场分布图

6.2.2　透射型可重构相位调制超表面单元

透射型相位调制超表面是一种在保证高透射效率的同时对透射波的相位特性进行有效调制的超表面。以惠更斯超表面单元为例，当单元金属结构尺寸发生变化时会产生电谐振与磁谐振，并激励起等效的感应电流与感应磁流，而这些等效电流和磁流可作为辐射源 (惠更斯源) 进行二次辐射，进而实现对电磁波的高效透射 [6]。在微波频段，同反射型可重构相位调制超表面单元的设计方法类似，透射型的可重构超表面单元也多通过加载 PIN 二极管与变容二极管等电可调元件来实现单元相位的可重构 [7,8]。

图 6.2(a) 所示为惠更斯单元的结构示意图，其中两个反向的开口环谐振器构成等效磁偶极子结构，两个半 I 字形金属贴片构成等效电偶极子。当电磁波沿平行于金属贴片的方向入射时，电场沿 I 字形金属贴片，磁场与环平面垂直，结构将激励起相应的等效电流与等效磁流，如图 6.2(b) 所示。理想的惠更斯表面中，电流和磁流应等幅、同相，从而由其引起的能量辐射在背向方向能够相互抵消，实现背向方向无反射电磁波，使得透射电磁波能量最大化。图 6.2(b) 中感应电流和感应磁流互相垂直，且其背向反射接近于 0(图 6.2(c))，也证明了该设计能以惠更斯单元的机理进行工作。

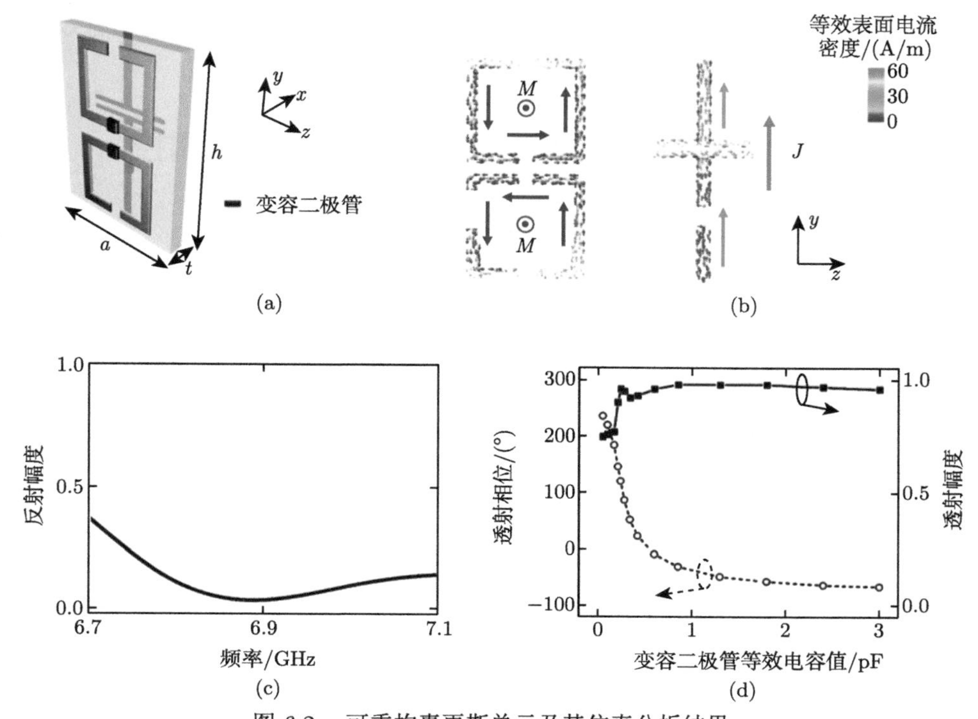

图 6.2 可重构惠更斯单元及其仿真分析结果

(a) 单元结构示意图；(b)6.9 GH 处单元的表面电流分布及其等效电流与等效磁流的分布图；(c) 单元的反射幅度曲线；(d)6.9 GHz 处单元透射特性随变容二极管等效电容值的变化关系 (图中“M”为磁流，“J”为电流)

惠更斯等效原理可将表面阻抗与整个单元的透射/反射系数相关联。在理想无损耗的条件下，单元透射/反射系数与表面阻抗之间的关系可表示为

$$Y_{\mathrm{es}}=\frac{\eta}{2}\frac{1+(R+T)}{1-(R+T)} \tag{6.1}$$

$$Z_{\mathrm{ms}}=2\eta\frac{1+(R-T)}{1-(R-T)} \tag{6.2}$$

其中，R，T 分别为单元的复反射和复透射系数，η 为真空波阻抗，Y_{es} 为等效的表面电导纳，Z_{ms} 为等效表面磁阻抗。由公式 (6.1) 和 (6.2) 可得，通过改变结构的表面阻抗，即可实现对单元透射相位的任意调控。因此，为实现动态可调的相位响应，在图 6.2(a) 的磁谐振结构与电谐振结构中分别引入变容二极管，并同时调节两个变容二极管的电容值来改变单元等效表面阻抗值，最终实现了透射相位在较大范围内的动态可控。全波仿真分析结果如图 6.2(d) 所示，在中心工作频率 6.9 GHz 处，当变容二极管等效容值从 0.05 pF 调节到 3 pF 时，单元的透射相

位可以实现 360° 的连续变化，同时保持较高的透射幅度，此时单元的透射效率基本维持在 80%以上，实现了高效的透射电磁波动态调控。

6.3 可重构电磁超表面实现电磁波波前调控

6.3.1 可重构电磁超表面实现动态电磁波束调控

超表面对电磁波的灵活调控，其本质是利用单元结构与电磁波的相互作用，再通过周期或非周期的单元阵列排布，即通过设计不同的拓扑单元结构，并按照特定的排布方式以实现不同的电磁功能。具体地，当超表面上的相位/幅度分布固定后，通过阵列天线理论或傅里叶变换等，即可推算出等效的远场辐射/散射特性。同样地，针对特定的远场辐射/散射场分布，通过理论计算，也能逆推出超表面应具有的相位/幅度分布。本节将通过理论计算，分析多种辐射/散射模式下超表面对电磁波束的调控能力。

首先，考虑一维波束调控并进行分析。如图 6.3(a) 所示，根据广义斯涅耳定律，当平面电磁波垂直入射时，为实现一维平面上的波束以 θ_r 的角度定向偏折，应满足如下条件 [9]：

$$\sin\theta_\mathrm{r} = \frac{\lambda}{2\pi}\frac{\mathrm{d}\Phi}{\mathrm{d}x} \tag{6.3}$$

其中，θ_r 为反射角，λ 为波长，$\mathrm{d}\Phi/\mathrm{d}x$ 为沿 x 方向的相位梯度。此时反射波束在 xOz 面 (电磁波沿 $-z$ 方向入射)。若要使得反射波同时具有一定的方位角 φ_r，其反射角度计算公式则需满足：

$$\sin\theta_\mathrm{r} = \frac{\lambda}{2\pi}\frac{\mathrm{d}\Phi}{\mathrm{d}l} \tag{6.4}$$

其中，$\mathrm{d}l$ 为沿方位角方向上的微元。由此可知，要实现垂直照射的电磁波反射到特定角度 (θ_r，φ_r)，超表面的相位梯度需满足：

$$\varphi(x,y) = \frac{2\pi\sin\theta_\mathrm{r}}{\lambda}l \tag{6.5}$$

l 为 xOy 面上沿方位角 φ_r 方向上的单位向量长度，可表示为

$$l = x\cos\varphi_\mathrm{r} + y\sin\varphi_\mathrm{r} \tag{6.6}$$

因此，为实现二维空间上的定向波束辐射，超表面单元相位分布应满足：

$$\varphi(x,y) = \frac{2\pi\sin\theta_\mathrm{r}}{\lambda}(x\cos\varphi_\mathrm{r} + y\sin\varphi_\mathrm{r}) \tag{6.7}$$

θ_r 与 φ_r 分别为波束的俯仰角与方位角。图 6.3(b) 所示即为波束指向 $\theta_r = 45°$，$\varphi_r = 45°$ 时超表面上的空间相位分布。按照如图所示的相位梯度进行超表面设计，即可实现垂直电磁波入射条件下的定向波束偏折。但由于图 6.3(b) 中所示的单元相位是一种连续变化的相位分布，这就要求在超表面设计过程中，需要针对特定的相位分布特性设计多种结构单元。当超表面具有过大的阵面或集成功能过于复杂时，不同结构参数的单元数量需求较多，将大幅增加超表面的设计复杂度。因此为简化超表面的设计复杂度，下面将介绍离散相位分布下的超表面远场波束调控方式。

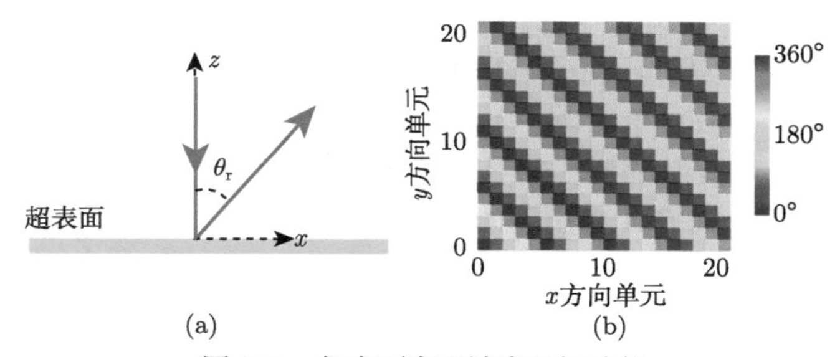

图 6.3 超表面实现波束调控功能

(a) 超表面在正入射情况下实现奇异波束偏折；(b) 波束 $\theta_r = 45°$，$\varphi_r = 45°$ 的相位分布图

1. 平面电磁波入射条件下的电磁波远场调控

利用 1-比特相位编码超表面进行远场波束调控时，由于此时超表面仅由 0、1 两种相位差为 180° 的基本码元组成，因此需首先对相位进行离散化处理。相位的离散化方式有多种 [10]，本节主要采用如下方式实现：

$$\varphi_{1\text{-bit}} = \begin{cases} 0°, & \varphi \notin [90°, 270°) \\ 180°, & \varphi \in [90°, 270°) \end{cases} \tag{6.8}$$

值得注意的是，不论采用何种离散方式，由于比特量化带来的影响，1-比特编码超表面在平面电磁波照射条件下均无法实现单波束扫描，不可避免地会在主波束的镜面对称方向上产生一个寄生波束，即仅能实现对称双波束的设计。为验证这一结论，利用阵列天线理论分析了超表面的远场散射特性。如图 6.4(a) 所示，通过将 0、1 两种码元在空间上进行交错分布，超表面实现了对称双波束设计；同时改变编码的空间序列长度，波束散射方向将会发生明显改变 (图 6.4(b) 所示)，但在法线两侧始终存在两个对称的波束。根据广义斯涅耳定律，此时波束的散射角度满足 [11]：

$$\theta = \pm\arcsin(\lambda/\varGamma) \tag{6.9}$$

式中，λ 代表自由空间中的波长，Γ 代表编码序列的空间周期长度。此外，随着研究的不断深入，人们发现通过编码序列优化，1-比特超表面还能应用于多波束的产生。根据电磁场的叠加原理，对于 n 个不同的定向波束，超表面第 i 个单元的反射电场分布可以表示为

$$\boldsymbol{E}_{\text{total}}^{x_i y_i} = \boldsymbol{E}_1^{x_i y_i} + \cdots + \boldsymbol{E}_n^{x_i y_i} = \sum_{c=1}^{n} \boldsymbol{E}_c^{x_i y_i} \tag{6.10}$$

(x_i,y_i) 代表单元的位置信息，$\boldsymbol{E}_n^{x_i y_i}$ 代表产生第 n 个波束超表面所需要的电场分布。基于这种实现方式，利用平面超表面散射远场方向图函数进行理论计算，并给出了响应的编码序列。如图 6.4(c) 和 (d) 所示，当 x 方向编码为“00000000111100000000”时，超表面在 xOz 平面内产生了三波束；切换编码序列至“00000011000000111111”时，超表面散射波束发生明显变化，并在上半空间内实现了四波束产生。理想情况下，基于公式 (6.10) 所示的电磁场叠加原理，超表面可在上半空间实现任意的多波束产生。

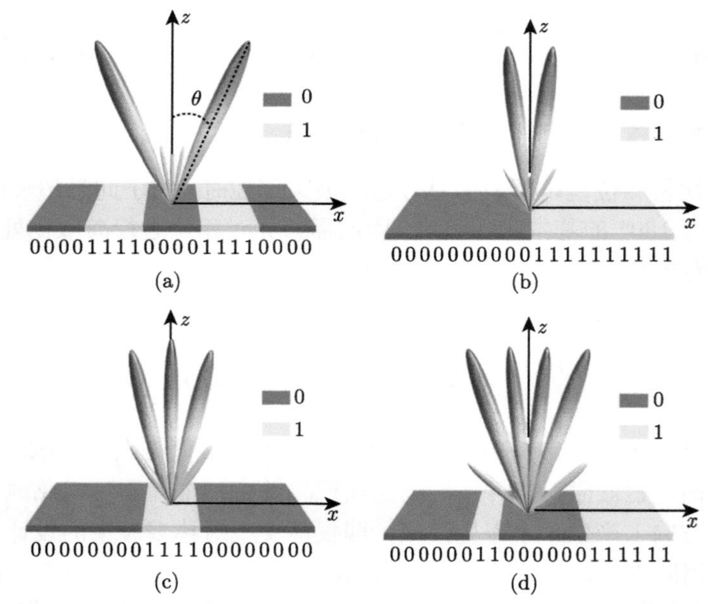

图 6.4　平面电磁波入射条件下 1-比特编码超表面实现波束调控

(a) 和 (b) 对称双波束扫描；(c) 编码序列为“00000000111100000000”时，实现三波束产生；(d) 编码序列为“00000011000000111111”时，实现四波束产生

针对 1-比特编码超表面在平面电磁波入射条件下无法实现单波束扫描的限制，人们进一步采用 2-比特编码超表面来有效地解决这一问题。相比于仅由 0°

和 180° 两种相位状态组成的 1-比特编码超表面，2-比特编码超表面具有 0°、90°、180°、270° 四种相位状态，依次用数字编码 0、1、2、3 表示。由于 2-比特超表面能够在电磁波入射平面上产生明显的梯度相位，因此，通过改变编码状态进而改变相位梯度，即可实现二维平面内的单波束扫描。如图 6.5(a) 所示，沿 x 方向上按照 “0123” 的顺序设置相位梯度，此时超表面能够在 xOz 平面内产生指向 $-12°$ 的单波束。改变编码顺序，即按照 “33221100” 的顺序进行编码排布时，波束的指向将发生明显改变，如图 6.5(b) 所示。同时，由于图 6.5(b) 中每个编码单元的序列长度也发生了变化，因此超表面的波束散射角度也将发生明显改变。

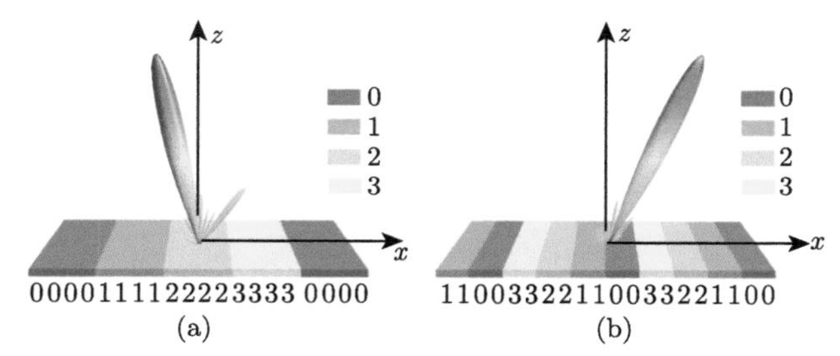

图 6.5 平面电磁波入射条件下 2-比特编码超表面实现单波束扫描
(a) 波束角度 $-12°$；(b) 波束角度 24.6°

2. 非平面电磁波入射条件下的电磁波远场调控

近些年来，随着超表面技术的不断发展，超表面进一步融入到了天线的设计之中：它不再是仅仅具有辅助性功能的透射层、反射层，而是作为天线的辐射口面直接参与天线辐射。这也对超表面远场电磁波束调控提出了更高的设计要求。不同于平面电磁波入射条件下的波束调控方式，这种结合馈源进行设计的超表面在设计过程中需额外考虑由于馈源等带来的相位变化，其相位分布计算公式如下 [12]：

$$\varphi_{ij} = k_0(|\boldsymbol{r}_{ij} - \boldsymbol{S}| - \boldsymbol{r}_{ij} \cdot \hat{m}) + \Delta\varphi \tag{6.11}$$

这里，k_0 是自由空间的传播常数；$\boldsymbol{r}_{ij}$ 和 $\boldsymbol{S}$ 分别是第 $(i,\ j)$ 单元和馈源的位置矢量；$\hat{m}$ 代表波束辐射方向上的单位矢量；$\Delta\varphi$ 定义为初始相位，是一个常量。为了详细地表述超表面反射相位的计算方法，给出了球坐标系下各单元的相位计算公式：

$$\varphi_{\text{reflection}}(i,j) = -k_0 x_i \sin\theta_{\text{b}} \cos\varphi_{\text{b}} - k_0 y_j \sin\theta_{\text{b}} \sin\varphi_{\text{b}} + \Delta\varphi \tag{6.12}$$

其中，(x_i,y_j) 代表单元的位置信息。如图 6.6 所示，当馈源位于阵面的几何中心，焦距为 F 时，其馈源补偿相位 φ_{feed} 可表示为

$$\varphi_{\text{feed}}(i,j) = k_0 d_{i,j} \tag{6.13}$$

$d_{i,j}$ 代表馈源到第 $(i,\ j)$ 单元的距离。这里具体可写作：

$$d_{i,j} = \sqrt{x_i^2 + y_j^2 + F^2} \tag{6.14}$$

最后，综合公式 (6.9)~(6.12)，可得实现定向波束辐射 $(\theta_\mathrm{b},\ \varphi_\mathrm{b})$ 最终所需的相位分布：

$$\varphi_{\text{element}}(i,j) = k_0 d_{i,j} - k_0 x_i \sin\theta_\mathrm{b} \cos\varphi_\mathrm{b} - k_0 y_j \sin\theta_\mathrm{b} \sin\varphi_\mathrm{b} + \Delta\varphi \tag{6.15}$$

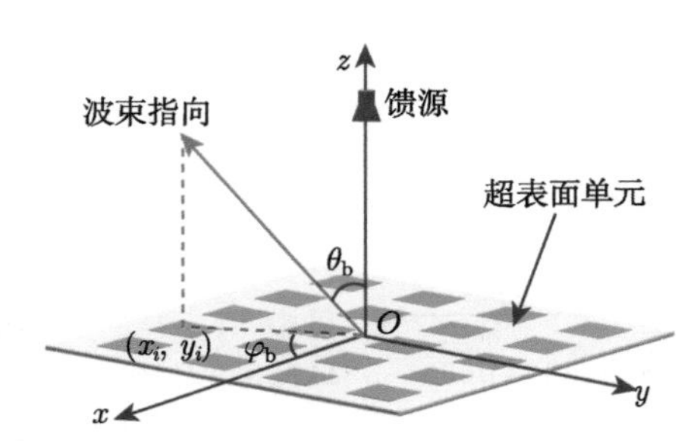

图 6.6　非平面电磁波入射条件下超表面实现电磁波束调控功能示意图

在此利用 6.2.1 节中提到的反射型单元构造超表面实例，并进行可重构波束调控功能的验证。为更好地模拟周期性边界条件，利用 3×3 个相同的单元组成宏单元作为基本的构成单元。最终，用于功能验证的超表面由 14 × 14 个可独立相位调制的基本编码单元组成，阵面总尺寸为 252 mm× 252 mm。通过合理排布直流馈电网络，并结合单片机控制电路，可以实现对电可调元件的实时调控。利用 X 波段的标准开口波导天线 (BJ100) 作为馈源，并将焦距设置为 F= 150 mm。图 6.7(a) 所示为波束指向 30° 时的三维远场仿真分析结果，其中编码图案中的绿色与黄色分别代表 0 和 1 两种编码状态。改变编码序列，超表面能够实现在上半空间的单波束扫描，图 6.7(b) 给出了指向不同角度的波束远场仿真分析结果，进一步验证了引入馈源补偿相位实现单波束调控方法的有效性。

为实现独立多波束调控，在 1-比特单波束赋形的基础上，可进一步利用场叠加原理，进行独立多波束调控。具体而言，对于 N 个不同的定向波束，可以通过相位复相加运算，计算口径面上应具有的相位分布 [13]：

$$\varphi^{mn} = \arg\left(\sum_{q=1}^{N} \mathrm{e}^{-\mathrm{j}\varphi_q^{mn}}\right) + \Delta\varphi \tag{6.16}$$

式中，φ_q^{mn} 代表产生第 q 个波束所需的连续相位。这里同样引入初始相位 $\Delta\varphi$ 以补偿不同相位离散方法带来的误差。因此，通过合理设计超表面相位分布，超表面不仅能够产生单波束，理论上还可产生任意的多波束。如图 6.7(c) 所示，在有限尺寸条件下通过编码优化，超表面实现了在 xOz 平面内的任意非对称双波束辐射。这里设计的双波束主瓣方向分别在 (30°，0°) 和 (10°，180°)。双波束产生时，主瓣的增益通常会随着偏折角度θ 的增大而减小。为了抵消这种增益衰减，这里在理论计算过程中引入了优化算法，通过对编码序列进行优化来提高不同角度上波束辐射能量的均匀度。仿真结果显示，编码经优化后波束辐射方向与理论预测结果基本保持一致，且双波束主瓣增益相当，副瓣较低，具有较好的定向性。此外，在双波束调控的基础上，进一步进行了任意三波束设计。仿真分析得到的三维远场方向图如图 6.7(d) 所示，波束辐射方向 (θ,φ) 依次在 (30°，180°)，(5°，0°)，(30°，0°)。作为设计实例，这里仅给出了超表面在 xOz 平面上的任意单/多波束设计。事实上，通过合理地扩大阵元数目，结合优化算法，可利用超表面在上半空间进行任意独立的多波束动态调控。

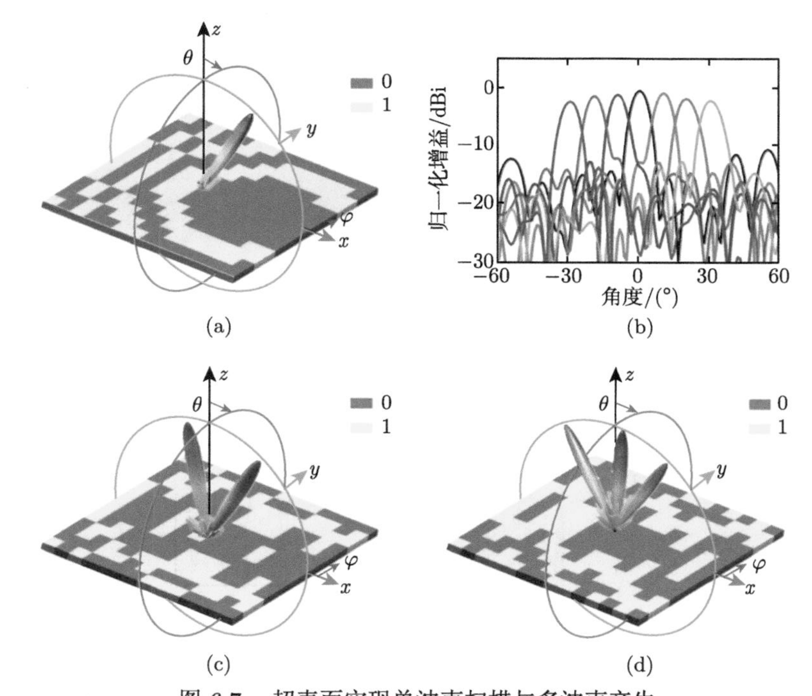

图 6.7 超表面实现单波束扫描与多波束产生

(a) 超表面实现单波束辐射的三维远场仿真结果；(b) 超表面在 xOz 平面内实现单波束扫描远场仿真结果；(c) 超表面实现任意非对称双波束辐射；(d) 超表面实现任意非对称三波束产生

在理论与仿真分析结果的基础上，基于平面印刷电路板技术进行了样品的加工与测试，结果如图 6.8(a) 所示。选用相对介电常数ε_{r} =2.2 的 F4B 介质基板，损耗角正切为 0.001。介质基板双层压合后的样品总厚度为 3.404 mm。最终设计完成的样品由 14×14 个单元组成，每个单元电磁响应可独立调节，由控制电路提供 196 路独立电压信号实时动态调控。设计馈电电路时，PIN 二极管的正、负极设计在超表面的一端，通过直流馈电线连接，最终与控制电路连接到一起。实验操作过程中，为保护二极管不会因工作电流过大而损坏，在控制电路与超表面之间连接了水泥电阻进行分压限流。在测试时，采用 X 波段开口波导作为馈源，通过加载不同的编码序列，对主波束以 10° 为间隔指向 −30° ∼ 30° 范围内的方向图进行了实验测试，如图 6.8(b) 所示。实验测试结果显示波束辐射情况与仿真结果基本吻合，主瓣辐射结果吻合良好。旁瓣区域的误差主要是边缘效应以及加工误差等因素造成的。

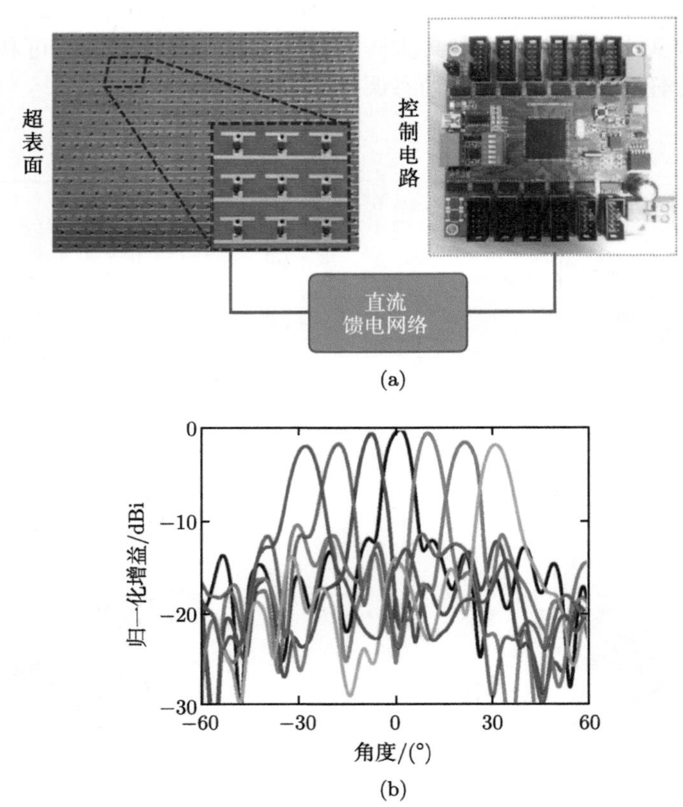

图 6.8　超表面样品与测试结果

(a) 超表面研制样品与控制电路实物图；(b) 超表面单波束扫描测试结果

6.3.2　可重构电磁超表面实现近场聚焦

为了进一步体现相位调制超表面对电磁波灵活的调控能力，除了远场波束调控，可重构超表面还可通过控制编码序列，实现实时、动态的电磁波近场聚焦调控。如图 6.9 所示的反射型超表面，为了将入射电磁波聚焦到特定的焦平面上，超表面相位分布应满足 [14]：

$$\varphi = k_0\left(\sqrt{x^2+y^2+S^2}-S\right) \tag{6.17}$$

其中，k_0 为传播常数，S 为焦距。如图 6.10 所示，分别利用 1-比特与 2-比特编码超表面进行了聚焦透镜设计，并且将焦斑设计在不同的焦平面上。图 6.10(a) 所示为 1-比特超表面的编码序列。当平面电磁波入射时，在 S = 400 mm 处可以观察到明显的焦斑；而当单元状态切换成如图 6.10(b) 所示编码时，入射电磁波聚焦焦斑将产生在 S = 200 mm 处。即通过设计合理的编码序列，超表面可以实现在空间上不同位置的动态电磁聚焦。

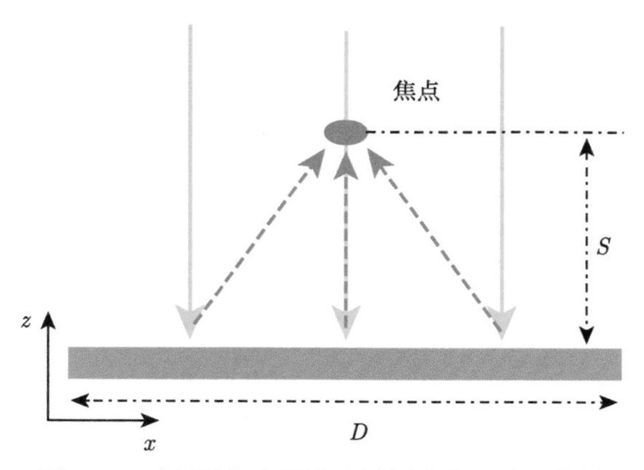

图 6.9 反射型超表面实现近场聚焦理论示意图

除了利用反射型超透镜对电磁波进行近场调制外，基于 6.2.2 节中的可重构惠更斯单元也可设计惠更斯透镜，实现电磁波透射聚焦，焦点可实时扫描以及焦点可任意组合。图 6.11 给出了所设计的可重构惠更斯超透镜的功能示意图，并概括性地描述了其工作原理 [5]。惠更斯超透镜由 25×35 个单元组成，当平面电磁波沿着 $+z$ 方向入射时，若构成透镜的惠更斯单元中加载变容管的电容在透镜口面上的空间分布为 A，则超表面能够实现上下分布的双焦点聚焦的功能；而当透镜上加载变容管的电容分布由 A 变为 B 时，透镜的两焦点分布也将改变为前后分布的情况。理论上，该透镜可以实现任意的焦点分布和组合。

为实验验证该惠更斯超表面透镜的性能，在图 6.2(a) 中原有单元的基础上进行了偏置电路的设计，具体如图 6.12(a) 所示。为实现对变容二极管的实时调控，在单元两侧设计了馈电电路，并连接阻值为 20 kΩ 的电阻来减小馈线中产生的感应电流，以尽量减小偏置电路带来的影响以及结构之间的互耦。综合变容二极管

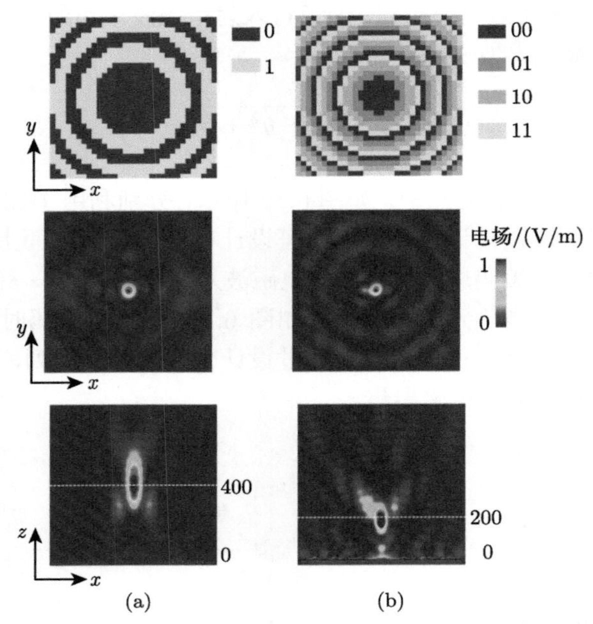

图 6.10　反射型超表面实现近场聚焦的相位分布和电场分布

(a) 基于 1-比特超表面实现近场聚焦，焦距 $S = 400$ mm；(b) 基于 2-比特超表面实现近场聚焦，焦距 $S = 200$ mm

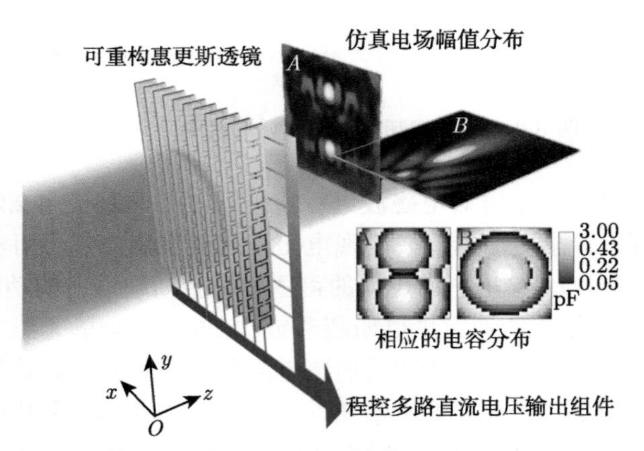

图 6.11　可重构惠更斯超透镜的功能示意图

的实际电路参数以及偏置电路等影响，对单元结构的参数进一步优化设计。优化后的可重构惠更斯单元的透射幅度与相位特性如图 6.12(b) 所示。当加载在两个变容二极管上的偏置电压同时从 14 V 逐渐调节到 0 V 时，即变容二极管等效电容值从 0.47 pF 逐渐变化到 2.35 pF 时，单元的透射相位发生明显的变化，同时保持较高的透射效率。

图 6.12(c) 给出了惠更斯透镜的实验设置示意图。在实际测试中，透镜夹在两块平行于 x 方向的金属平行板之间，以模拟完美电导体 (perfect electric conductor, PEC)，这样可以模拟单元结构沿 y 方向的无限周期延拓。使用同轴探针伸入需测量近场电场强度的区域，同时连接矢量网络分析仪，记录测量结果。探针由步进电机驱动，通过逐点扫描的方式，实现对透射电场强度分布的测量。

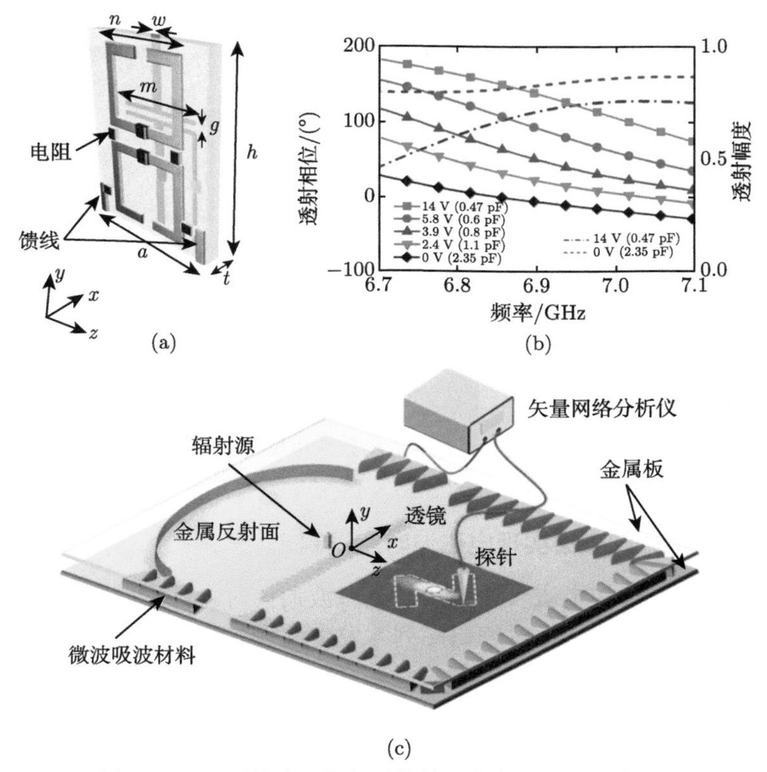

图 6.12 可重构惠更斯超透镜的具体实现及实验验证

(a) 实际制作的惠更斯单元示意图；(b) 单元在不同偏置电压下测得的透射幅度、透射相位随频率的变化关系；(c) 实验装置示意图

为验证可重构透镜对电磁波的实时动态调控能力，通过预设的电压输入，利用超透镜实现了聚焦焦点沿特定轨迹动态扫描的功能，如图 6.13 所示。通过输入满足焦距为某一定值 (如 1.5λ) 的空间电压分布，透射电磁波能会聚到很小的焦斑区域内，形成聚焦焦点，而随着电压分布的改变，其透射相位分布也随之改变，从而引起焦点位置的变化。图 6.13 中的测量结果显示，改变偏置电压，透镜聚焦的焦点能够在二维平面内较好地完成 “N” 字形焦点轨迹扫描，验证了惠更斯透镜

的动态可重构聚焦性能。

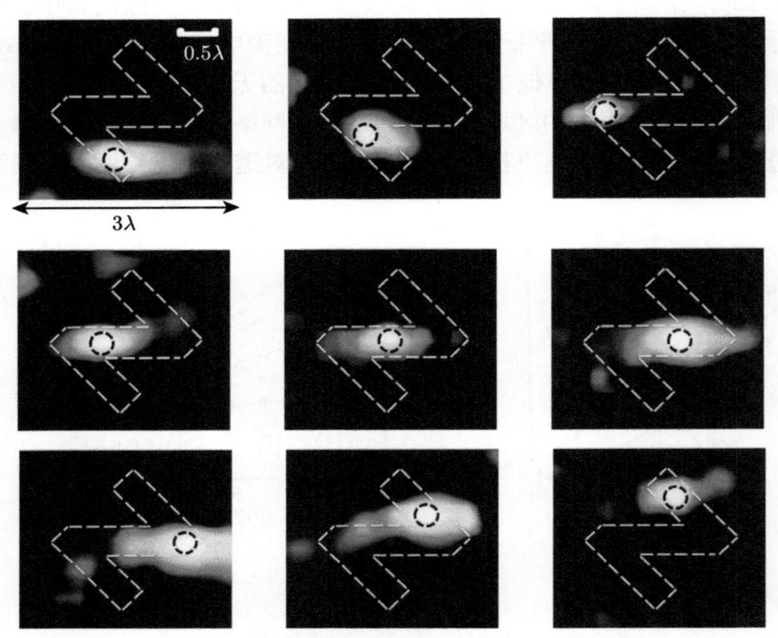

图 6.13 实验测得的近场聚焦电场空间分布结果
透镜的焦点在不同空间分布的偏置电压下沿轨迹 “N” 移动

6.3.3 可重构电磁超表面实现电磁波时空调制

前面介绍的可重构电磁表面在实现电磁波调控时，其编码往往局限于空间维度，即仅当超表面功能切换时编码序列才发生改变，而在其余时刻编码均保持不变。近年来，随着超表面功能器件的蓬勃发展，科研工作者不再局限于利用超表面对电磁波空间信息进行调控，逐渐引入了时间调制维度，将二维空间编码扩展至三维时间–空间编码，并提出了 “时间调制阵列”[15] 和 “时变媒质”[16] 等概念。

根据傅里叶变换理论，在时间维度内周期性地调控电磁波，将导致电磁波能量在频域内分散至其基波分量和谐波分量中，从而产生一系列离散频谱，继而实现谐波波束赋形与多普勒频移等 [17,18]。同时，通过设计时间–空间编码，超表面还可解决传统空间编码可重构超表面难以实现的高比特幅度/相位独立调制等难题，在光/无线通信、雷达探测和成像等领域中均具有广泛的应用前景 [19,20]。

为了突破无源电磁波器件无法实现极化动态调控和有源电磁波器件仅可实现线极化、圆极化等特殊极化动态调控的限制，在此基于时空编码超表面概念提出了一种可工作于基波和谐波的动态任意转极化器 [21]。如图 6.14 所示，该任意转极化器可动态实现任意极化的反射波，在极化雷达、极化成像和基于极化调制的无线通信等领域中都具有潜在的应用。

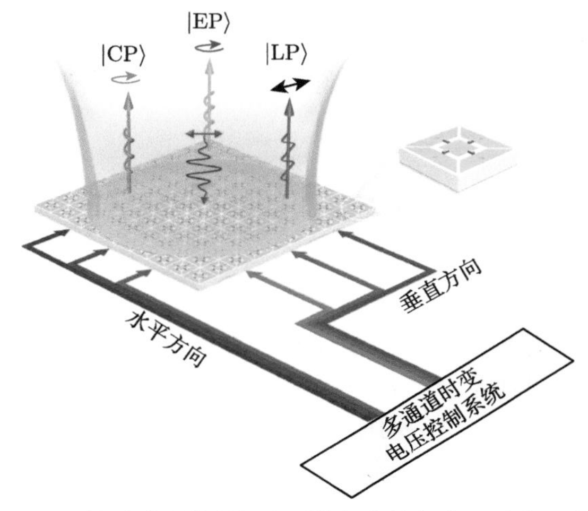

图 6.14 基于时空编码超表面的任意转极化器功能示意图
CP：圆极化；EP：椭圆极化；LP：线极化

庞加莱球可用于直观地表征电磁波的极化状态，一个方位角为 χ 和椭圆度为 ψ 的任意完全极化波对应于庞加莱球上经度和纬度分别为 2ψ 和 2χ 的位置。将该任意极化波分解为水平极化 (horizontal polarization, $|H\rangle$) 和垂直极化 (vertical polarization, $|V\rangle$) 分量，则其电场可表示为

$$\boldsymbol{E}_{\chi,\psi} = [\eta_H \quad \eta_V]\,[\boldsymbol{e}_H \quad \boldsymbol{e}_V]^{\mathrm{T}} \tag{6.18}$$

其中，

$$\eta_H = \cos\psi\cos\chi - \mathrm{j}\sin\psi\sin\chi, \quad \eta_V = \sin\psi\cos\chi + \mathrm{j}\cos\psi\sin\chi \tag{6.19}$$

假设该超表面为反射型，且其结构为镜像对称，那么其对应的 Jones 矩阵即可表示为

$$R = \begin{bmatrix} r_{HH} & 0 \\ 0 & r_{VV} \end{bmatrix} = \begin{bmatrix} |r_{HH}|\,\mathrm{e}^{\mathrm{j}\gamma_{HH}} & 0 \\ 0 & |r_{VV}|\,\mathrm{e}^{\mathrm{j}\gamma_{VV}} \end{bmatrix} \tag{6.20}$$

其中，第一个和第二个下标分别表示出射与入射电磁波极化状态。

当 45° 线极化 $[\sqrt{2}/2(|H\rangle + |V\rangle)]$ 电磁波入射时，如果通过超表面反射能生成任意极化波，超表面的反射系数需与实现任意极化波所需的超表面的各向异性保持一致，即

$$\frac{|r_{VV}|}{|r_{HH}|} = \frac{|\eta_V|}{|\eta_H|}, \quad \gamma_{VV} - \gamma_{HH} = \arg(\eta_V) - \arg(\eta_H) \tag{6.21}$$

由公式 (6.21) 可知, 要产生任意极化电磁波，超表面不仅需要支持水平极化和垂直极化反射系数的独立调控，还需支持水平极化和垂直极化的反射系数的幅度和相位的自由组合。一般的可调电磁表面往往难以实现高比特的幅度与相位调制，而借助时空编码即可解决这一难题。在时空编码调制下，超表面在 m 阶谐波处的等效反射系数可表示为 [22]

$$a_m = \sum_{n=1}^{L} \frac{R^n}{L} \mathrm{sinc}\left(\frac{\pi m}{L}\right) \mathrm{e}^{-\frac{\mathrm{j}\pi m(2n-1)}{L}} \tag{6.22}$$

其中，L 为周期性时间编码在一个周期内的编码数目。因此，分别选择两组周期性时间编码用于调控超表面沿水平极化与垂直极化的反射系数，理论上只要使其满足公式 (6.21)，即可在基波或任意阶谐波处实现任意极化的反射波。

为了验证理论分析，这里选用图 6.14 中所示的单元来实现水平极化和垂直极化反射系数的独立调控。该单元可由三层金属结构和两层介电常数为 2.2 的 F4B 介质组成，并采用中心旋转对称结构以实现双极化相位调制。对优化设计好的样品进行加工与测试，样品由 26 × 26 个单元组成，工作频点为 5.5 GHz，其反射特性测试结果如图 6.15 所示。在 5.5 GHz 处，超表面样品沿水平和垂直方向的电磁响应相互独立，且在相同电压调控下基本保持一致。当反偏电压由 0 V 增大至 18 V 时，水平极化与垂直极化相位变化范围可连续覆盖 0° ～ 235°，且反射幅度基本保持在 0.6 以上。

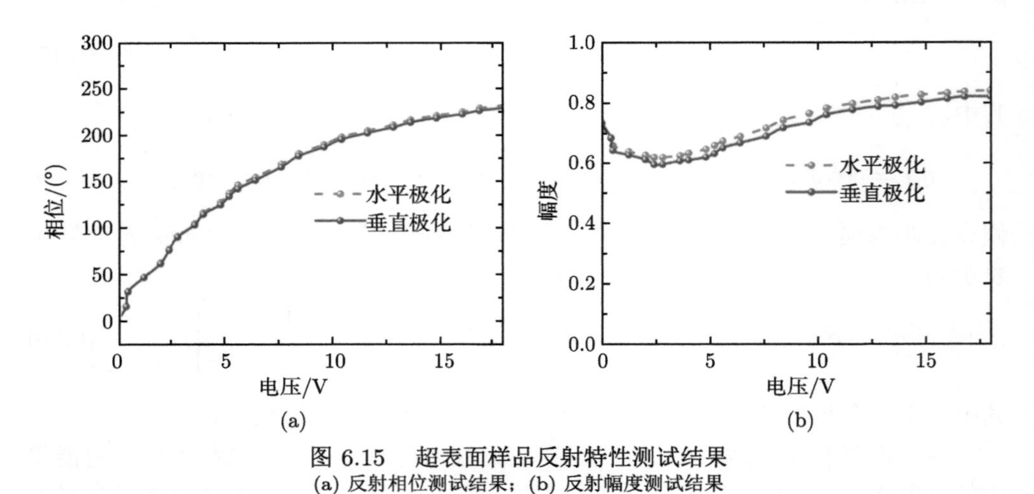

图 6.15　超表面样品反射特性测试结果
(a) 反射相位测试结果；(b) 反射幅度测试结果

基于以上理论分析和单元设计，可构建基于时空超表面的任意转极化器，在微波暗室中进行了功能测试以验证其设计有效性。测试结果显示超表面样品在 45° 线极化电磁波垂直入射下，可分别于基波和谐波频率上产生一系列线极化、圆极化和椭圆极化反射波。图 6.16 分别展示在基波频率上实现 112.5° 线极化波、−1 阶谐波频率 (5.5 GHz−12.5 kHz) 上实现左旋圆极化波、−2 阶谐波频率 (5.5 GHz−2 × 12.5 kHz) 上实现左旋椭圆极化波 (ψ=135°，χ=30°) 所需的时间编码与测试结果。所有测试结果与理论设计保持高度一致，有效地验证了该任意转极化器的可行性。

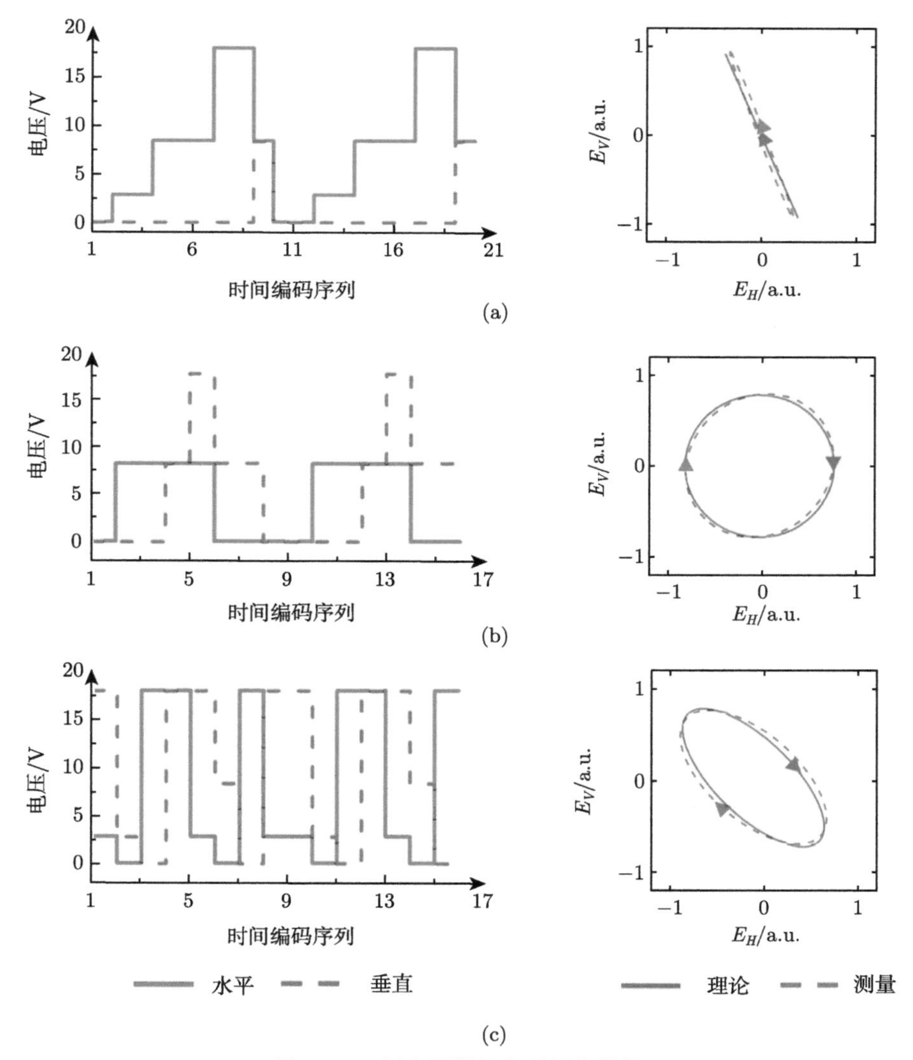

图 6.16 超表面样品实现极化转换

(a) 于基波产生 112.5° 线极化波所需时间编码与测试结果；(b) 于 −1 阶谐波产生左旋圆极化波所需时间编码与测试结果；(c) 于 −2 阶谐波产生左旋椭圆极化波所需时间编码与测试结果 (图中“E_H”为电场水平极化分量，“E_V”为电场垂直极化分量)

6.3.4 可重构共形低散射超表面

随着雷达技术的快速发展，雷达探测、电磁隐身以及反隐身技术成为了现代战争中电子对抗研究的前沿领域。目前雷达探测技术已经越来越成熟，隐身与反隐身技术便成为了研究热点。电磁隐身的性能主要取决于目标物体的雷达散射截面积 (RCS)，RCS 越小，越难被探测。目前，已有众多降低目标 RCS 的方法和技术 [23-25]。近年来，超表面的发展为实现 RCS 缩减又提供了新的思路，例如相位调制低散射超表面 [25,26]、变换光学隐身超表面 [27,28] 等。利用可重构超表面不仅能够有效降低目标的散射值，还能实现工作频段的动态调节。这里介绍一种利用复合策略的可重构共形低散射超表面设计方法，它通过引入有源器件并结合微波网络理论和散射相消理论，在一定频带范围内实现了金属圆柱 RCS 缩减的连续、灵活调控 [29]，其功能示意图如图 6.17 所示。微波网络理论与散射相消理论并不矛盾，因此在覆罩式低散射器 (mantle cloak) 中往往再引入微波网络进行分析，可以通过让微波网络与覆罩式低散射器工作于相邻频点，从而达到拓宽 RCS 缩减频带的效果。基于复合策略的可重构共形低散射超表面设计方法主要分为三个步骤：第一步，基于米氏散射理论和散射相消理论设计出工作频点处背向 RCS 缩减最佳的覆罩式低散射器；第二步，在第一步的基础上引入工作于相邻频点的传输线微波网络，以扩展 RCS 缩减带宽；第三步，加入有源器件 PIN 二极管，通过控制 PIN 二极管开关状态灵活调控工作频带。

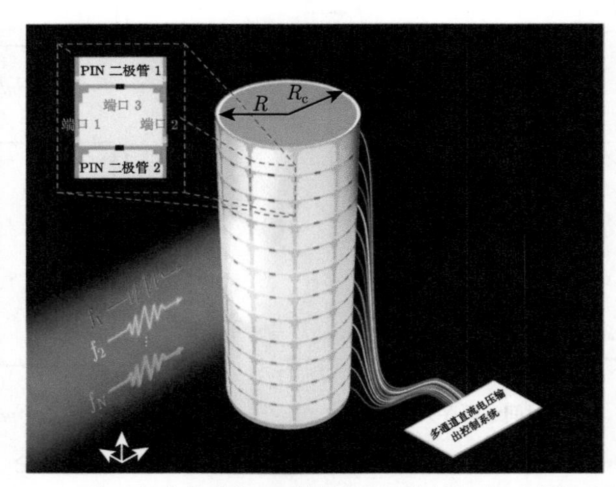

图 6.17 基于复合策略的可重构共形低散射超表面功能示意图

首先，作为具体设计实例，考虑沿 z 轴放置的内径 R= 83 mm，外径 R_c = 85.13 mm 的金属圆柱，圆柱外层包裹厚度为 $t = R_c - R$= 2.13 mm、相对介电常数为ε_r = 2.7 的共形低散射超表面，如图 6.17 所示。为了简化分析推导过程，可以假设金属圆柱与超表面均为无耗材料，那么此时超表面的等效表面阻抗为纯虚数 (表面阻抗的实部，即表面电阻，只与材料损耗有关)。假设入射波为 2.45 GHz 的 TM 极化波垂直入射，根据米氏散射理论，可以推导出金属圆柱与超表面的散射场在 z 轴方向的切向叠加场，为了便于计算可以采用柱面函数将其表示为 [29]

$$\boldsymbol{E}_{\mathrm{t}}=\begin{cases}\boldsymbol{z}E_0\displaystyle\sum_{n=-\infty}^{\infty}j^{-n}\left[a_n^{\mathrm{TM}}\mathrm{J}_n\left(k_{\mathrm{c}}\rho\right)+b_n^{\mathrm{TM}}\mathrm{Y}_n\left(k_{\mathrm{c}}\rho\right)\right]\mathrm{e}^{\mathrm{j}n\varphi}, & a<\rho<a_{\mathrm{c}}\\ \boldsymbol{z}E_0\displaystyle\sum_{n=-\infty}^{\infty}j^{-n}\left[\mathrm{J}_n\left(k_0\rho\right)+c_n^{\mathrm{TM}}\mathrm{H}_n^{(2)}\left(k_0\rho\right)\right]\mathrm{e}^{\mathrm{j}n\varphi}, & \rho>a_{\mathrm{c}}\end{cases} \tag{6.23}$$

其中，$\mathrm{J}_n(x)$ 为 n 阶贝塞尔函数，$\mathrm{H}_n^{(2)}(x)$ 为 n 阶第二类汉克尔函数，$\mathrm{Y}_n(x)$ 为 n 阶诺伊曼函数，k_{c} 和 k_0 分别为超表面和金属圆柱之间及自由空间里的波数，c_n^{TM} 为包裹超表面的金属圆柱的散射系数。根据麦克斯韦方程，可以得到对应的切向磁场：

$$\boldsymbol{H}_{\varphi}=(-1/(\mathrm{j}\omega\mu))\nabla\times\boldsymbol{E}_{\mathrm{t}} \tag{6.24}$$

在准静态条件下，金属圆柱 ($\rho=a$) 与超表面 ($\rho=a_{\mathrm{c}}$) 的边界条件有如下关系：

$$\begin{cases}\boldsymbol{E}_{\mathrm{t}}\big|_{\rho=a^+}=0\\ \boldsymbol{E}_{\mathrm{t}}\big|_{\rho=a_{\mathrm{c}}^+}=\boldsymbol{E}_{\mathrm{t}}\big|_{\rho=a_{\mathrm{c}}^-}\\ \boldsymbol{E}_{\mathrm{t}}\big|_{\rho=a_{\mathrm{c}}^+}=Z_{\mathrm{s}}\cdot\boldsymbol{J}_{\mathrm{s}}=Z_{\mathrm{s}}\cdot\left(\boldsymbol{H}_{\varphi}\big|_{\rho=a_{\mathrm{c}}^+}-\boldsymbol{H}_{\varphi}\big|_{\rho=a_{\mathrm{c}}^-}\right)\end{cases} \tag{6.25}$$

将公式 (6.23)、(6.24) 代入公式 (6.25)，就可以解出并简化得到包裹超表面的圆柱整体的散射系数：

$$c_n^{\mathrm{TM}}=-\frac{P_n^{\mathrm{TM}}}{P_n^{\mathrm{TM}}-\mathrm{j}Q_n^{\mathrm{TM}}} \tag{6.26}$$

其中，P_n^{TM} 和 Q_n^{TM} 均为关于超表面的表面阻抗 Z_{s} 的函数。对于整个包裹超表面的圆柱来说，假设其在轴向 (z 轴) 上是无限周期延拓的，则其雷达散射截面与 z 坐标无关。根据二维雷达散射截面的定义，可得该金属圆柱的二维双站雷达散射截面 (也称散射宽度，scattering width，SW) 为

$$\sigma_{\mathrm{total}}=\frac{2\lambda}{\pi}\int_0^{2\pi}\left|\sum_{n=-\infty}^{\infty}c_n^{\mathrm{TM}}\mathrm{e}^{\mathrm{j}n\varphi}\right|^2\mathrm{d}\varphi=\frac{4}{k}\sum_{n=-\infty}^{\infty}\left|c_n^{\mathrm{TM}}\right|^2 \tag{6.27}$$

由上式可知，当 $\left|c_n^{\mathrm{TM}}\right| = 0$ 时，圆柱总散射为零，因此可以得到 $P_n^{\mathrm{TM}} = 0$。由于 P_n^{TM} 是关于超表面的表面阻抗 Z_{s} 的函数，因此可以反向求解出超表面在各阶数 n 所需的表面阻抗 $Z_{\mathrm{s}n}$。超表面的表面阻抗可以利用结构参数设计，其本质是通过设计不同电磁响应来对其等效表面阻抗进行灵活调控。需要注意的是，对于不同的阶数 n 所求解的 $Z_{\mathrm{s}n}$ 是不同的，而无源超表面最终可实现的等效表面阻抗却只有一个值，因此只能合理选择 Z_{s}，尽量抑制对散射起主导作用的散射系数。通过计算可以知道，该场景下起主导作用的主要是 0~4 阶散射系数，从而可以推导得出所需超表面的阻抗特性。

此外，在不同频率下，同一阶数的散射系数也会有所改变，而无源超表面等效表面阻抗随频率的微小变化并不能抵消散射系数的变化，导致覆罩式低散射器难以在较宽频带工作。因此，这里引入工作在相邻频点 2.3 GHz 的微波网络结构，以拓展 RCS 缩减带宽。微波网络结构的核心是一种具有收发电磁波功能的超表面单元，其工作原理如图 6.18(a) 所示。从包裹超表面的金属圆柱的俯视视角看去，电磁波从正面端口 3 入射，具有收发电磁波功能的超表面单元将入射的电磁

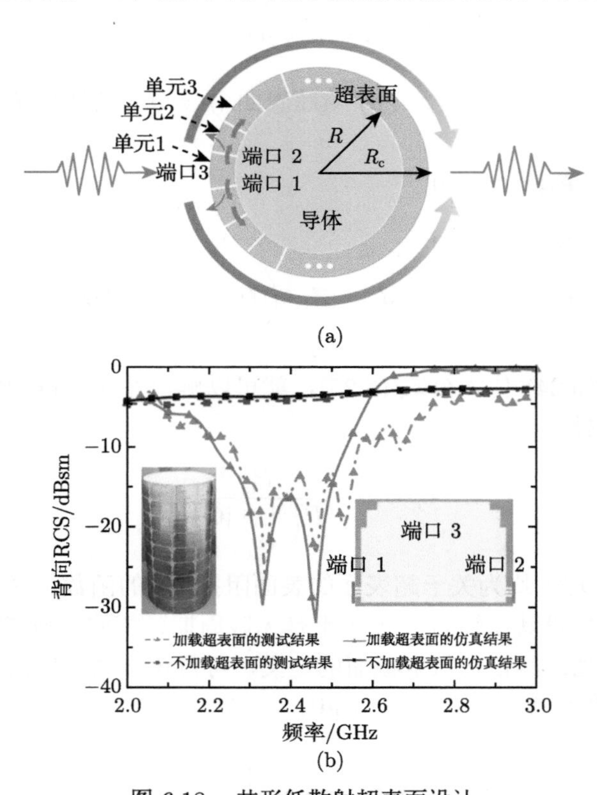

图 6.18　共形低散射超表面设计

(a) 基于微波网络的共形低散射器原理示意图；(b) 基于复合策略的无源共形低散射超表面仿真与测试结果

波吸收，并经端口 1 和端口 2 耦合到两侧相邻单元，大部分能量会经相邻单元继续向前耦合直到释放到前向空间。该方法与变换光学具有异曲同工之妙，均可以使得电磁波绕过目标物体，但不同之处在于，电场波能量不是在各向异性超材料构建的虚拟空间中传播，而是转化为电流经微波网络在物体表面传播，从而绕过物体。相较于复杂的变换光学，微波网络的设计与制作都更为简单，且结构可以做到轻薄 [29]。

最终设计研制了结合散射相消与微波网络的宽带无源低散射器原型器件，并在微波暗室进行背向 RCS 的实验测试，测试结果与仿真分析对比如图 6.18(b) 所示。由图可知，实测结果与仿真分析相比，具有较好的一致性。包裹该低散射器圆柱结构的背向 RCS 曲线中，在 2.3 GHz 和 2.45 GHz 处均出现缩减最强峰，分别对应于微波网络工作模式与散射相消的工作模式，与无包裹的金属柱结构的 RCS 相比，分别实现了 22.95 dBsm 和 18.89 dBsm 的背向 RCS 缩减极值。同时，该结构的 10 dB 背向 RCS 缩减相对带宽达到了 11.16%。

为了进一步拓宽上述低散射超表面的工作带宽，可引入有源器件实现 RCS 缩减带宽的动态调控。这里以可调元件 PIN 二极管为例，分别在单元上下两端加入两个 PIN 二极管，通过控制二极管的开关状态 (如图 6.17 所示)，可以改变超表面的等效表面阻抗，从而调节散射相消的工作频点。需注意的是，二极管状态的切换不影响微波网络的工作频段。如图 6.19 所示，随着 PIN 二极管开启的数量增加，超表面工作频点呈现蓝移的趋势。由该图可以推断出当超表面上的二极管全部关闭时，超表面的工作频段最低。反之，当超表面上的二极管全部开启时，超表面的工作频段最高。因此，通过合理选择 PIN 二极管的开启数量和比例时，超表面的工作频段可以在最高与最低之间变化，从而实现背向 RCS 缩减频带的动态可调。

最后，对有源可重构低散射超表面样品进行加工，在标准微波暗室中进行实验测试。样品每列由 12 个单元构成，如图 6.20(a) 和 (b) 所示。通过优化筛选出 6 组合适的空间编码序列，对应不同的 PIN 二极管开关组合，如图 6.17 所示。从编码 1 到编码 6，PIN 二极管开启数量逐渐递增，从而超表面工作频率由低频向高频逐渐变化。图 6.20(a) 为测量样品 RCS 的微波暗室，样品放置于转台的中心区域。测试结果如图 6.20(c)~(f) 所示，分别为圆柱自转 0°、6°、12°、18° 时所测的不同空间编码下的背向 RCS 值。测试结果表明，与包裹铜皮的金属圆柱背向 RCS 比较，包裹该超表面的金属圆柱的背向 RCS 缩减带宽可在 2.13~2.94 GHz 范围内连续动态可调，相对工作带宽为 32.02%，得到了明显的拓宽。

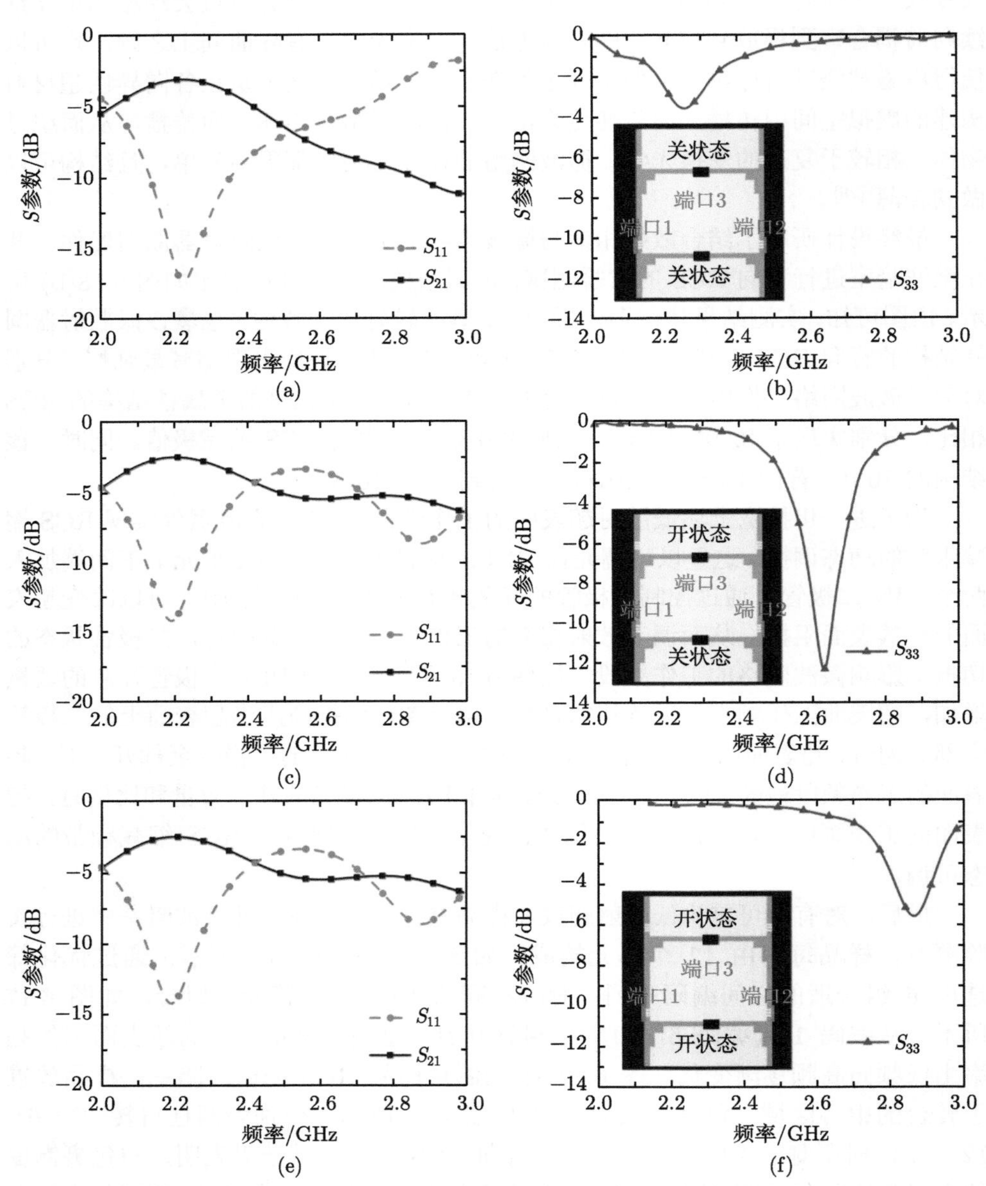

图 6.19　引入 PIN 二极管后的有源单元仿真结果

(a)OFF-OFF 状态下的 S_{11} 与 S_{21} 仿真结果;(b)ON-OFF 状态下的 S_{33} 仿真结果;(c)ON-ON 状态下的 S_{11} 与 S_{21} 仿真结果;(d)OFF-OFF 状态下的 S_{33} 仿真结果;(e)ON-OFF 状态下的 S_{11} 与 S_{21} 仿真结果;(f)ON-ON 状态下的 S_{33} 仿真结果

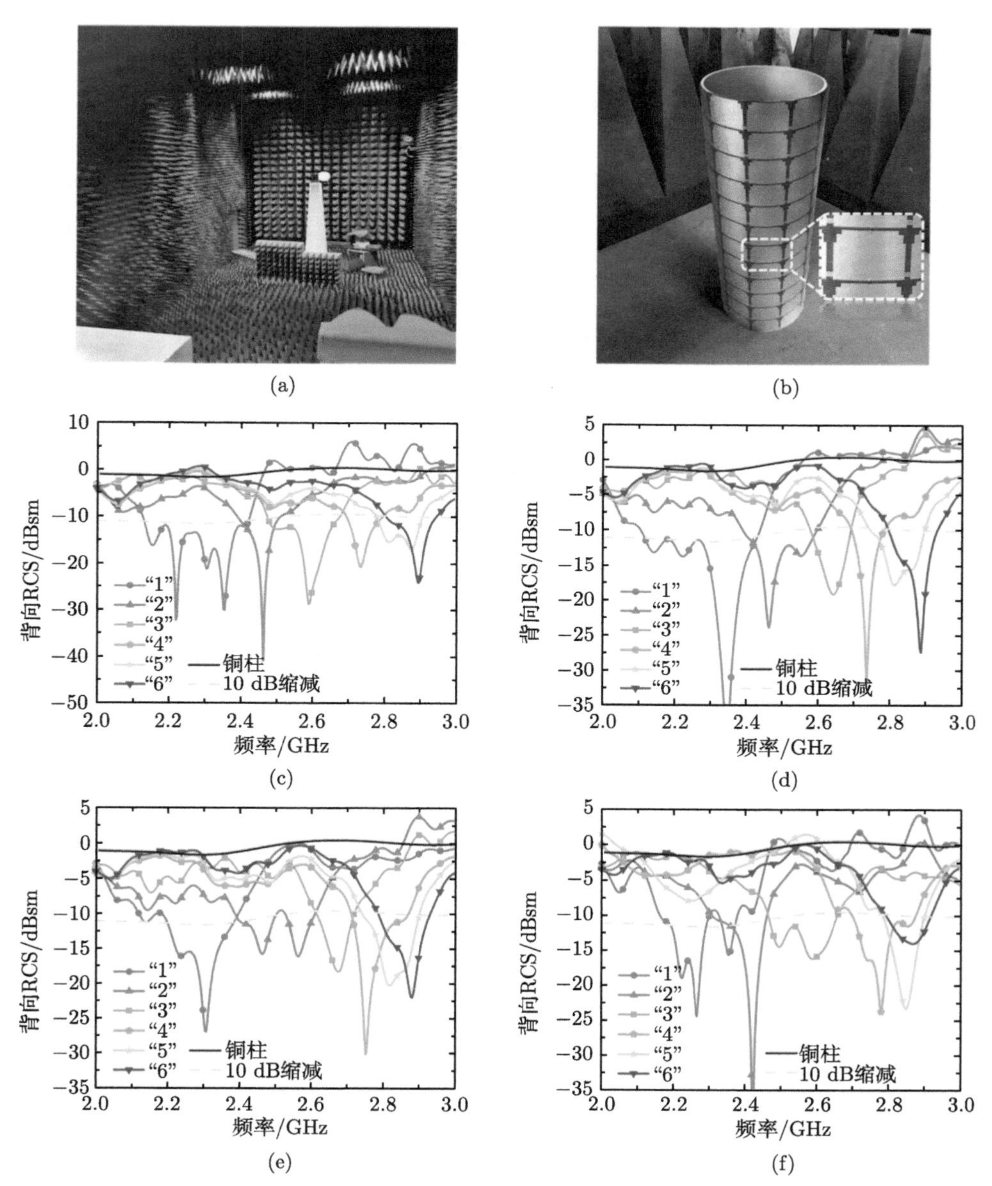

图 6.20 基于复合策略的空间可重构共形低散射超表面测试

(a) 测试样品；(b) 测试场景；0° (c)，6°(d)，12°(e)，18°(f) 自转角度时，背向 RCS 测试结果

6.4 本章小结

可重构超表面因其灵活的电磁波动态调控能力受到科研工作者的广泛关注，正逐渐成为超表面领域的研究重点和热点方向。本章从相位调制超表面的概念入手，结合理论与仿真分析，分别介绍了反射型与透射型可重构超表面单元的一般设计方法，进而分析了它们对电磁波波前、电磁功能、工作频段的动态调控，包括远场波束调控、近场电磁波聚焦、时空调制实现任意极化调控以及共形低散射设计等应用探索。这方面的研究内容对超表面在无线通信、雷达探测、雷达成像等领域的应用具有良好的借鉴和启发作用。

参考文献

[1] Cui T J, Qi M Q, Wan X, et al. Coding metamaterials, digital metamaterials and programmable metamaterials. Light: Science & Applications, 2014, 3: 218.

[2] Huang C, Yang J, Wu X, et al. Reconfigurable metasurface cloak for dynamical electromagnetic illusions. ACS Photonics, 2017, 5(5): 1718-1725.

[3] Chen K, Feng Y, Monticone F, et al. A reconfigurable active Huygens' metalens. Advanced Materials, 2017, 29(17): 1606422.

[4] Yang X, Xu S, Yang F, et al. A mechanically reconfigurable reflectarray with slotted patches of tunable height. IEEE Antennas and Wireless Propagation Letters, 2018, 17(4): 555-558.

[5] Gutruf P, Zou C, Withayachumnankul W, et al. Mechanically tunable dielectric resonator metasurfaces at visible frequencies. ACS Nano, 2016, 10(1): 133-141.

[6] Chen M, Kim M, Wong A M H, et al. Huygens' metasurfaces from microwaves to optics: a review. Nanophotonics, 2018, 7(6): 1207-1231.

[7] Bai X, Kong F, Sun Y, et al. High-efficiency transmissive programmable metasurface for multimode OAM generation. Advanced Optical Materials, 2020, 8(17): 2000570.

[8] Hu Q, Zhao J, Chen K, et al. An intelligent programmable omni-metasurface. Laser & Photonics Reviews, 2022, 16(6): 2100718.

[9] Yu N, Genevet P, Kats M A, et al. Light propagation with phase discontinuities: generalized laws of reflection and refraction. Science, 2011, 334(6054): 333-337.

[10] Zhang N, Chen K, Zheng Y, et al. Programmable coding metasurface for dual-band independent real-time beam control. IEEE Journal on Emerging and Selected Topics in Circuits and Systems, 2020, 10(1): 20-28.

[11] Cui T J, Liu S, Zhang L. Information metamaterials and metasurfaces. Journal of Materials Chemistry C, 2017, 5(15): 3644-3668.

[12] Yang H, Yang F, Cao X, et al. A 1600-element dual-frequency electronically reconfigurable reflectarray at X/Ku-band. IEEE Transactions on Antennas and Propagation, 2017, 65(6): 3024-3032.

[13] Zhang N, Zhao J, Chen K, et al. Independent dual-beam control based on programmable coding metasurface. Acta Physica Sinica, 2021, 70(17): 178102.

[14] Li X, Xiao S, Cai B, et al. Flat metasurfaces to focus electromagnetic waves in reflection geometry. Optics Letters, 2012, 37(23): 4940-4942.

[15] Tennant A, Chambers B. Time-switched array analysis of phase-switched screens. IEEE Transactions on Antennas and Propagation, 2009, 57(3): 808-812.

[16] Fante R. Transmission of electromagnetic waves into time-varying media. IEEE Transactions on Antennas and Propagation, 1971, 19(3): 417-424.

[17] Rogov A, Narimanov E. Space-time metamaterials. ACS Photonics, 2018, 5(7): 2868-2877.

[18] Ramaccia D, Sounas D L, Alu A, et al. Phase-induced frequency conversion and Doppler effect with time-modulated metasurfaces. IEEE Transactions on Antennas and Propagation, 2019, 68(3): 1607-1617.

[19] Zhao J, Yang X, Dai J Y, et al. Programmable time-domain digital-coding metasurface for non-linear harmonic manipulation and new wireless communication systems. National Science Review, 2019, 6(2): 231-238.

[20] Dai J Y, Tang W, Yang L X, et al. Realization of multi-modulation schemes for wireless communication by time-domain digital coding metasurface. IEEE Transactions on Antennas and Propagation, 2019, 68(3): 1618-1627.

[21] Hu Q, Chen K, Zhang N, et al. Arbitrary and dynamic Poincaré sphere polarization converter with a time-varying metasurface. Advanced Optical Materials, 2022, 10(4): 2101915.

[22] Zhang L, Chen X Q, Liu S, et al. Space-time-coding digital metasurfaces. Nature Communications, 2018, 9: 4334.

[23] Jaggard D L, Engheta N, Liu J. Chiroshield: a Salisbury/Dallenbach shield alternative. Electronics Letters, 1990, 26(17): 1332-1334.

[24] Zhang J, Mei Z L, Ru Zhang W, et al. An ultrathin directional carpet cloak based on generalized Snell's law. Applied Physics Letters, 2013, 103(15): 151115.

[25] Chen K, Cui L, Feng Y, et al. Coding metasurface for broadband microwave scattering reduction with optical transparency. Optics Express, 2017, 25(5): 5571-5579.

[26] Chen K, Feng Y, Yang Z, et al. Geometric phase coded metasurface: from polarization dependent directive electromagnetic wave scattering to diffusion-like scattering. Scientific Reports, 2016, 6: 35968.

[27] Pendry J B, Schurig D, Smith D R. Controlling electromagnetic fields. Science, 2006, 312(5781): 1780-1782.

[28] Schurig D, Mock J J, Justice B J, et al. Metamaterial electromagnetic cloak at microwave frequencies. Science, 2006, 314(5801): 977-980.

[29] Luo X Y, Guo W L, Chen K, et al. Active cylindrical metasurface with spatial reconfigurability for tunable backward scattering reduction. IEEE Transactions on Antennas and Propagation, 2020, 69(6): 3332-3340.

第 7 章　机械可重构超表面

7.1　引　　言

近年来，随着电磁超表面的迅速发展，可任意重构的超表面进一步拓展了对电磁波调控的方法和手段，形成了电磁调控器件研究领域的新"范式"，因此受到了研究人员的广泛关注。在可调电磁器件中，基于开关二极管和变容二极管实现的有源电可调超表面可实现对电磁波的实时调控，此类超表面有效地提高了电磁调控的灵活度，扩大了调控的范围。在电磁波束调控方面，与相控阵天线相比，电可调超表面极大地降低了系统的复杂度、体积、重量和成本。然而，引入有源电可调元器件之后，带来的欧姆损耗、工作频带窄、馈线结构复杂等问题也限制了有源电可调超表面的发展和应用范围。针对此类问题，将传统无源超表面与机械调控结构相融合，在保持超表面宽带、高效等优势的同时，也可以实现对电磁波的动态调控，在民用领域和军事领域都具有重要的潜在应用。

如图 7.1 所示，常见的机械可重构超表面的调控途径有机械升降单元、机械旋转单元以及机械拉伸超表面结构等。在这类调控方式中，人们可以通过机械控制的方式，对超表面进行全局调控或对超表面单元进行局域调控。全局调控方式诸如改变超表面整体的旋向 [1]、高度 [2] 或拉伸、压缩超表面来改变相邻单元之间的距离 [3] 等；而局域调控方式可以通过改变超表面单元的几何结构 [4] 或几何旋向 [5]，来实现动态可重构超表面器件的状态切换。

在机械调控的过程中，单纯使用人工施加外力的调控方式，并不能获得很好的精度及速度响应。因此，一些精确控制技术逐渐走进人们的视野并得到广泛应用，例如微机电系统 (MEMS)，它可以通过电控机械装置对超表面实现精密可靠的控制，其工作范围可覆盖从微波段 [6] 至太赫兹波段 [7]，再到光波段 [8] 等不同频率的不同应用场景。除此之外，微流体系统也是实现微机电系统的另一种有效技术 [3,9,10]，目前也在机械可调超表面上得到了应用。具体而言，为了实现对超表面单元电磁响应的调控，人们设计了一系列腔体，可以基于微流体技术和气动阀门来动态调控所填充液态金属单元的几何形状、几何旋向等参数。然而，其有限的调控速度以及高频段复杂的设计工艺限制了其在多功能超表面器件中的应用推广。而起源于民间艺术的剪纸 (或折纸)，则具有低成本、质量轻、形变方式多样等优势，也为超表面提供了丰富多样的结构变换方式，发展至今也已成为一门集数学、力学、材料等多学科交叉的新兴学科 [11-13]，在电磁学领域也具有良好的应用前景。

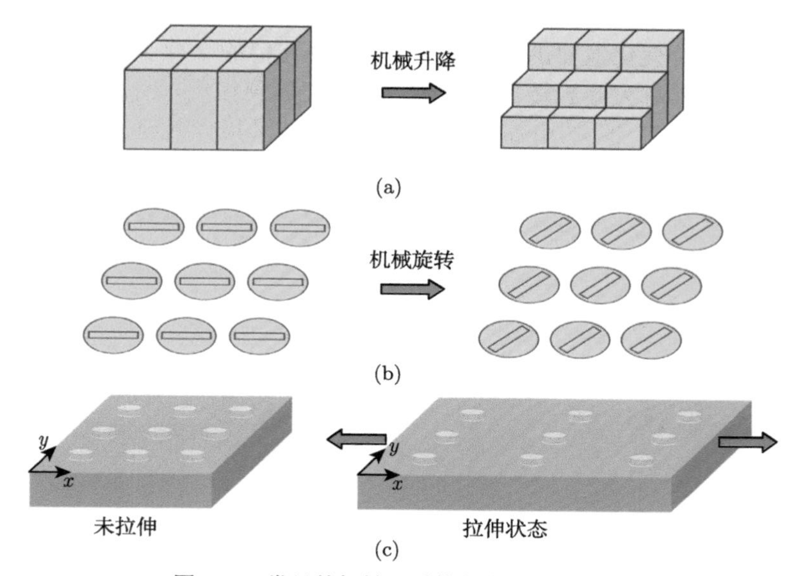

图 7.1 常见的机械可重构超表面调控方式
(a) 机械升降式可重构超表面；(b) 机械旋转式可重构超表面；(c) 机械拉伸式可重构超表面

本章将重点关注机械可重构超表面，介绍两类调节方式不同的机械可重构超表面设计实现方法。首先，介绍一种基于电控机械旋转功能单元的可重构超表面，可实现对入射电磁波的动态自适应回溯。而后，将介绍一种基于 Kirigami 折纸的机械拉伸可重构相位梯度超表面，用于实现可重构的异常电磁波偏折器及可重构超表面消色差聚焦透镜。这些机械可重构超表面为可重构电磁器件的设计提供了有效的新途径。

7.2 电控机械旋转可重构超表面

7.2.1 超表面单元设计

为了实现针对圆极化波的可重构反射超表面，需要设计一种机械旋转超表面单元，通过几何相位调控原理，就可以满足对入射圆极化波的高效反射全相位调制。图 7.2(a) 和 (b) 展示了所提出的机械旋转单元结构 [5]，单元的周期长度 $p=17$ mm，双 C 形金属贴片通过印刷电路板工艺附着在 1.5 mm 厚的圆形介质基板上表面 (介质基板的相对介电常数 $\varepsilon_{\mathrm{r}}=6.15$，$\tan\delta=0.0038$)，使得单元在旋转的过程中不会与相邻的单元产生碰撞。介质基板与金属地板之间设置了 3.7 mm 厚的空气层，金属地板中心开槽使微型步进电机的转轴穿过，与上层介质基板相连，进而控制双 C 形谐振单元旋转。根据 Pancharatnam-Berry(PB) 相位 (又称几何相位) 理论，在圆极化波的作用下，当单元旋转时，同极化散射分量的相位会发生变化，并且其相位变化值理论上等于旋转角度变化值的 2 倍。具体而言，当单元绕其中心按照逆时针方向旋转角度 q 时，对于左旋圆极化入射波，其同极化反射分量将会携带数值为 $2q$ 的附加相位；而对于右旋圆极化入射波，其同极化反射分量附加相位为 $-2q$。

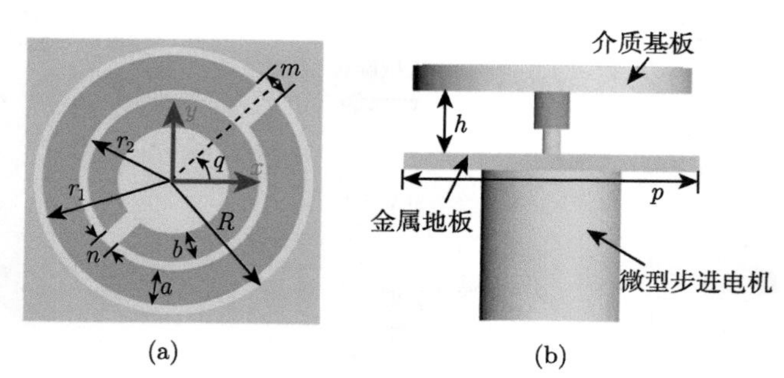

(a)　(b)

图 7.2　加载微型步进电机的双 C 形超表面单元结构示意图
(a) 顶视图；(b) 侧视图

图 7.3(a) 给出了单元在左旋圆极化 (LCP) 入射波垂直照射下的同极化与交叉极化反射幅度曲线。从图中可知，单元在 4 GHz 及其附近频率范围内对正入射的左旋圆极化波具有高效同极化反射特性。图 7.3(b) 给出了在正入射左旋圆极化波下同极化反射系数相位随旋转角度 q 的变化，当单元从 0° 旋转到 180° 时，引入的相位变化可以覆盖 360° 的范围。图 7.3(c) 和 (d) 分别为左旋圆极化波斜入射时单元的同极化反射幅度与相位响应仿真结果，当斜入射角度增加到 30° 时，单元的同极化反射幅度保持在 80%以上，同时其反射相位依旧可以覆盖 360° 的范围。该单元同样适用于右旋圆极化 (RCP) 波入射条件下的高效同极化反射，当同样以逆时针旋转单元时，其在右旋圆极化波照射下的相位变化与左旋圆极化波照射条件下相反。

7.2.2　基于广义斯涅耳定律的波束回溯超表面

广义斯涅耳定律的提出为相位调制超表面的设计奠定了理论基础，该定律指出，当电磁波照射到两种媒质的分界面时，透射波的折射角度不仅仅取决于两种介质的折射率，还与分界面上的相位分布紧密相关。假设分界面可以对透射波产生一个相位突变 $\mathrm{d}\varPhi/\mathrm{d}x$，那么基于费马原理，可推导出修正后的折射定律为 [14]

$$n_{\mathrm{t}}\sin\theta_{\mathrm{t}}-n_{\mathrm{i}}\sin\theta_{\mathrm{i}}=\frac{1}{k_0}\frac{\mathrm{d}\varPhi}{\mathrm{d}x}\tag{7.1}$$

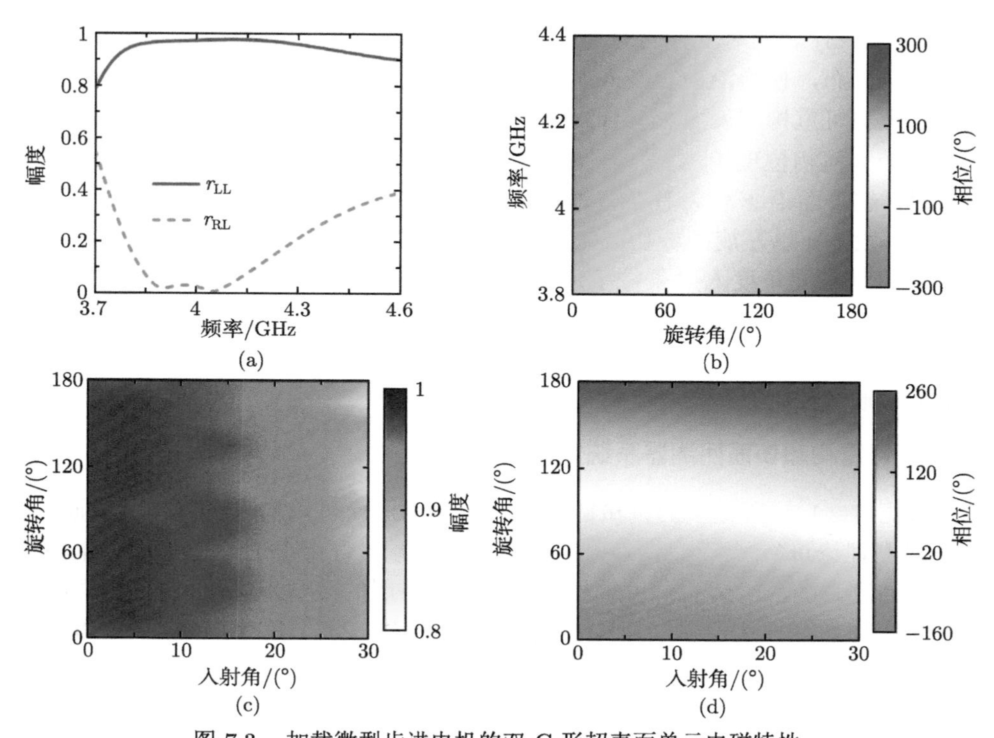

图 7.3 加载微型步进电机的双 C 形超表面单元电磁特性

(a) 单元在正入射左旋圆极化波照射下的同极化与交叉极化反射幅度；(b) 在正入射左旋圆极化波照射下旋转单元实现覆盖 2π 范围的同极化反射相位调制；单元在 4 GHz 处左旋圆极化波照射下随入射角度以及单元旋转角度变化的幅度 (c) 与相位响应 (d)

倘若分界面上存在固定的相位梯度，即式 (7.1) 中的 $\mathrm{d}\Phi/\mathrm{d}x$ 为固定值，且不为零，此时电磁波照射到分界面上就会发生反常的折射行为，也就是所谓的奇异折射现象，产生这种现象的器件称为奇异偏折器。同理，基于费马原理也可以得出修正后的反射定律：

$$\sin\theta_{\mathrm{r}} - \sin\theta_{\mathrm{i}} = \frac{1}{k_0}\frac{\mathrm{d}\Phi}{\mathrm{d}x} \tag{7.2}$$

波束回溯 (retro-reflection) 调控是异常反射的一种特殊情景，指电磁波异常反射时，将沿入射方向被反射至发射源处，具有此种功能的装置称为回溯器 (retro-reflector)。由于具有明显的背向反射增强特性，回溯器被广泛应用于信标、目标探测增强等技术。实现回溯功能时，式 (7.2) 中 θ_{r} 与 θ_{i} 具有相同的绝对值，但符号相反。因此，这里很容易推导得到实现回溯波束调控所需要的界面上的反射相位分布与入射角之间的关系：

$$\theta_{\mathrm{r}} = -\theta_{\mathrm{i}} = \arcsin\left(\frac{1}{2k_0}\frac{\mathrm{d}\Phi}{\mathrm{d}x}\right) \tag{7.3}$$

公式 (7.3) 表明对于不同的入射角度，可以通过计算得到对应所需的界面上的反射相位分布，使得沿该角度入射的电磁波在反射界面上实现波束回溯响应。将这一原理与可重构超表面相结合，可以实现对入射电磁波的动态自适应回溯功能。

基于几何相位理论，当沿 x 轴方向相邻单元的旋转角度差为 α 且构成线性梯度时，超表面沿 x 轴将具有线性相位梯度 (针对圆极化波入射的情况)，其值为 $\mathrm{d}\Phi/\mathrm{d}x = 2\alpha/p$(以左旋圆极化波入射为例)。将这一变形后的表达式代入式 (7.3)，可计算得到不同角度入射条件下所对应的机械旋转单元的旋转角分布。基于此，在已知入射角度时，可以通过上述理论计算过程将入射角信息转化成所对应的超表面旋转角分布信息，继而控制每一个机械旋转单元所连接的步进电机所需的脉冲序列，通过控制系统实现实时的回溯控制。

7.2.3　可重构超表面回溯器系统方案

根据 7.2.1 节所提出的机械旋转单元设计，进而可以构造可重构超表面，对波束回溯理论进行验证，并在宽角度范围内实现对于超表面上方任意方向来波的高效回溯。加工组装后的可重构超表面及其使用的微型步进电机连接的机械旋转单元实物如图 7.4 所示。所构造的超表面由 23×23 个单元组成，整体面积为 391 mm× 391 mm。每一个单元背后加载的步进电机都可以通过基于 FPGA 的控制系统实时控制其旋转角度，继而实时控制超表面整体的相位分布，以适用于对不同角度的入射波实现回溯功能。

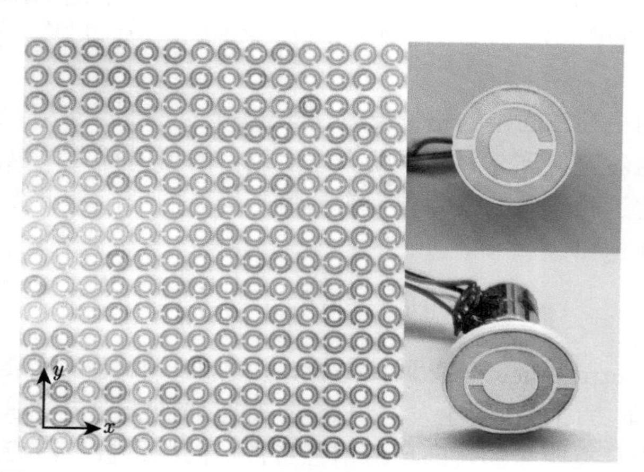

图 7.4　电控机械旋转可重构超表面及其构成单元实物图

在此基础上，使用测向天线来实时获得电磁波的入射角度信息，可以构建对于不同入射角度电磁波实现动态回溯功能的自适应超表面回溯器。如图 7.5 所示，整个动态角度自适应回溯系统可分为 3 个部分：入射角度探测、实时控制系统及实现动态回溯响应的可重构超表面。在入射角度探测过程中，使用商业测向仪 ROHDE&SCHWARZ (R&S®) DDF007 可以探测和确定发射天线发出的电磁波的入射角信息。在第二部分控制系统中，将测得的入射角信息输入预先编辑好的计算程序，从而快速计算得到超表面在该入射角度下所需要的相位分布，继而通过 FPGA 生成所需要的控制信号。接下来，将生成的控制信号传输至每一个超表面单元下方的微型步进电机，实时控制单元的旋转角度。最终，可重构超表面的相位分布可通过实时重建功能，形成对不同入射角度电磁波的动态回溯响应。

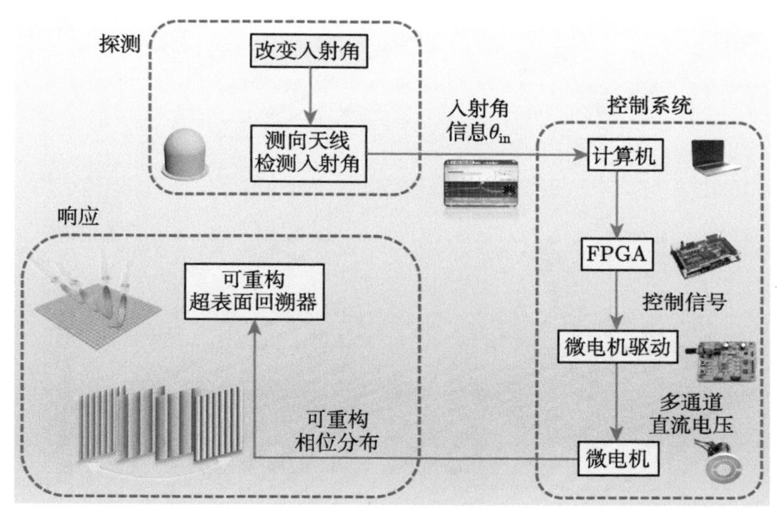

图 7.5 实现动态角度自适应电磁波回溯系统设计的流程图

7.2.4 仿真分析与实验验证

在完成可重构电磁波回溯器的理论分析及系统设计后，本节中将对其进行仿真分析和实验验证。图 7.6 给出了左旋圆极化波在 xOz 平面内以 4 种不同的角度入射到可重构超表面上的三维远场散射方向图。可以看出，不同的入射角度对应于不同的相位梯度分布。从图 7.6(a)~(d) 的 4 种情景中，左旋圆极化波的入射角度分别为 11°、22°、33° 和 47°，对应的超表面上相邻单元之间的旋转角度差分别为 15°、30°、45° 和 60°。根据仿真结果可知，反射场中镜面反射方向上的能量得到了明显抑制，可以观测到回溯方向上存在明显的异常反射。这里的回溯效率定义为入射波照射到超表面上的反射场主波束能量与以相同的角度入射到等大的金属板上的反射场主波束能量的比值。测试结果中的回溯效率与仿真结果接近，反射场的主波束方向与仿真分析结果也相吻合，均为理论设计的回溯角度，即与入射角度相一致。当入射角为 11° 时，仿真分析与测试的可重构超表面回溯效率达到最高，为 92%。随着入射角度的增大，入射电磁波与超表面的阻抗匹配性能逐渐恶化，导致回溯效率的降低。不过，即使在入射角度增加到 47° 的时候，回溯效率依旧可以保持在 50%附近。

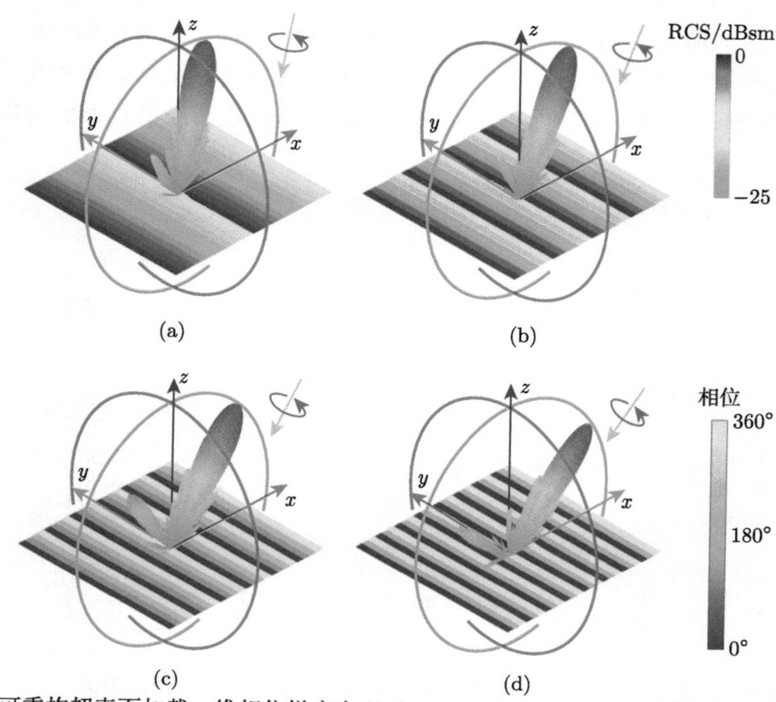

图 7.6　可重构超表面加载一维相位梯度实现对 xOz 平面内不同角度入射左旋圆极化电磁波的动态回溯波束调控

(a) $\theta_{\text{in}} = 11°$; (b) $\theta_{\text{in}} = 22°$; (c) $\theta_{\text{in}} = 33°$; (d) $\theta_{\text{in}} = 47°$

在实际应用中，电磁波往往来自于自由空间中的任意方向，并不会局限于某一个平面之内。而回溯装置的位置往往是固定的，难以随着入射平面的改变而做出调整。因此，下面就加载二维相位梯度的可重构超表面进行进一步的研究、分析与探讨，以对超表面上半空间中任意方向入射的电磁波实现回溯功能。基于机械旋转单元的灵活调制方式，可以很容易在沿 x 轴方向与 y 轴方向均引入所需的相位梯度，以针对任意入射方位角和任意俯仰角入射的电磁波实现回溯功能。图 7.7 展示了当左旋圆极化电磁波在上半空间中以 4 种任意方向的入射角度照射到超表面上时，实现回溯功能的三维远场散射方向图的仿真分析结果。为了体现回溯可适用的范围能够覆盖整个上半空间，4 种随意的入射方向分别分布在不同的象限之中。类似地，可以观测到反射角度与理论设计一致，入射波的能量均被高效反射回其入射方向，较好地验证了超表面的回溯特性。

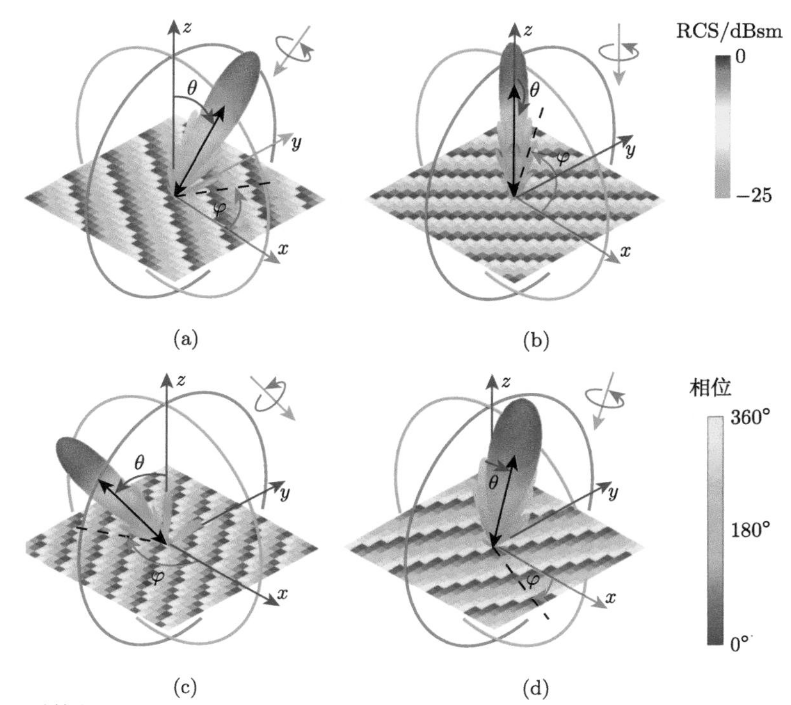

图 7.7 可重构超表面加载二维相位梯度实现对上半空间任意方向入射左旋圆极化电磁波的动态回溯波束调控

(a) $\varphi_1=56^\circ,\theta_1=26^\circ$; (b) $\varphi_2=135^\circ,\theta_2=31^\circ$; (c) $\varphi_3=-146^\circ,\theta_3=42^\circ$; (d) $\varphi_4=-27^\circ,\theta_4=24^\circ$

为了对上述讨论的两组动态角度自适应电磁波回溯的情况进行实验验证，加工组装了基于机械旋转单元的可重构超表面，并在微波暗室中进行回溯功能测试。首先搭建了一套包含测向天线的动态角度自适应电磁波回溯平台，如图 7.8(a) 所示。图 7.8(b) 为商用测向天线及手持测向仪。测向天线固定在转台的转轴中心位置，所测试的可重构超表面样品放置在测向天线上方，使其与测向天线均可以跟随转台同步旋转。发射天线与接收天线为双圆极化天线，可以任意选择工作的极化模式，它们放置在距离样品足够远的位置，保证满足远场平面波的条件。当转台在旋转时，相当于实时改变入射角，不同的入射角度可以被测向天线系统自动检测，并将入射角信息传递给控制计算机。接着，根据所探测到的入射角信息，机械旋转可重构超表面将做出动态响应，实现对入射波的回溯效应。

一方面，为了测试每一种回溯案例的辐射方向图，需要对图 7.8(a) 中的测试平台做出适当的调整。此时，发射天线将与可重构超表面一起固定在转台上，可重构超表面垂直放置于转台转轴的中心位置，而发射天线放置在转臂的另一端。通过调整可重构超表面相对于转轴的放置角度，可以模拟发射天线以一定的入射角度照射至超表面。另一方面，接收天线利用三脚架固定于转台旋转轨迹后的某一位置。这样，随着超表面样品与发射天线的同步运动，在测试过程中等效于接收天线进行远场方向图的扫描。基于此，即可获得每一种回溯案例中的回溯波束方向图分布，具体测试结果如图 7.9 所示。图 7.9(a)~(d) 对应于图 7.6 中的固定平

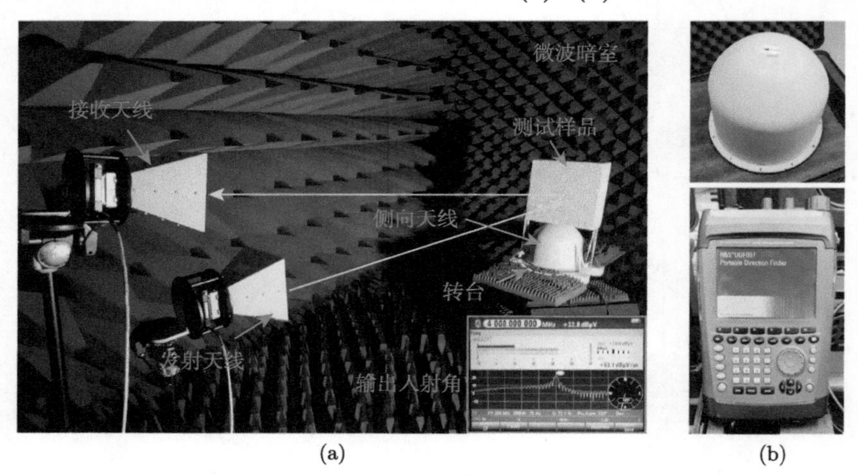

图 7.8 实验测试平台图片

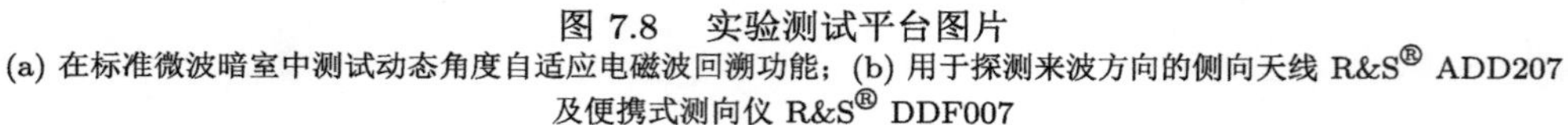

(a) 在标准微波暗室中测试动态角度自适应电磁波回溯功能；(b) 用于探测来波方向的侧向天线 R&S® ADD207 及便携式测向仪 R&S® DDF007

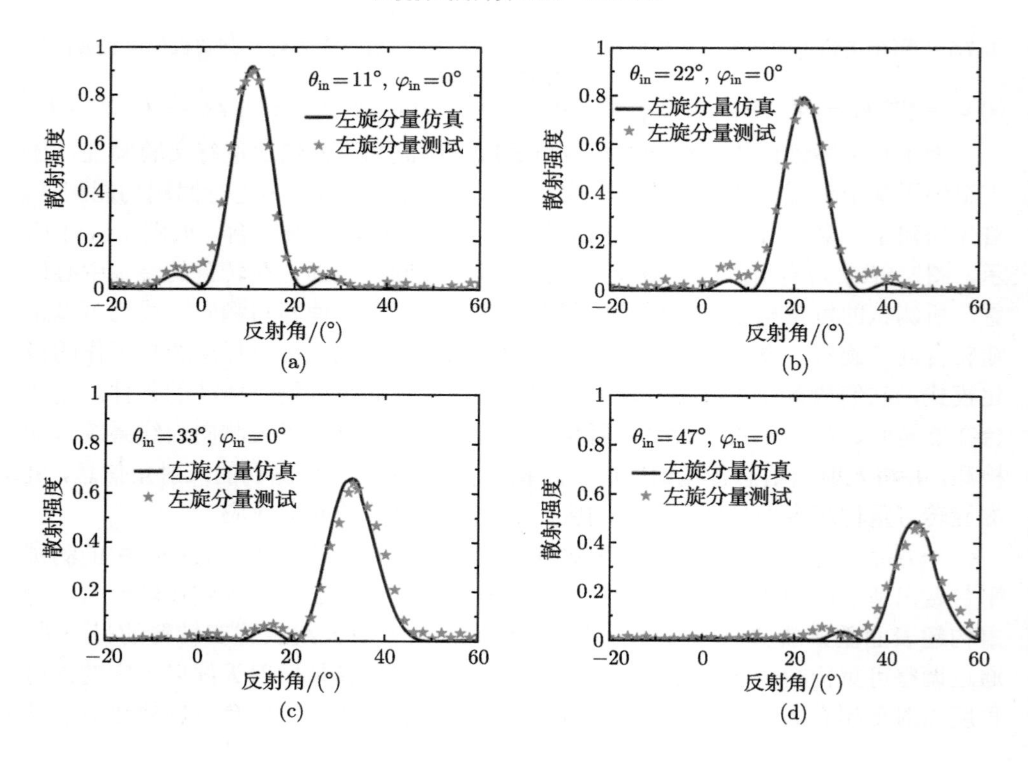

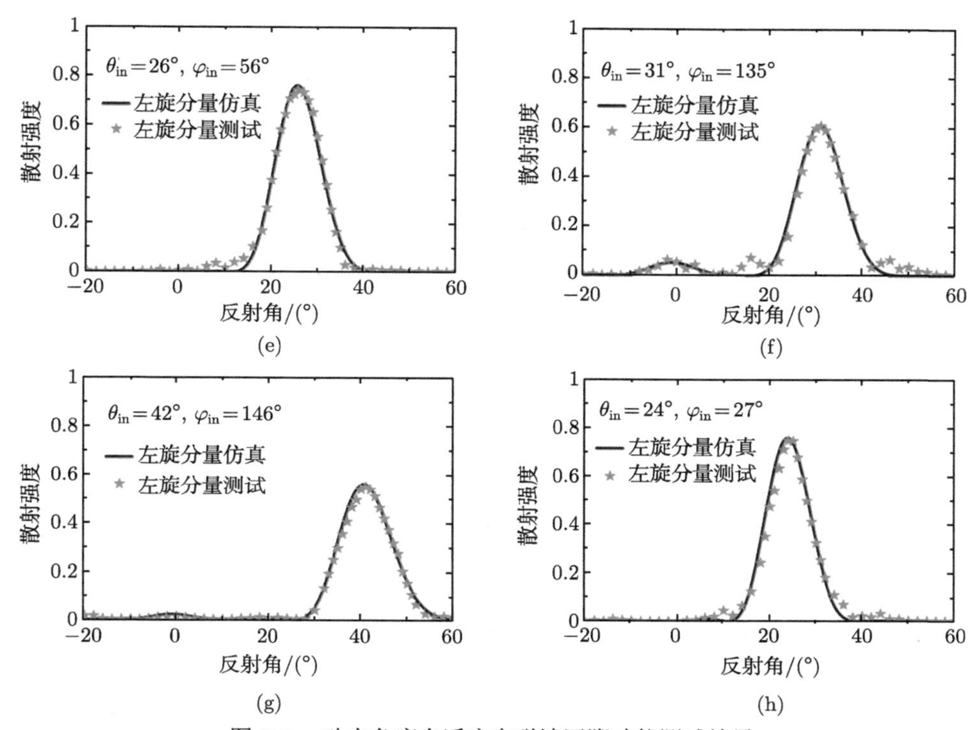

图 7.9 动态角度自适应电磁波回溯功能测试结果

(a)～(d) 可重构超表面加载一维相位梯度实现 xOz 平面内不同角度入射电磁波回溯功能的测试结果；(e)～(h) 可重构超表面加载二维相位梯度实现上半空间内不同角度入射电磁波回溯功能的测试结果

面内的不同角度回溯仿真案例，图 7.9(e)～(h) 对应于图 7.7 中的上半空间内的不同角度回溯仿真案例。可以明显看出，无论是单一平面内还是上半空间内的不同角度的回溯案例，测试结果与仿真结果都相吻合，进一步验证了所提出的动态角度自适应电磁波回溯系统的有效性。

基于上述结果，对于入射的圆极化波，所提出的基于机械旋转单元的可重构超表面能够将入射能量有效地回溯至其入射方向，且该回溯功能原则上可以覆盖超表面上半空间中的任意方向。该设计有望应用于圆极化波束调控、多目标定位和无线通信等方面。这一设计方法还具有良好的可扩展性，可为太赫兹和可见光频段的微机电可重构超表面提供新的设计思路。

7.3 剪纸/折纸可重构相位梯度超表面

剪纸/折纸可重构超表面是一类主要的机械调控超表面。目前主要集中于对整个超表面的全局性能调控，即对单元结构的电磁特性进行一致性调整。例如，改变相邻单元排布方式，以折叠角度为自由度调控超表面的吸波频段 [15]、连续改变折叠角度调控超表面的手征性质 [16]、随折叠连续改变材料的泊松比 [17] 等，目前关于非周期性单元构成的剪纸/折纸相位梯度超表面的研究还不多。这类相位梯度表面能够满足更加复杂的波阵面调控需求，例如实现成像、聚焦、波束赋形等功能。这类超表面包含不同电磁特性的单元，使超表面在形变过程中会产生复杂的电磁响应，给理论设计和功能实现带来诸多困难。因此，利用剪纸/折纸技术实现性能连续可调的电磁器件仍具有较大的挑战性。本节重点介绍剪纸/折纸梯度超表面的设计实例及应用探索。

7.3.1 可重构相位梯度超表面单元设计

一般而言，可折叠超表面在形变过程中，其单元被电磁波照射，入射条件将会从正入射过渡为不同入射角的斜入射。这就要求此类超表面不仅具有相位调控的能力，还要在斜入射下具有良好的幅度稳定性，其本质上就是要构建斜入射性能稳定的相位调控单元。在此设计思路下，本节根据 PB 相位理论构建具有高透射性的单层双线形超表面单元，如图 7.10(a) 所示。谐振单元由上层双线形金属谐振结构、下层介质基板构成。介质基板采用厚度为 0.2 mm、相对介电常数为 3.0、损耗角正切为 0.002 的 F4B 介质板材，上层铜质金属结构厚度为 0.018 mm。经优化后的结构参数分别为 p= 14 mm, a= 2.5 mm, b= 11 mm, r= 6.5 mm, d= 1.5 mm。

为了更好地表征单元结构的电磁响应，先对该单元进行了全波电磁仿真分析。仿真分析时，单元的横向方向设置为周期延拓边界条件，纵向方向设置为波端口边界条件，电磁波沿 z 轴负方向入射。在左旋圆极化波入射下，单元结构的反射同极化分量和透射转极化分量具有相同的幅度响应。同时，基于 PB 相位理论，可以通过旋转双线形单元结构实现不同的相位响应。如图 7.10(a) 所示，当线形结构具有不同旋转角γ 时，该单元结构的透射转极化幅度在 8 ~ 10 GHz 范围内保持在单层透射率极限 0.5 左右 [18]，且具有渐变的透射转极化相位响应，相邻旋转状态之间，相位之差为旋转角之差的两倍，与 PB 相位理论一致。此外，该单元结构还具有较好的斜入射稳定性，如图 7.10(b) 所示。当斜入射角度逐渐增加到 30° 时，单元结构在透射转极化分量上实现的相位梯度基本保持不变，满足应用要求。

如图 7.10(c) 所示，通过在平面结构的基础上引入两种折叠方式，可实现折纸可重构相位梯度表面。折叠方式 I(Type I) 代表横向相邻单元逐个折叠，并与纵向相邻单元以单元的中点连接；折叠方式 II(Type II) 代表横向相邻单元每两个一起折叠，并与纵向相邻单元以单元的顶点连接。两种折叠方式下，折叠角 β 一定程度上代表了超表面折叠和压缩的程度。总体而言，角度β 越大，压缩程度越高，样品在 xOy 平面上的投影面积越小。

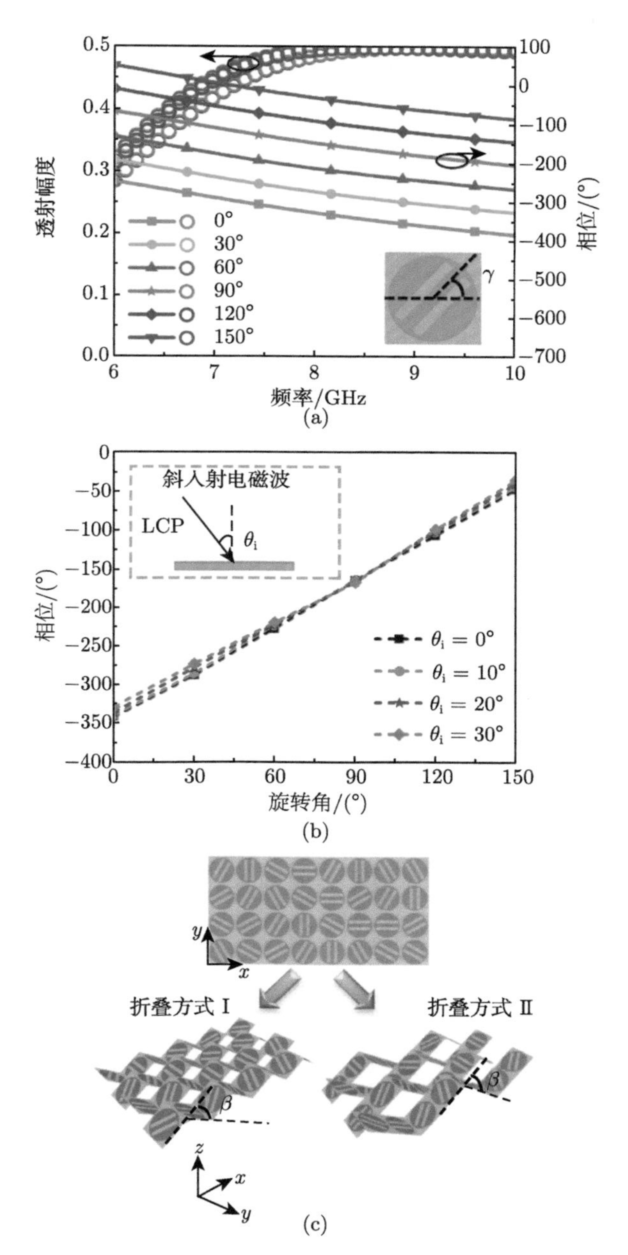

图 7.10 超表面单元结构及工作特性

(a) 超表面单元双线形结构旋转 0°、30°、60°、90°、120°、150° 时 LCP 入射下的转极化透射幅度、相位曲线及超表面单元结构示意图；(b)LCP 正入射下以及 10°、20°、30° 斜入射时单元表面结构旋转角分别为 0°、30°、60°、90°、120°、150° 时的转极化透射相位；(c) 两种不同折叠方式的结构示意图

7.3.2　仿真分析与实验验证

为验证该梯度表面的功能可重构性，将设计的谐振单元排布为 20 × 20 的超表面阵列结构，实现聚焦透镜功能。各单元中的双线形结构旋转角可根据聚焦相位分布公式 $\Delta\Phi(x,y)=\dfrac{2\pi}{\lambda}\left(\sqrt{F^2+(x-x_0)^2+(y-y_0)^2}-F\right)$ 计算出相位二维排布。其中，F 为设定的焦距，$F=100$ mm，$\Delta\Phi(x,\,y)$ 为超表面上位于 $(x,\,y)$ 处单元的相位响应，$(x_0,\,y_0)$ 为超表面透镜的中心点坐标。在平面透镜的基础上，引入如图 7.10(c) 所示的两种折叠方式，可实现超表面的空间机械形变，进而改变各个组成单元的排列周期和透射相位分布，从而改变超表面的整体电磁响应，实现电磁波聚焦功能的可重构。

为验证该设计方法和理论的正确性，先对超表面透镜的各个折叠状态进行了仿真分析计算，同时利用印刷电路板技术制作了透镜样品，实验测试了各个折叠透镜的聚焦性能，在此以折叠方式 I 为例进行介绍。图 7.11 为研制的折叠方式 I 焦距可重构聚焦透镜样品照片 (如图 7.11(a) 和 (d) 所示)、仿真分析以及测试所得的聚焦电场分布。如图 7.11(b) 和 (c) 所示，在平面状态下，当 LCP 电磁波正

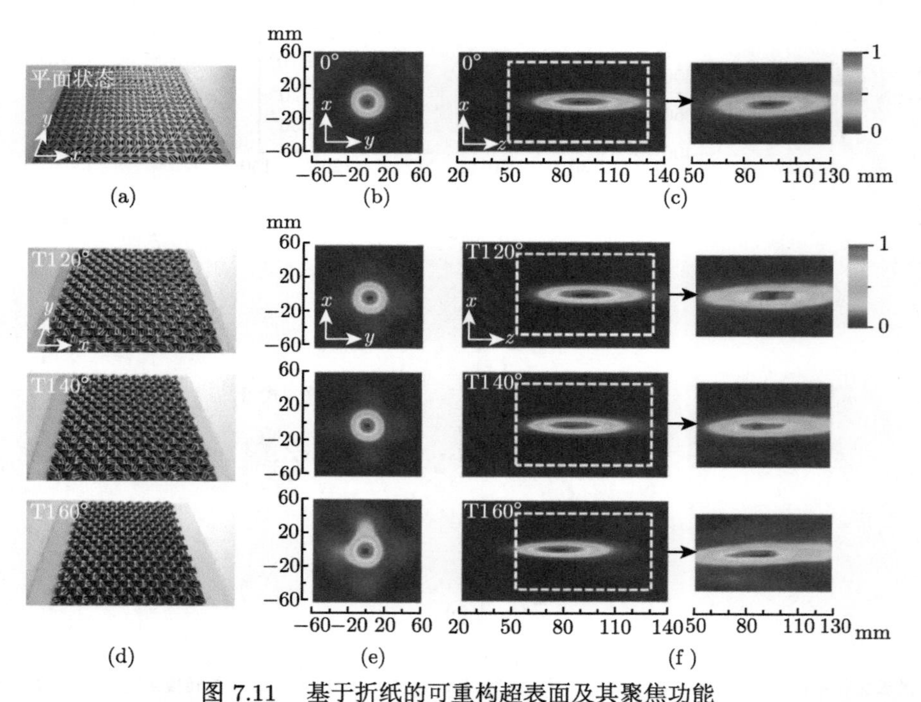

图 7.11　基于折纸的可重构超表面及其聚焦功能

(a)∼(c) 加工制做的平面透镜样品照片，在 xOy 平面内实测的焦斑场分布以及仿真和实测的平面透镜在 xOz 平面上的纵向焦斑场分布；(d)∼(f) 在$\beta=20°$，40° 和 60° 折叠状态下制作的折叠方式 I(T1) 聚焦透镜样品照片，xOy 平面中实测的焦斑场分布以及在 xOz 平面上仿真和测试的纵向焦斑场分布

入射照射到相位梯度超表面上时，超表面的转极化透射分量 (RCP) 会在设定的焦平面上形成明显的焦点，仿真分析和实验测试的焦距均在 99 mm 左右，与理论设计相符，且 xOy 截面上的焦斑是直径为 0.75λ 的圆形区域。在折叠方式 I 的作用下，平面透镜产生空间形变，在 x 方向上逐渐压缩，这时对聚焦透镜的仿真分析和实验测试得到的结果如图 7.11(e) 和 (f) 所示，分别为在各折叠角度下的焦斑能量分布图。比较图 7.11(c) 与 (f) 可知，透镜的焦距随着折叠角β 的增大而逐渐减小。同时，xOy 平面上的横向焦斑在折叠角度不断变化时仅也发生轻微形变，但焦斑直径仍保持在 0.75λ 左右，说明该可重构聚焦透镜具有良好的功能稳定性。

此外，在折叠方式 I 作用下，该可重构聚焦透镜能够实现透镜焦距的连续调节，因此可以将其进一步应用到色散效应的抵消中，使得这种可重构透镜在宽频带内保持相同的焦距，即实现无色差聚焦透镜。为了验证这一设想，对平面透镜、折叠透镜在宽频带范围内的聚焦性能进行了仿真分析和实验测试。实验测试结果如图 7.12 所示，图 7.12(a) 中，平面透镜的焦距随着频率的升高而逐渐增大，符

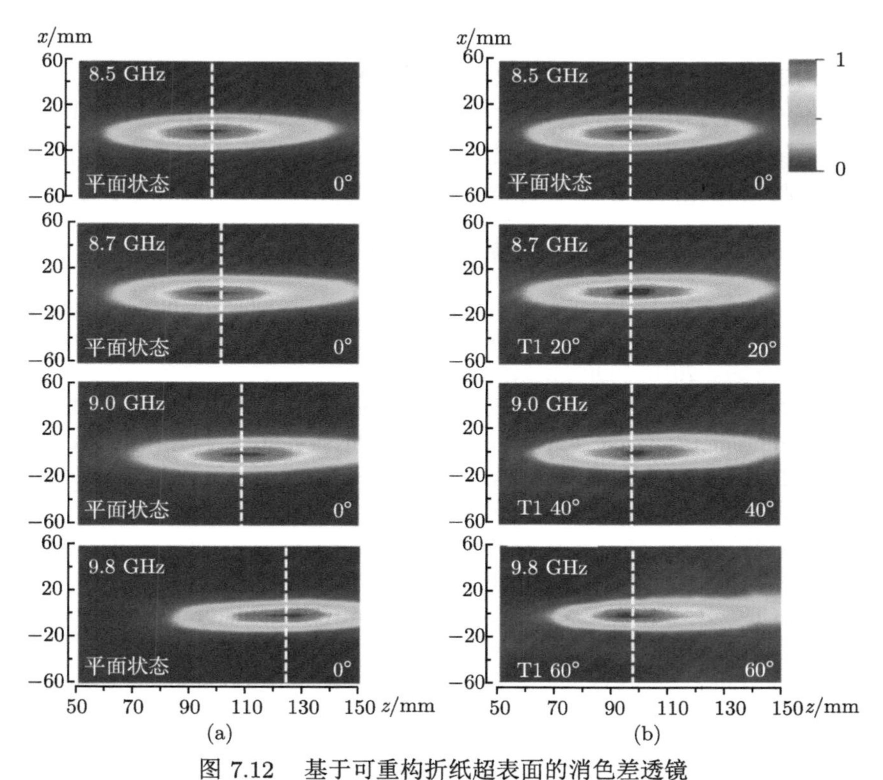

图 7.12 基于可重构折纸超表面的消色差透镜

(a) 实验测试平面聚焦透镜在 8.5 GHz、8.7 GHz、9.0 GHz、9.8 GHz 时 xOz 截面的聚焦能量分布图；(b) 实验测试折叠方式 I 聚焦透镜在不同折叠角度下保持与平面透镜相同的焦距，平面结构 8.5 GHz，折叠 20°、8.7 GHz，折叠 40°、9.0 GHz，折叠 60°、9.8 GHz 时 xOz 截面的聚焦能量分布图

合透镜的色散效应，而折叠透镜可在相同频率范围内因不同折叠角度使得焦距几乎保持不变 (如图 7.12(b) 所示)，从而实现了无色差聚焦。

本节的设计和结果分析表明，针对圆极化波入射波所提出的基于剪纸/折纸的可重构相位梯度超表面能随着折叠角度的改变实现可重构电磁波调控。实际上，该可重构超表面的功能设计适用于电磁波传播的近场和远场区域。这类机械可重构超表面有望应用于设计可延拓、便携、低功耗的电磁可调控器件，并且这一设计方法具有良好的可扩展性，可通过结构尺寸缩放，拓展到太赫兹、可见光波段，为可重构电磁波调控器件提供新的设计思路。

7.4　本章小结

本章重点介绍了两类机械可重构超表面及其在电磁波调控中的应用。针对有源电可调超表面欧姆损耗高、工作带宽窄以及馈线复杂等问题，虽然机械调控超表面的调节速度比电可调方式慢，但能保证带宽以及效率上的优势，也可以对电磁波进行实时动态的调控。具体而言，本章首先介绍了一种基于机电可调旋转单元的可重构超表面，及其在动态自适应电磁波回溯器中的应用。其次，介绍了一种基于剪纸/折纸方法的可重构相位梯度超表面，探索了其在可重构和消色差电磁波聚焦透镜中的应用。本章介绍的两种机械可重构超表面均具有良好的可扩展性，可为太赫兹和光波段的电磁波调控器件提供新的研究与设计思路。

参考文献

[1] Yachin V, Ivzhenko L, Polevoy S, et al. Resonant response in mechanically tunable metasurface based on crossed metallic gratings with controllable crossing angle. Applied Physical Letters, 2016, 109(22): 221905.

[2] Chen L, Ma H L, Cui H Y. Wavefront manipulation based on mechanically reconfigurable coding metasurface. Journal of Applied Physics, 2018, 124(4): 043101.

[3] Pryce I M, Atdin K, KelaitaY A, et al. Highly strained compliant optical metamaterials with large frequency tunability. Nano Letters, 2010, 10(10): 4222-4227.

[4] Yan L, Zhu W, Karim M F, et al. 0.2 λ_0 thick adaptive retroreflector made of spin-locked metasurface. Advanced Materials, 2018, 30(39): 1802721.

[5] Yang W, Chen K, Zheng Y, et al. Angular-adaptive reconfigurable spin-locked metasurface retroreflector. Advanced Science, 2021, 8(21): 2100885.

[6] Karim M F, Liu A Q, Alphones A, et al. A tunable bandstop filter via the capacitance change of micromachined switches. Journal of Micromechanics and Microengineering, 2006, 16(4): 851-861.

[7] Fu Y H, Liu A Q, Zhu W M, et al. A micromachined reconfigurable metamaterial via reconfiguration of asymmetric split-ring resonators. Advanced Functional Materials, 2011, 21(18): 3589-3594.

[8] Ee H S, Agarwal R. Tunable metasurface and flat optical zoom lens on a stretchable substrate. Nano Letters, 2016, 16(4): 2818-2823.

[9] Wu P C, Zhu W, Shen Z X, et al. Broadband wide-angle multifunctional polarization converter via liquid-metal-based metasurface. Advanced Optical Materials, 2017, 5(7): 1600938.

[10] Sun S, Yang W, Zhang C, et al. Real-time tunable colors from microfluidic reconfigurable all-dielectric metasurfaces. ACS Nano, 2018, 12(3): 2151-2159.

[11] Zhai Z, Wu L, Jiang H. Mechanical metamaterials based on origami and kirigami. Applied Physics Reviews, 2021, 8(4): 041319.

[12] Li Y, Zhang Q, Hong Y, et al. 3D transformable modular kirigami based programmable metamaterials. Advanced Functional Materials, 2021, 31(43): 2105641.

[13] Chen S, Chen J, Zhang X, et al. Kirigami/origami: unfolding the new regime of advanced 3D microfabrication/nanofabrication with "folding". Light: Science & Applications, 2020, 9: 75.

[14] Yu N, Genevet P, Kats M A, et al. Light propagation with phase discontinuities: generalized laws of reflection and refraction. Science, 2011, 334(6054): 333-337.

[15] Nauroze S A, Novelino L S, Tentaeris M M, et al. Continuous-range tunable multilayer frequency-selective surfaces using origami and inkjet printing. Proceedings of the National Academy of Sciences, 2018, 115(52): 13210-13215.

[16] Wang Z, Jing L, Yao K, et al. Origami-based reconfigurable metamaterials for tunable chirality. Advanced Materials, 2017, 29(27): 1700412.

[17] Liu W, Jiang H, Chen Y. 3D programmable metamaterials based on reconfigurable mechanism modules. Advanced Functional Materials, 2022, 32(9): 2109865.

[18] Ding X, Monticone F, Zhang K, et al. Ultrathin Pancharatnam-Berry metasurface with maximal cross-polarization efficiency. Advanced Materials, 2015, 27(7): 1195-1200.

第 8 章　可重构超表面在无线通信中的应用

8.1　引　　言

在当前信息时代的飞速发展中，无线通信技术无疑在其中扮演着举足轻重的角色，因而人们对通信容量、稳定性、速度、延迟等关键性能都提出了更高的要求。在此需求下，无线通信网络的复杂度和网络中的设备数量与日俱增，导致其在硬件实现过程中面临着器件设计复杂度和成本急剧增加的挑战。作为将数字基带信号转换加载到射频微波信号并将其辐射出去的核心部件，射频 (RF) 模块和辐射天线一直是无线通信系统中不可或缺的重要部分。而大规模多输入多输出 (massive MIMO) 天线和毫米波技术是第五代无线通信 (5G) 和第六代无线通信 (6G) 的两个关键技术，需要大量的射频链路和天线 [1-3]，使得通信网络功耗、通信系统成本都大幅增加，同时还导致了天线耦合、电磁兼容等问题和限制。

为了应对 5G 和 6G 无线通信在硬件设计方面面临的巨大挑战，新体制的收发信机一直是微波领域和无线通信领域的研究热点。在此背景下，可重构超表面数字离散化的表征方式和实时变化的电磁响应提供了一种新的信息处理方式。将超表面技术与数字信号处理相结合，可重构数字超表面能进一步应用到无线通信领域。基于可重构超表面的直接调制无线通信系统通过构建数字信息与电磁波基本特性 (如幅度、相位和频率等) 之间的映射关系，无需复杂的射频链路 (如混频器、滤波器、振荡器和功率放大器等)，即可便捷地将基带信号调制于载波之上。接收端通过解调接收信号即可还原出所传输的数字信息，从而完成整个无线通信过程 [4-6]。与传统无线通信系统相比，利用可重构超表面的直接调制无线系统可简化发射机结构，提供了一种低成本、低能耗的解决方案，有望在下一代无线通信技术的某些方面得到应用 [7-9]。

另一方面，室内无线通信场景中，墙壁、门窗、家具等障碍物的存在会导致通信质量的下降。传统无线通信方式中，往往通过增加信号源数量或信号发射功率来扩大信号覆盖范围，被动适应复杂的通信环境。近年来，随着超表面技术的发展，可重构智能表面 (reconfigurable intelligent surface, RIS) 有望实现通信环境的动态调控，改善通信信道，提升通信质量，并且具有低成本、低功耗和易部署等优点。

本章将介绍基于可重构超表面新体制无线通信系统的相关研究工作，首先对超表面信息直接调制的原理进行了详细分析，随后采用幅度调制、相位调制两种基本调制方案，介绍超表面直接调制无线通信系统的实验验证，并将其拓展到多信道无线通信系统的研究中，最后探讨了智能表面对无线通信系统性能的提升和扩展。

8.2 信号直接调制原理分析

在现代无线通信领域中，相比于模拟调制技术，数字调制技术具有抗干扰能力强、信息容量大、传输速率高等优点，因而更受研究者们的青睐。从调制原理上来说，模拟调制是对载波的特性参数进行连续调控，而数字调制则是对载波参数进行离散调控，故数字调制信号也称为键控信号。一般来说，数字调制技术可根据调控载波参数 (幅度、相位、频率) 的不同分为幅移键控 (amplitude shift keying, ASK)、相移键控 (phase shift keying, PSK) 和频移键控 (frequency shift keying, FSK) 三种基本类型。在此基础上，对以上调制方法进行组合和改进后，能够衍生出更多的调制方式，例如正交幅度调制 (quadrature amplitude modulation, QAM)、正交频分复用 (orthogonal frequency-division multiplexing, OFDM)、最小频移键控 (minimum frequency-shift keying, MSK) 等。为了揭示时域编码超表面在直接调制无线通信发射机中应用的基本原理，在此仅具体讨论三种基本的调制类型。借鉴数字调制的思想，利用时域编码超表面实现数字调制的关键在于如何将基带数字信息映射到超表面电磁特性参数上，建立起数字码元与电磁响应的一一对应关系，接下来对此进行详细讨论。

不失一般性地，这里以反射型时域编码超表面为例，对其信息调制原理进行讨论分析，透射型时域编码超表面可以此类推。为便于推导，假设时域编码超表面的所有单元具有相同的反射系数 $\Gamma(t)$，并可表示为 [7]

$$\Gamma(t) = A(t) \cdot \mathrm{e}^{\mathrm{j}\left[2\pi\int_0^t f(\tau)\mathrm{d}\tau + \varphi(t)\right]} \tag{8.1}$$

其中，$A(t)$、$f(t)$、$\varphi(t)$ 分别表示反射系数 $\Gamma(t)$ 的幅度、频率和相位随时间变化的函数。当超表面由单频电磁波照射时，其反射波复电场可写为

$$\begin{aligned} E_{\mathrm{r}}(t) &= \Gamma(t)\, E_{\mathrm{i}}(t) = A(t) \cdot \mathrm{e}^{\mathrm{j}\left[2\pi\int_0^t f(\tau)\mathrm{d}\tau + \varphi(t)\right]} \cdot \mathrm{e}^{\mathrm{j}2\pi f_{\mathrm{c}} t} \\ &= A(t) \cdot \mathrm{e}^{\mathrm{j}\left\{2\pi\left[f_{\mathrm{c}} t + \int_0^t f(\tau)\mathrm{d}\tau\right] + \varphi(t)\right\}} \end{aligned} \tag{8.2}$$

其中，入射波的幅度设为 1，频率为 f_{c}。根据通信原理，式 (8.2) 中的入射波 $E_{\mathrm{i}}(t)$ 可类比为调制载波，通过调控反射系数就能够控制入射载波的反射幅度、频

率以及相位，进而能够实现幅度调制 (amplitude modulation, AM)、频率调制 (frequency modulation, FM) 和相位调制 (phase modulation, PM)。入射载波经过超表面的调制后能够直接被辐射到自由空间中，不再需要额外的辐射天线。在接收端，由于经超表面调制的反射信号与传统发射机辐射的电磁调制载波信号完全相同，因而调制信号在被接收端捕获后能够顺利解调，进而得到由发射端所传输的信息。

为了构建电磁波反射系数与传输信息数字码元之间的映射关系，需要将式 (8.1) 中的反射系数进行离散化。因此，携带传输信息的时域编码超表面的反射系数可以表示为 [6]

$$\Gamma(t)=\Gamma_m(t)\cdot g(t),\quad 0\leqslant t\leqslant T,\quad \Gamma_m(t)\in M \tag{8.3}$$

其中，$\Gamma_m(t)$ 是消息符号映射成的复反射系数；$g(t)$ 为基本脉冲成形函数；T 为单个消息符号持续的时间；M 则是一组星座点，其基数为 card(M)。每个消息符号的 $\Gamma_m(t)$ 被映射为一个 $\log_2$card(M) 位数字信息。在一个 n-比特调制方案中 (n 为整数，且 $n\geqslant 1$)，card(M) 等于 2^n，与数字码元一一对应的时域编码超表面复反射系数 $\Gamma_m(t)$ 可表示为

$$\Gamma_m(t)=A_m\cdot \mathrm{e}^{\mathrm{j}(2\pi f_m t+\varphi_m)},\quad m=0,1,2,\cdots,2^n-1 \tag{8.4}$$

在针对不同电磁特征参数的调制方案中，$\Gamma_m(t)$ 能够组合成不同的星座点集。具体来说，在针对某一电磁特征 (幅度、频率或相位) 的调制方案中，时域编码超表面的复反射系数 $\Gamma_m(t)$ 中的对应分量 (A_m、f_m 或φ_m) 随其映射的数字码元的变化而变化，而其余分量则为常数，保持不变。从时间维度上来看，调制基带信号为电磁特性参数随数字码元变化而连续变化的信号波形。以 1-比特调制方案为例，根据式 (8.4)，使用二进制幅移键控 (binary amplitude shift keying, BASK)、二进制频移键控 (binary frequency shift keying, BFSK) 和二进制相移键控 (binary phase shift keying, BPSK)，调制方案的复反射系数可分别表示为

$$\Gamma_m(t)=A_m\cdot \mathrm{e}^{\mathrm{j}(2\pi f_0 t+\varphi_0)},\quad A_m\in M=\{A_0,A_1\} \tag{8.5}$$

$$\Gamma_m(t)=A_0\cdot \mathrm{e}^{\mathrm{j}(2\pi f_m t+\varphi_0)},\quad f_m\in M=\{f_0,f_1\} \tag{8.6}$$

$$\Gamma_m(t)=A_0\cdot \mathrm{e}^{\mathrm{j}(2\pi f_0 t+\varphi_m)},\quad \varphi_m\in M=\{\varphi_0,\varphi_1\} \tag{8.7}$$

各式中电磁参数的不同取值可与数字码元一一对应，进而将 1-比特二进制数据 “0” 和 “1” 分别映射为反射系数 $\Gamma_0(t)$ 和 $\Gamma_1(t)$。图 8.1 为使用不同调制方案传输二进制信息 “110010111” 所需的调制信号时域波形，同时也展示了基带调制信号与数字码元之间的对应关系。

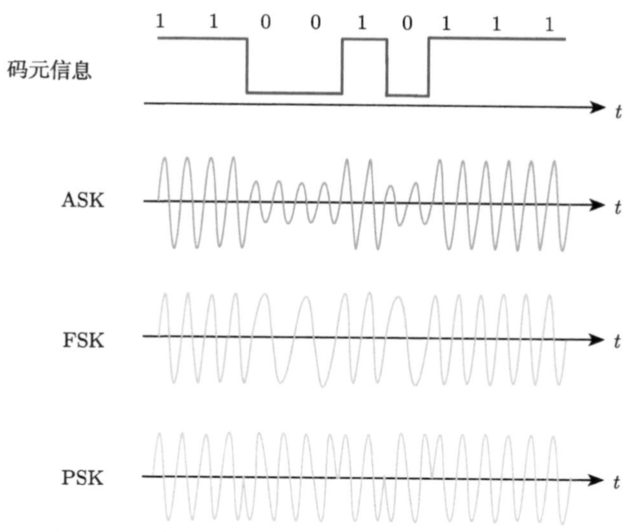

图 8.1 不同调制方案下基带调制信号与数字码元信息之间的对应关系

8.3 幅度调制超表面无线通信

本节主要介绍一种基于可重构转极化超表面的幅移键控无线通信系统，并归纳出一般性设计方法。根据 8.2 节中的原理分析，一般来说，为了构建多进制幅移键控 (multiple amplitude shift keying, MASK) 调制方式，n-比特幅度调制方案对应的可重构超表面反射系数 ($\varGamma$) 或透射系数 (T) 需分别满足

$$\varGamma_m \in \{A_0\mathrm{e}^{\mathrm{j}\psi}, A_1\mathrm{e}^{\mathrm{j}\psi}, \cdots, A_{2^n-1}\mathrm{e}^{\mathrm{j}\psi}\}, \quad m=0,1,\cdots,2^n-1 \tag{8.8}$$

或

$$T_m \in \{A_0\mathrm{e}^{\mathrm{j}\psi}, A_1\mathrm{e}^{\mathrm{j}\psi}, \cdots, A_{2^n-1}\mathrm{e}^{\mathrm{j}\psi}\}, \quad m=0,1,\cdots,2^n-1 \tag{8.9}$$

其中，$\psi = 2\pi f_0 t + \varphi_0$ 为相位常量。因此，为构建 ASK 调制方案，超表面需能够提供多种相位相同而幅度不同的电磁响应。

本节以可重构转极化超表面为例构建 BASK 无线通信系统 [10]。可重构转极化超表面单元基本结构如图 8.2(a) 所示，整体结构由两层 F4B 介质基板和三层金属贴片压合而成。介质基板采用相对介电常数为 2.6、损耗角正切值为 0.0035 的 F4B 板材，两层介质基板厚度分别为 3 mm 和 0.5 mm。上层和底层金属贴片分别如图 8.2(b) 所示。其中，上层金属结构由一个沿单元对角线排布的“I”形贴片构成，且该贴片在距离单元中心 8.7 mm 处被截断为两部分。同时，为了提供动态响应，一个开关二极管 (Skyworks, SMP1345-079LF) 被加载至 “I” 形贴片截断处。中间层金属贴片作为底板使单元工作在高效反射状态，且通过金属过孔与上层较长一侧金属贴片相连。底层金属贴片由一根窄带线和一个方形贴片构成，且通过金属过孔与上层较短一侧金属贴片相连。中间金属层和底层金属贴片分别作为两个电极为开关二极管提供偏置电压。

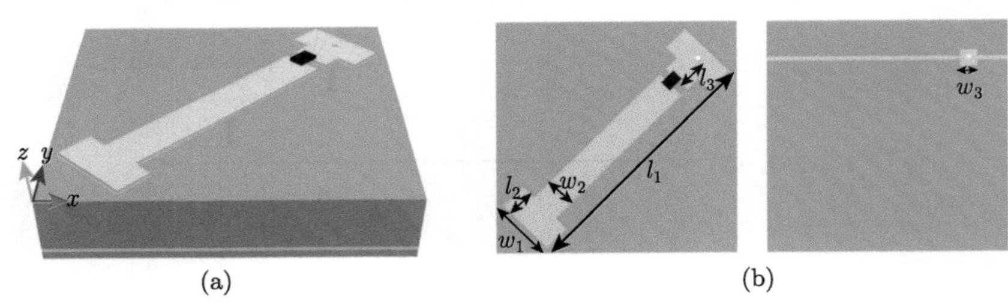

图 8.2　可重构转极化超表面基本单元结构
(a) 单元基本结构示意图；(b) 上层 (左) 和底层 (右) 金属贴片示意图

单元周期为 28 mm，通过优化，最终相关尺寸为 l_1= 30 mm, l_2= 3.2 mm, l_3 = 3.1 mm, w_1 = 7.2 mm, w_2 = 3.6 mm, w_3 = 1.5 mm。该基本单元的工作频率设计为 WiFi 频段内的 2.4 GHz 处。如图 8.3 所示，当二极管由截止状态 (OFF) 切换至导通 (ON) 状态时，单元在 2.4 GHz 处同极化反射幅度由 0.98 下降至 0.14，交叉极化反射幅度由 0.08 上升至 0.85，即单元在同极化反射和交叉极化反射两种工作状态之间动态切换。同时，切换二极管工作状态时，同极化反射相位可基本保持不变，而交叉极化相位存在 80° 左右差异。

由于单元在两种工作状态之间切换时，同极化反射系数具备较大幅度差异且可保持相位基本一致，因此将这两种反射系数分别与数字信息 “0”、“1” 构建映射关系，从而可实现 BASK 调制方式。为验证其具体的通信应用，搭建如图 8.4 所示的无线通信系统。首先将所需传输的信息编码为由 “0”、“1” 构成的数据流，再利用现场可编程门阵列 (FPGA) 输出高电平 (3.3 V) 或低电平 (0 V) 控制信号，从而触发可重构超表面的同极化反射或交叉极化反射的工作状态。接收端通过通用软件无线电外设 (USRP) 和后处理计算机解调所接收的信号，并还原传输的信息。

实验测试以传输如图 8.5(a) 所示的一张 140 × 140 像素的黑白图片为例。接收端所还原的信息如图 8.5(b) 所示，与所传输的信息基本保持一致。同时，接收端所解调的星座图如图 8.5(c) 所示，“0”、“1” 数字信息分别对应星座图中在原点附近处的区域和离原点较远的区域。可见，两个区域能被较好地分离，说明通信性能良好，与理论预期较为一致。图 8.5(d) 为加工样件的实物图，样件由 10 × 10 个基本单元构成，总尺寸为 280 mm × 280 mm。

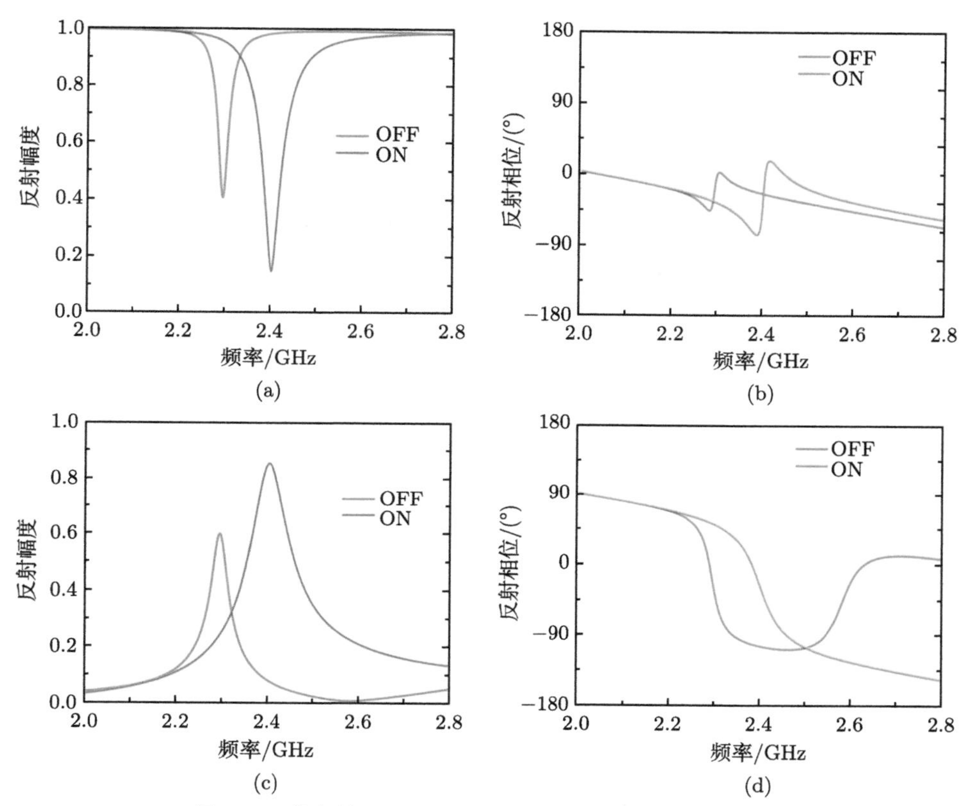

图 8.3 基本单元同极化和交叉极化反射系数仿真结果

(a) 同极化反射幅度；(b) 同极化反射相位；(c) 交叉极化反射幅度；(d) 交叉极化反射相位

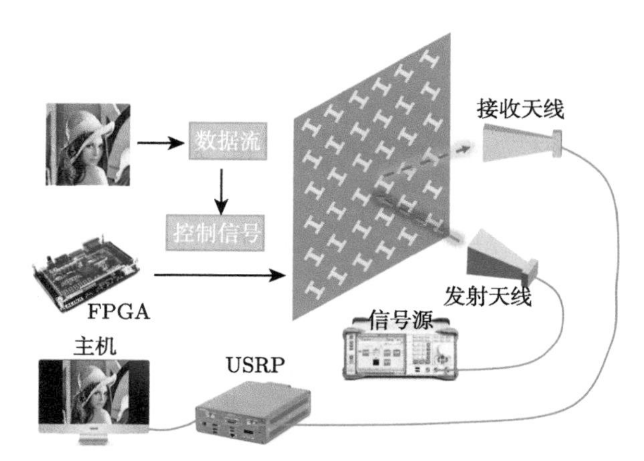

图 8.4 基于可重构转极化超表面的 BASK 无线通信系统

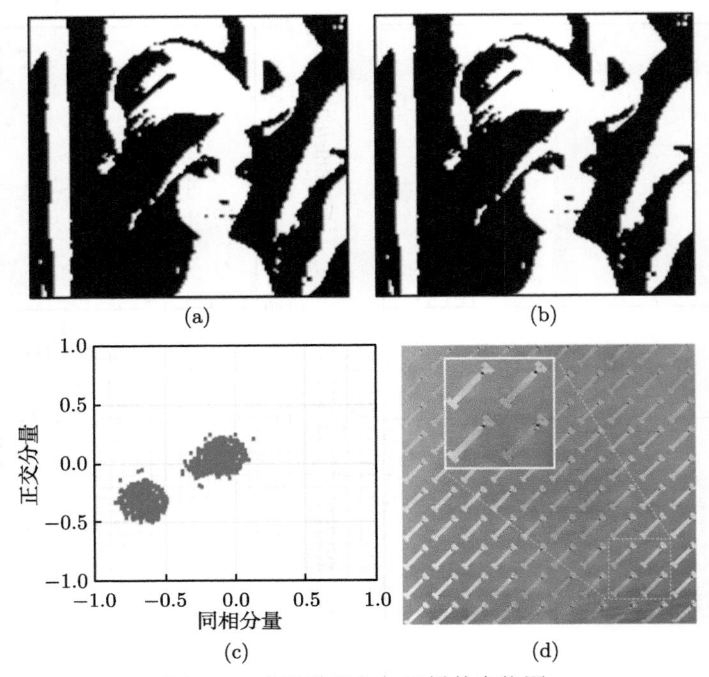

图 8.5　实验结果与加工样件实物图

(a) 传输信息；(b) 解调信息；(c) 解调星座图；(d) 样件实物图

本节归纳了为构建幅度调制无线通信系统，可重构超表面需满足的反射系数或透射系数的一般要求。同时，提出了一种基于可重构转极化超表面的 BASK 无线通信系统原型。利用极化转换原理，该系统将数字信息与两种幅度不同的电磁响应构建映射关系，从而实现数字信息的直接调制与无线传输。该方法为简化无线通信系统发射机结构提供了一种新方法，在新型无线通信系统中具备良好的应用前景。

8.4　相位调制超表面无线通信

与幅度调制无线通信系统相比，相位调制无线通信系统不仅抗噪声能力强，而且能量资源利用效率也高，进而逐渐发展为一种鲁棒性更强和更高效的调制技术方案。然而，目前基于可重构超表面的相移键控无线通信系统大多存在带宽较窄的问题。此外，大部分相关工作仅将数字信息编码于时间域，未能充分利用空间域中超表面良好的散射方向图调控能力。基于此，本节从可重构宽带超表面设计出发，介绍一种可同时为多用户提供数字信息无线传输的 PSK 无线通信系统，并归纳出一般性设计方法。

类似地，相移键控指的是相位键控方式，是指将所需传输的数字信息映射为电磁波不同的相位。根据 8.2 节中的原理分析，为了构建多进制相移键控 (multiple phase shift keying, MPSK) 调制方式，可重构超表面的反射系数 Γ 或透射系数 T 需分别满足

$$\Gamma_m \in \{A_0\mathrm{e}^{\mathrm{j}\psi_0}, A_0\mathrm{e}^{\mathrm{j}\psi_1}, \cdots, A_0\mathrm{e}^{\mathrm{j}\psi_{2^n-1}}\}, \quad m = 0, 1, \cdots, 2^n - 1 \tag{8.10}$$

或

$$T_m \in \{A_0\mathrm{e}^{\mathrm{j}\psi_0}, A_0\mathrm{e}^{\mathrm{j}\psi_1}, \cdots, A_0\mathrm{e}^{\mathrm{j}\psi_{2^n-1}}\}, \quad m = 0, 1, \cdots, 2^n - 1 \tag{8.11}$$

其中，2^n 为对应码元总数目，A_0 为反射幅度，$\psi_{2^n-1} = 2\pi f_0 t + \varphi_{2^n-1}$ 为相位。因此，为实现 PSK 调制方式，超表面的单元需提供多种相位不同而幅度相同的电磁响应。

基于天线阵原理可知，与 t_0 时刻相比，若在 t_1 时刻同时为每个单元附加相位φ_0，则 t_1 时刻的远场方向图与 t_0 时刻的远场方向图相比也将获得相移φ_0：

$$R_{mn}(t_1) = R_{mn}(t_0)\mathrm{e}^{\mathrm{j}\varphi_0} \Rightarrow f(\theta, \varphi, t_1) = f(\theta, \varphi, t_0)\mathrm{e}^{\mathrm{j}\varphi_0} \tag{8.12}$$

其中，R_{mn} 为第 m 行和第 n 列基本单元的反射系数或透射系数，f 为远场方向图，θ 和φ 分别为俯仰角和方位角。因此，无论空间相位编码如何分布，若为每个基本单元附加任意初相，即可便捷地实现任意进制相移键控调制方式。例如，若可重构超表面基本单元可提供两种相位差为 180° 的电磁响应，那么通过翻转每个基本单元的相位，即可获得两种相位差为 180° 而主波束俯仰角相同的远场方向图，从而与数字信息 “0”、“1” 构建映射关系并实现 BPSK 调制方案。

本节以一种极化–幅度–相位联合调控的可重构超表面为例，构建一种采用 BPSK 调制方案的无线通信系统，如图 8.6 所示 [11]。该系统可同步地将数字信息无线传输至多个用户，且当用户在空间内移动时仍可保持良好的通信服务。超表面基本单元如图 8.7(a) 所示，整体结构由两层厚度分别为 3.8 mm 和 0.2 mm 的介质基板和三层金属贴片压合而成。介质基板采用介电常数为 4.3 和损耗角正切为 0.0035 的 F4B 板材，金属贴片采用铜材质。上层金属贴片由一对沿基本单元对角线分布的矩形贴片和网格线结构连接而成，两块矩形贴片在靠近两端处均被对称地截断。为提供动态电磁响应，四个开关二极管 (Skyworks, SMP 1345-079LF) 分别被加载至矩形贴片的截断处。每个二极管外侧的网格状贴片和内侧的十字交叉矩形贴片分别与底层和中间层金属结构相连，从而作为两个电极可为开关二极管提供偏置电压。

优化后的单元周期为 13 mm，其他参数为 l_1= 14 mm, l_2= 5.2 mm, w_1 = 2 mm，通过交替导通沿对角线加载的开关二极管可基于反向电流原理实现 1-比

特相位调控。根据如图 8.7(b) 所示的交叉极化反射系数仿真结果可知，通过切换二极管工作状态 (“R_0”：仅导通沿 $\sqrt{2}\ /\ 2(\boldsymbol{e}_x+\boldsymbol{e}_y)$ 方向加载的二极管；“R_1”：仅导通沿 $\sqrt{2}\ /\ 2(-\boldsymbol{e}_x+\boldsymbol{e}_y)$ 方向加载的二极管)，可令单元在 3.7~5.1 GHz 内保持较高的反射幅度，并呈现准确的 180° 相位差，从而实现极化–幅度–相位的联合调控。

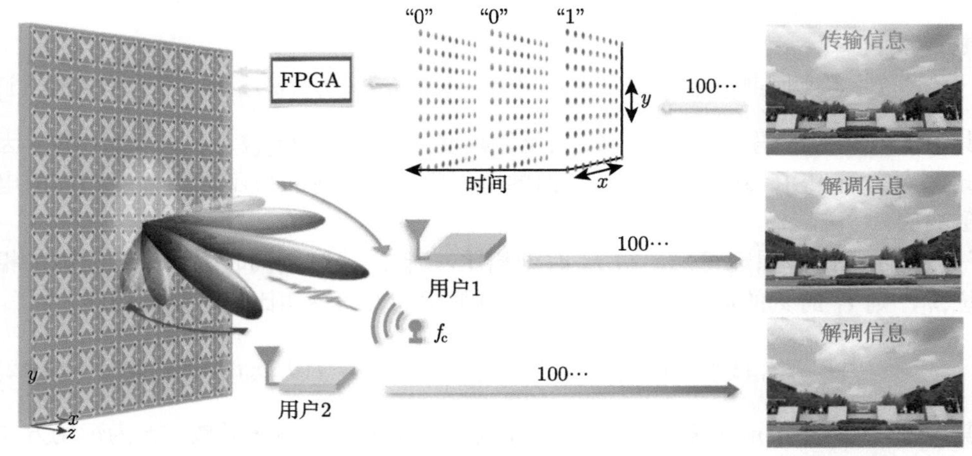

图 8.6　基于极化–幅度–相位联合调控的可重构超表面的 BPSK 无线通信系统

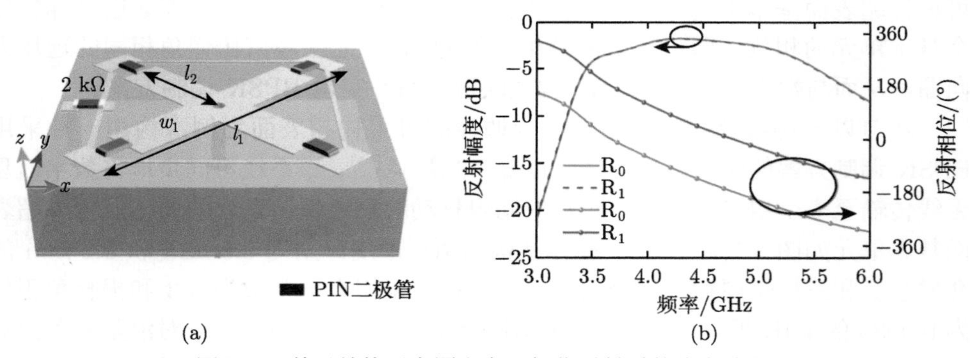

图 8.7　单元结构示意图和交叉极化反射系数仿真结果

(a) 单元结构示意图；(b) 交叉极化反射系数仿真结果

为验证所提出的可重构超表面具备实现载波信号调制和传输的能力，搭建如图 8.8 所示的无线通信原型系统，进行验证。该系统的发射端如图 8.8(a) 所示，由超表面样件、发射天线和基于 FPGA 的外部控制电路构成。样件由 30 × 30 个基本单元构成，总尺寸为 390 mm × 390 mm。发射天线与一个四端口 USRP 相连，用于发射载波信号。外部控制电路可根据需求输出高电平 (3.3 V) 或低电平

(0 V) 从而触发不同的散射方向图，最终将数字信息调制于载波之上。同时，系统的接收端如图 8.8(b) 所示，由两个接收天线和后处理计算机构成，用于解调和还原传输的信息。两个接收天线与同一个 USRP 相连，用于模拟处于不同位置的移动用户。

(a)

(b)

图 8.8 所搭建的无线通信系统及实验测试场景
(a) 发射端；(b) 接收端

图 8.9 分别展示了同时为双用户或三用户提供无线通信服务的实现方法。根据天线阵原理可知，当超表面相位编码呈周期性排布时可在远场获得俯仰角恰好相反的双笔状波束，从而同时为两个用户提供通信信道。如图 8.9(a)~(c) 所示，加载相位梯度为 $\mathrm{d}\Phi/\mathrm{d}x=\pi/260\ (\mathrm{mm}^{-1})$ 的空间相位编码，可形成主波束俯仰角为 ± 15° 的双笔状波束方向图，如果翻转所有空间编码，可得到相位恰好相反而主波束俯仰角仍为 ± 15° 的双笔状波束方向图。由于相位相反，因此可将这两种方向图分别与数字信息 “0”、“1” 构建映射关系，完成载波信号的调制。通过更换空间相位编码，还可便捷地改变空间波束数目和形状，如形成三波束辐射，可同时为三个用户提供无线信号覆盖和信息传输，如图 8.9(d)~(f) 所示。

接下来，以双用户场景为例，进行了实验测试和验证，具体如图 8.10 所示。通过更换超表面相位编码，可有效调控主波束指向性，从而为处于空间不同位置的双用户提供无线信号覆盖。当数字信息 “0”、“1” 分别与空间编码 “$\mathrm{R_0R_0R_0R_0R_0R_0R_1R_1R_1R_1R_1R_1}\cdots$” 和 “$\mathrm{R_1R_1R_1R_1R_1R_1R_0R_0R_0R_0R_0R_0}\cdots$” 所产生的一对方

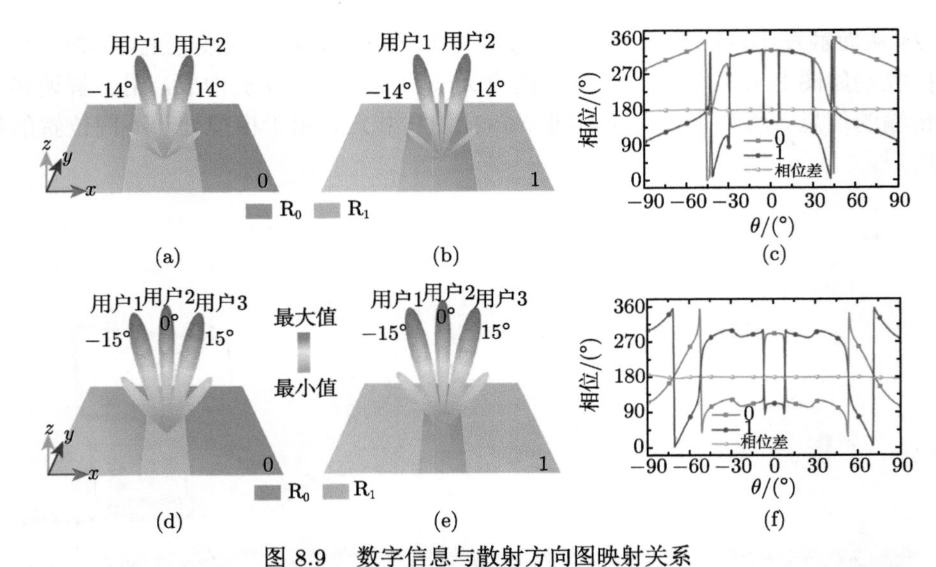

图 8.9　数字信息与散射方向图映射关系

双信道无线通信时，数字信息 “0”(a) 和 “1”(b) 所对应散射方向图在 4.6 GHz 处仿真结果；(c) 数字信息 “0” 和 “1” 对应方向图相位仿真结果。三信道无线通信时，数字信息 “0”(d) 和 “1”(e) 所对应散射方向图在 4.6 GHz 处仿真结果；(f) 数字信息 “0” 和 “1” 对应方向图相位仿真结果

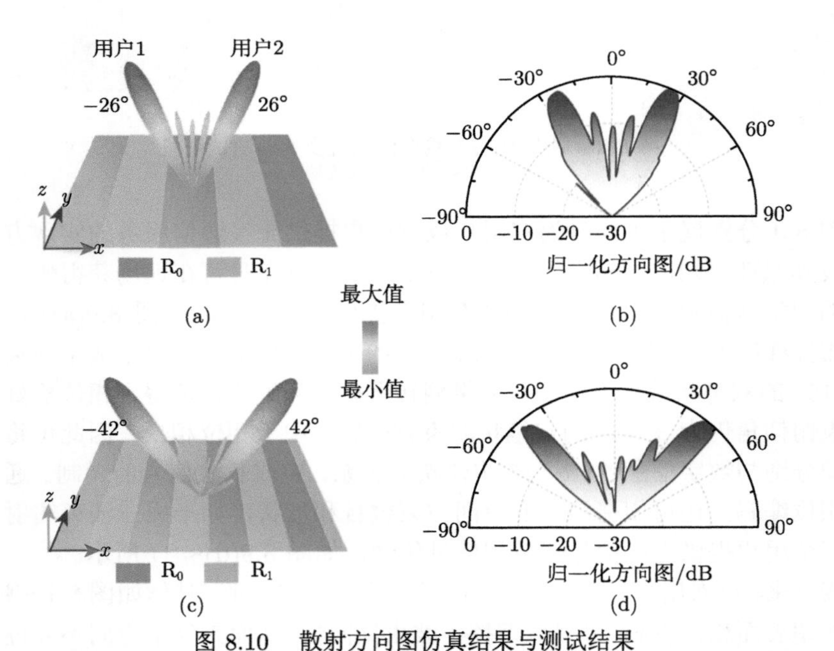

图 8.10　散射方向图仿真结果与测试结果

超表面上的空间编码为 “$R_0R_0R_0R_0R_0R_0R_1R_1R_1R_1R_1R_1\cdots$” 时，4.6 GHz 处的散射方向图：仿真分析结果 (a) 和测试结果 (b)；空间编码为 “$R_0R_0R_0R_0R_1R_1R_1R_1\cdots$” 时，4.6 GHz 处的散射方向图：仿真分析结果 (c) 和测试结果 (d)

向图构建映射关系时，接收端在工作频率 4.6 GHz 处所接收和还原的传输信息如图 8.10 所示。同时，为验证该系统的宽带特性，在工作频段内对星座图和误码率等指标进行了测量。测试结果如图 8.11 所示，双用户在 3.7 GHz 和 5.1 GHz 的工作频段内始终可以正确解调并还原出传输信息，且星座图始终与理论预期保持一致。

本节介绍了一种利用极化–幅度–相位联合调控的可重构超表面，可便捷地实现 BPSK 调制方式，实现了结构有效简化的无线通信系统的发射机原型。通过切换超表面空间编码，不仅可以可靠地实现载波信号的信息调制，还可以基于空间方向图的调控能力，让系统主动地在宽频带内适应处于不同位置的多用户，可增强区域信号、提升通信质量、减少电磁泄漏和有助于信息保密。该设计为实现直接调制无线通信系统提供了新的理论支持和方案，有望应用于大容量通信、保密通信和智能通信等领域之中。

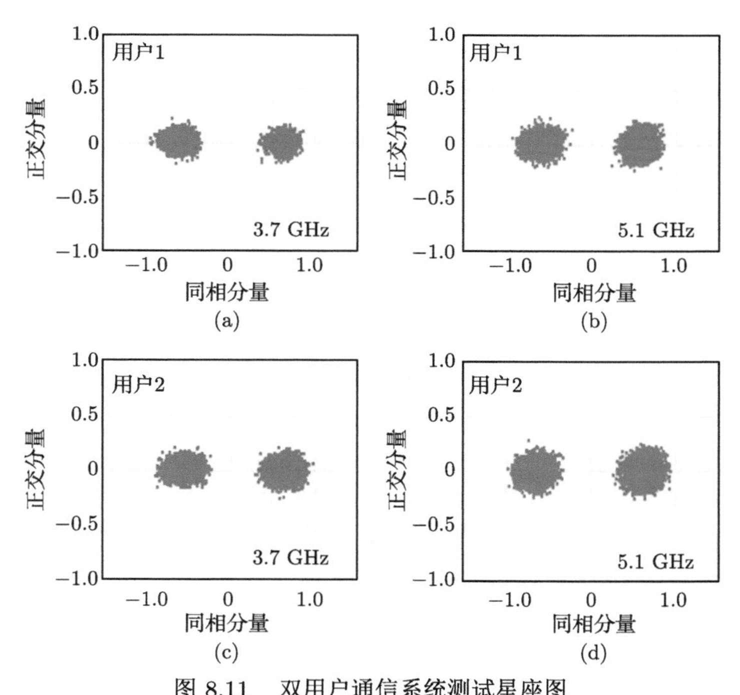

图 8.11 双用户通信系统测试星座图

用户 1 在 3.7 GHz(a) 和 5.1 GHz(b) 处星座图的测试结果；用户 2 在 3.7 GHz(c) 和 5.1 GHz(d) 处星座图的测试结果

8.5 多通道可重构超表面及其在无线通信系统中的应用探索

无线通信技术的快速发展对其容量、质量、速率以及安全性都提出了更高的要求。为了满足现代通信的设计需求，实现更高效的信息传输，本节围绕多通道可重构超表面，介绍多信道超表面直接调制无线通信系统原型的应用研究和探索，包括双信道多级幅度调制无线通信 [12] 和频率复用保密通信 [13]。

8.5.1　双信道多级幅度调制无线通信

利用多通道复用超表面可实现多信道无线通信，作为应用实例，以双通道为例进行分析和介绍。首先，针对多通道超表面，需要设计一种具有双通道电磁响应、可实时调控的超表面单元，满足超表面直接调制入射载波的需求。图 8.12(a) 展示了所提出的超表面单元结构，主要由嵌入变容二极管的内外双开口谐振环结构构成。由于结构尺寸的差异，内外环谐振结构可分别独立控制两个不同频段的电磁谐振及其反射幅度响应，可满足双通道 (双频段) 幅度调制的需求。具体设计中，单元结构周期 $p = 26$ mm，顶层金属结构通过印刷电路板技术附着在厚度为 $h_1 = 2.4$ mm 的 FR4 介质基板上，金属地板和底层馈电线路附着在厚度为 $h_2 = 0.2$ mm 的 FR4 介质基板上，其相对介电常数$\varepsilon_\mathrm{r} = 4.3$, 损耗角正切 $\tan\delta = 0.02$。顶层的金属谐振结构通过金属过孔连至底层馈电网络，通过馈电网络的精细设计，实现对内外层开口谐振环中变容二极管的独立电压偏置。此外，由于所设计的结构具有对称性，因此该单元具有极化不敏感的特性，能够调制任意极化入射波的反射幅度。经过单元仿真分析后，对该超表面单元进行周期延拓，加工制作了 8×8 的超表面阵列，其实际尺寸为 222 mm× 222 mm× 2.6 mm，如图 8.12(b) 所示。

当超表面上各单元的偏置电压相同时，各通道的幅度响应随偏置电压变化而变化。如图 8.12(c) 所示，当外谐振环偏置电压从 0 V 变化到 28 V，而内谐振环偏置电压固定为 0 V 时，超表面在频段 I(3.42~4.05 GHz) 内产生了连续变化的反射幅度接近零的谐振峰，且 x 极化和 y 极化的幅度响应几乎一致。类似地，当内谐振环的偏置电压从 0 V 变化到 28 V，而外谐振环的偏置电压固定为 0 V 时，超表面在频段 Ⅱ(5.24~6.02 GHz) 内产生了连续变化的谐振峰，且不同极化的反射率曲线几乎重合，如图 8.12(d) 所示。此外，当某一个频段内的幅度响应不断变化时，另一个频段内的幅度响应保持不变，因此，内外环结构的电磁响应具有较高的隔离度。实验测试结果表明所设计的超表面单元在双频率信道内都具有良好的幅度调控功能。

实际上，当超表面的偏置电压由 FPGA 控制进行切换时，超表面的反射幅度就能在某一频点处实现 “0”(低值)、“1”(高值) 两种状态的切换。此时，将超表面的整体反射幅度视为各单元反射的叠加，进而能够通过空间编码设计，精确调控超表面的整体远场反射能量大小，实现多级幅度调制。在这里以 2-比特幅度编码为例进行说明，经过算法优化，在每个频率信道均可挑选出一组编码阵列，用以实现 2-比特幅度调制，如图 8.13(a) 和 (b) 所示。为了进一步验证空间幅度编码的正确性，在不同编码序列控制下，对超表面的反射幅度进行了实验测试。当内谐振环偏置电压固定为 3.3 V，外谐振环偏置电压按照图 8.13(a) 中的编码序列进行变化时，超表面的反射幅度曲线如图 8.13(c) 所示。在 3.58 GHz 处，四种编码序列控制下的超表面反射幅度呈现梯度变化，相邻状态的幅度差值约为 0.2，验证了设计所需的 2-比特幅度编码的有效性。类似地，当外环偏置电压固定为 3.3 V，内谐振环偏置电压按照图 8.13(b) 中的编码序列变化时，超表面在 5.24 GHz 处呈现出反射幅度的梯度变化，相邻状态的幅度差约为 0.2，进一步证明了提出的空间幅度编码策略的正确性。

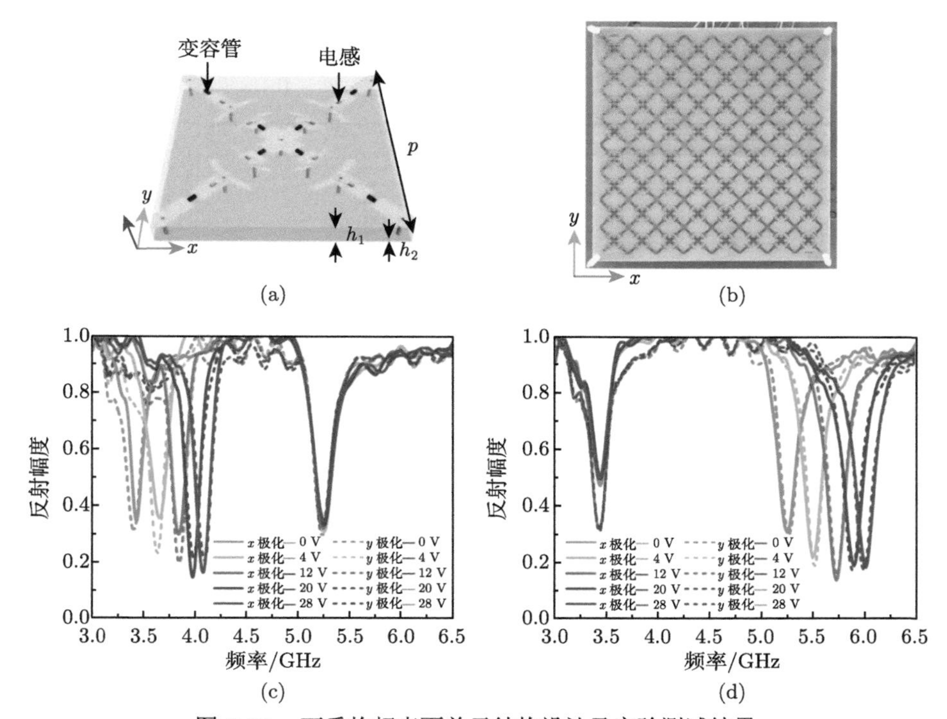

图 8.12 可重构超表面单元结构设计及实验测试结果

(a) 双频幅度可编程超表面单元结构示意图；(b) 超表面样品照片；(c) 当内谐振环两端偏置电压固定为 0 V，外谐振环两端偏置电压从 0 V 变化到 28 V 时，超表面的反射率曲线图；(d) 当外谐振环两端偏置电压固定为 0 V，内谐振环两端偏置电压从 0 V 变化到 28 V 时，超表面的反射率曲线图

在空分幅度编码策略的辅助下，结合 FPGA 的实时控制，可以将所设计的双频幅度可编程超表面作为调制器，搭建超表面直接调制无线通信原型系统。在不同频率信道内，该通信系统能以不同的幅度调制方案传输信息，在这里以 1-比特幅度调制 BASK 和 2-比特幅度调制 4ASK 为例，进行通信实验验证。实际搭建的通信系统原型机如图 8.14 所示。发射端主要包含用于实时控制的 FPGA、超表

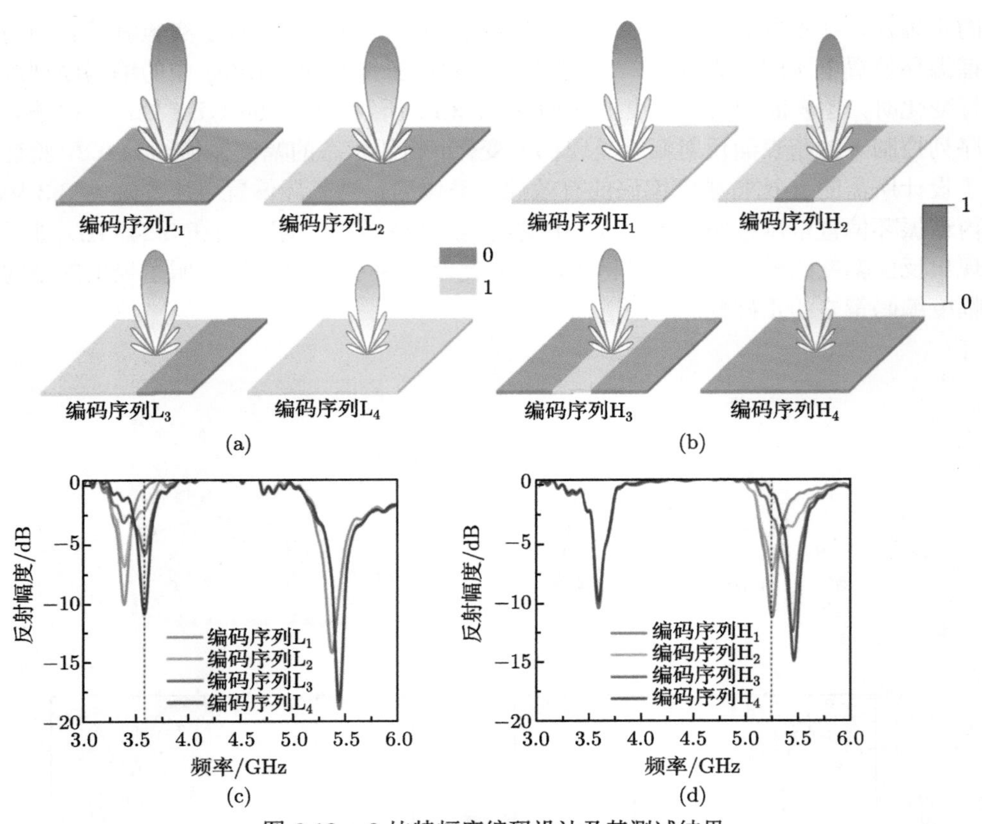

图 8.13　2-比特幅度编码设计及其测试结果

(a) 和 (b)3.58 GHz 和 5.24 GHz 处，2-比特幅度编码序列和产生的远场辐射波束示意图；(c) 和 (d)3.58 GHz 和 5.24 GHz 处，2-比特幅度编码序列下测试得到的反射幅度曲线图

面、发射载波的发射天线和产生载波的 USRP I；接收端主要包含用于接收反射调制波的接收天线、用于解调的总控设备和 USRP II。同时，图 8.14(b) 中还展示了不同频率信道中解调得到的图片信息和解调程序中显示的 4ASK 星座图。可以看到，解调出的图片信息色彩清晰，各信道的误码率均在 7×10^{-4} 左右，具有良好的无线信息传输效果。当发射端与接收端的距离从 0.8 m 增大到 2.6 m 时，接收端均能正确解调出传输的图片信息；若距离继续增大，则需要增大发射功率来保证良好的传输效果。1-比特幅度调制下，实验中单信道的最大通信速率为 312.5 kbps；而采用 2-比特幅度调制后，单信道通信速率提升了一倍，达到 625 kbps，表面多级幅度调制方案能够有效提升通信系统的传输速率。同时，为了验证超表面的极化不敏感特性，分别测试了 x 极化、y 极化载波入射时该通信系统的传输效果，测试过程中得到的星座图如图 8.15 所示。其中，频率信道 I(3.58 GHz) 中以 BASK 调制方案传输图片信息，测得的 x 极化、y 极化解调星座图分别如

图 8.15(a) 和 (b) 所示。比较可得，不同极化下的星座图几乎相同，表明超表面在不同极化下具有相同的反射电磁响应。同样的现象也可以在频率信道 Ⅱ(5.24 GHz) 中观察得到，如图 8.15(c) 和 (d) 所示，在此不再赘述。

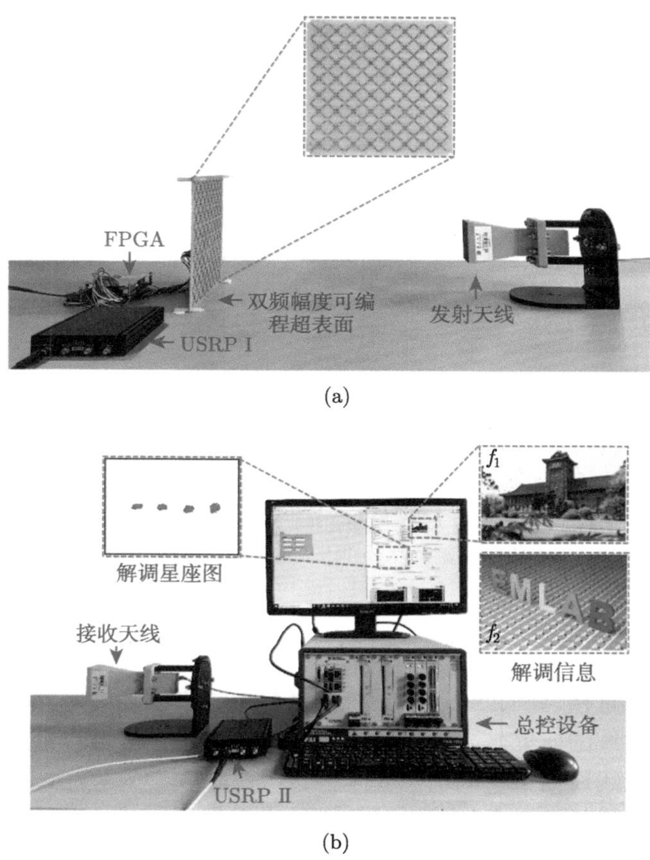

图 8.14 多级幅度调制无线通信系统测试场景
(a) 发射端；(b) 接收端

基于上述测试结果，所提出的双频幅度响应可编程超表面能够通过空分编码的方式，精确调控反射波能量大小，实现多级幅度调制，且该超表面能够进一步应用在超表面直接调制无线通信系统中，提高幅度调制方案的传输速率和频谱利用率。所提出的设计和方案有望应用于 6G 技术中的超表面直接调制基站，为下一代移动通信技术提供备选的技术方案。同时，该设计还具有良好的可拓展性，能够通过结构尺寸的缩放，直接应用在其他通信频段，例如毫米波、太赫兹等。

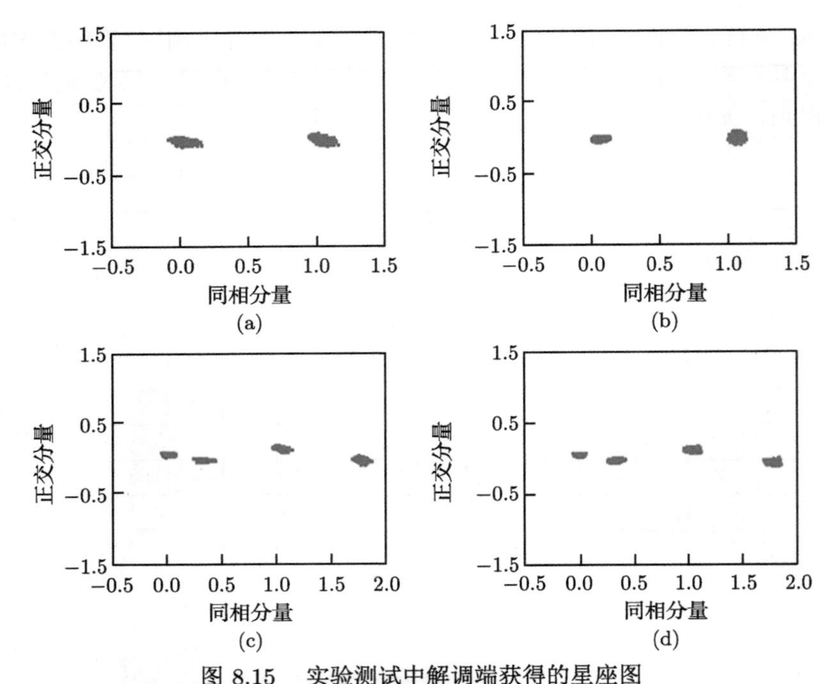

图 8.15 实验测试中解调端获得的星座图

(a) 和 (b) 在频率信道 I 3.58 GHz 处，x 极化、y 极化载波入射时 BASK 调制方案解调得到的星座图；(c) 和 (d) 在频率信道 II 5.24 GHz 处，x 极化、y 极化载波入射时 4ASK 调制方案解调得到的星座图

8.5.2 频率复用保密通信系统

随着超表面直接调制无线通信系统的兴起，越来越多的研究学者专注于直接调制无线通信系统的研究。除了传输速率、调制方案、信道容量等基本传输性能外，直接调制无线通信系统的信息安全性也吸引了人们的关注。目前，物理层安全是增强无线通信信息安全的关键手段之一，它利用物理信道的唯一性和互易性来实现多种信息加密技术。可编程超表面生成的空间波束可视为直接调制无线通信系统的物理信道，利用波束动态可调的特性能够方便地进行信道加密，为提升无线通信系统的物理层安全提供了新的途径。在前面研究工作介绍的基础上，本节介绍基于双频可编程超表面的一种频率复用保密通信系统，能够有效保障通信系统的信息安全。

为了实现更灵活的波束调控，首先设计了一种双频可编程超表面单元结构，如图 8.16(a) 所示。单元结构分为上下两层，分别独立控制低频段和高频段的反射相位响应，其谐振结构为中间嵌入了 PIN 二极管的“工”字形金属结构。为了实现不同频段的相位控制，下层的“工”字形尺寸较小，且为 3×3 的超单元排列结构，每一个“工”字形中都嵌入了一个 PIN 二极管，通过背面的馈电线路控制两端的偏置电压。PIN 二极管具有 “ON”、“OFF” 两种工作状态，可以通过改变偏置电压，使其工作在不同的状态，进而获得不同的相位响应。经过优化设计，上下两层介质板 ($\varepsilon_{\mathrm{r}} = 2.2$, $\tan\delta = 0.001$) 的厚度分别为 $h_1 = 3$ mm, $h_2 = 4$ mm，中间空气层的厚度为 25 mm，单元周期 $p = 48$ mm。

为进一步研究所设计单元结构的电磁响应，先对该单元进行了电磁场全波仿真分析。其中，单元的横向方向设置为周期延拓边界条件，纵向方向设置为波端口边界条件，电磁波沿 z 轴负方向入射。如图 8.16(b) 所示，当下层结构上的 PIN 二极管均处于 “OFF” 状态时，改变上层 PIN 二极管两端的电压，可以在 2.4 GHz 左右得到 180° 反射相位差，同时反射幅度基本保持不变。而当上层结构中的 PIN 二极管均处于 “OFF” 状态时，改变下层 PIN 二极管两端的电压，可以在 5 GHz 左右得到 180° 反射相位差，同时反射幅度保持基本不变，如图 8.16(c) 所示。根据相位的差异，可以将 2.4 GHz 和 5 GHz 处具有不同相位响应的单元状态分别定义为单元 “0” 和单元 “1”，进而通过 1-比特相位编码进行远场反射波束设计。

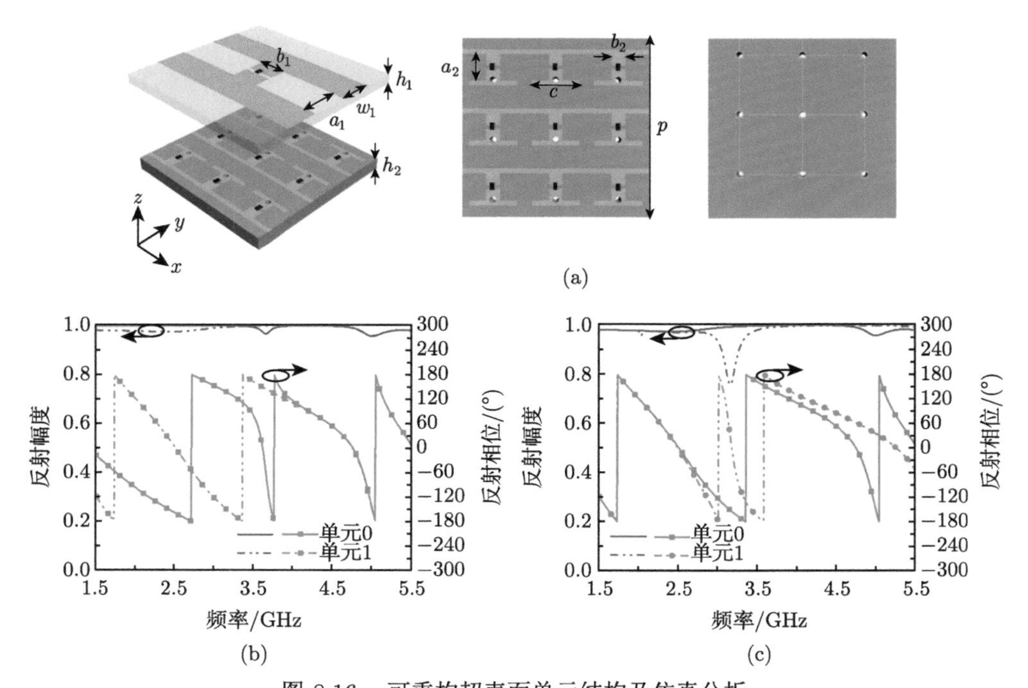

图 8.16 可重构超表面单元结构及仿真分析

(a) 双频可编程超表面单元的结构示意图；(b) 当超表面单元下层结构中加载的 PIN 二极管均处于 “OFF” 状态，上层结构中加载的 PIN 二极管在 “ON”、“OFF” 状态之间切换时，单元的反射幅度、反射相位曲线图；(c) 当超表面单元上层结构中加载的 PIN 二极管均处于 “OFF” 状态，下层结构中加载的 PIN 二极管在 “ON”、“OFF” 状态之间切换时，单元的反射幅度、反射相位曲线图将所设计的超表面单元进行周期延拓，得到 10 × 10 的超表面阵列，进而通过空间编码产生特定角度的双波束。经过优化编码设计，在 2.4 GHz 处采用编码矩阵 M_1 和 M_2 可分别产生 ± 12° 和 ± 30° 的对称双波束，其仿真结果如图 8.17(a) 所示。仿真分析过程中，超表面的边界条件均设置为开放边界，在 z 方向采用平面波端口作为激励，传播方向沿 z 轴负方向。类似地，在 5 GHz 处采用编码矩阵 M_3 和 M_4 分别产生 ± 5° 和 ± 20° 的对称双波束，仿真结果如图 8.17(c) 所示。可见，在不同工作频点处，超表面均能根据编码矩阵产生不同指向角的对称双波束，进而在特定角度处形成远场辐射幅度差，即对应于“0”和“1”的差别。为了进一步验证该设计的正确性，将超表面阵列加工制作后，进行实验测试，测试结果分别如图 8.17(c) 和 (d) 所示。测试过程中，采用弓形架反射测试系统，由于系统的旋转角度有限，仅测试了 ± 40° 范围内的远场方向图，覆盖了主要电磁

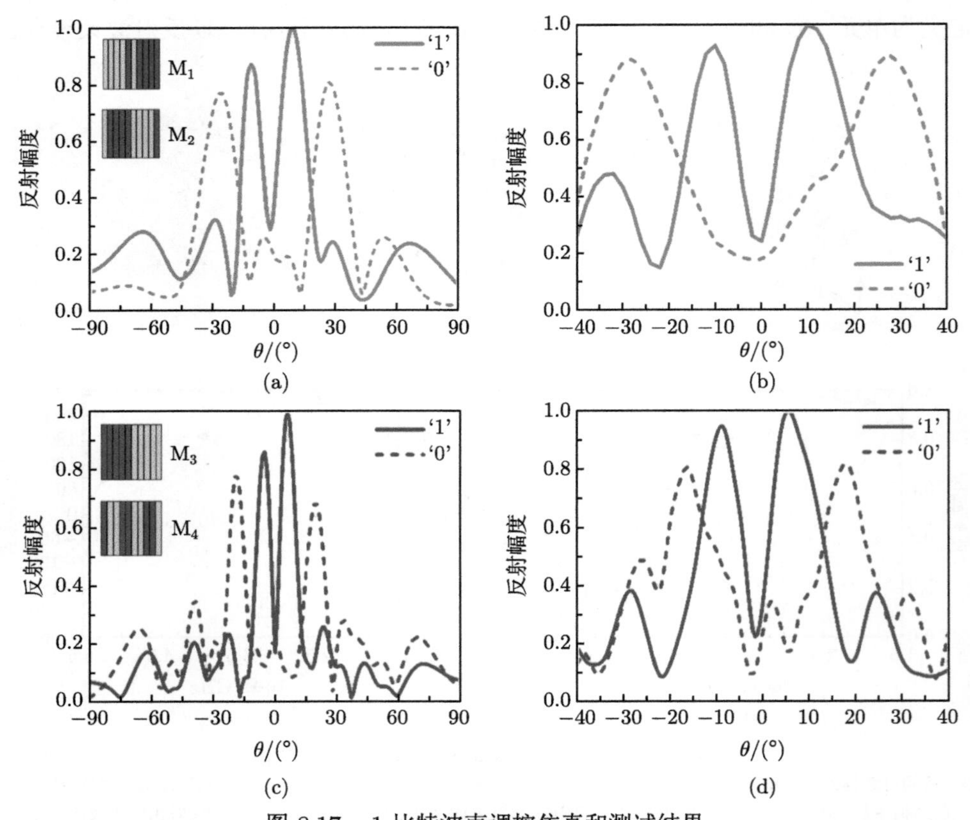

图 8.17　1-比特波束调控仿真和测试结果

电磁波正入射条件下，超表面在 1-比特编码矩阵 M_1、M_2 控制下产生的 12°、30° 反射双波束的仿真分析结果 (a) 和测试结果 (b)；相同正入射条件下，超表面在 1-比特编码矩阵 M_3、M_4 控制下产生的 5°、20° 反射双波束的仿真结果 (c) 和测试结果 (d)

调控区域。对比可知，测试结果与仿真结果基本一致，以 12° 和 5° 为观察角度，不同编码矩阵可以分别在 2.4 GHz 和 5 GHz 形成反射波能量幅度的“1”和“0”变化，进而能够通过 1-比特幅度编码调制入射的载波信号。需要注意的是，超表面的波束角度可以根据需要任意调控，并不局限于这里作为例子的设计角度。

在频率复用的启发下，基于所设计的双频可编程超表面，进一步提出了一种信息分流物理层保密通信的系统架构，如图 8.18 所示。具体而言，首先将需要传输的信息转换为二进制符号信息，并分组为图中的红、蓝两部分，分别对应于不同频率信道需要传输的比特流信息。接下来，根据二进制码元“0”、“1”的区别映射为不同的远场反射幅度。在这里，根据图 8.17 的测试结果，将“0”映射为远场低反射幅度，将“1”映射为远场高反射幅度，分别对应不同的编码矩阵，进而在时间上传输比特流信息。最后，超表面根据不断变化的调制控制信号，将传输的信息加载到入射载波上，并散射到自由空间中，完成信道加密的调制过程。在接收端，从不同频率信道接收的调制信号，需要按照预设的规律实时合成才能得到正确的传输信息，单一信道解调出的信息是毫无意义的，从而保障了通信系统的安全性。

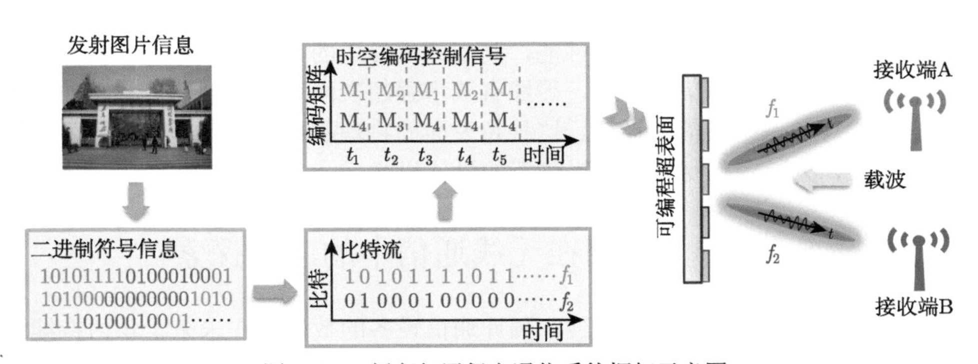

图 8.18 频率复用保密通信系统框架示意图

为了验证所提出的设想，在室内环境中搭建了保密通信系统的原型机，如图 8.19 所示。其中，两个不同的发射天线 A、B 固定在超表面的法线方向，将 2.4 GHz 和 5 GHz 的正弦载波信号照射到超表面上；相应地，两个不同的接收天线也固定在 12° 处，分别接收 2.4 GHz 和 5 GHz 载波调制后的信号。超表面在 FPGA 的控制下实时调制两个频率的入射载波，并将调制信号散射到指定角度。在这里，为了贴近实际应用，将两个接收天线固定在相同的角度处，模拟窃听者位于接收端相同位置 (信号最强处) 时的情景。从图 8.19 中给出的实验结果可以看到，在接收端，解调设备将两个信道的调制信号解调后，合成正确的图片信息，并显示在计算机屏幕上，单一信道的解调信息则不包含任何有价值的信息，说明针对单一频率信道的窃听者无法得到正确的传输信息，验证了该通信系统的物理层安全性。

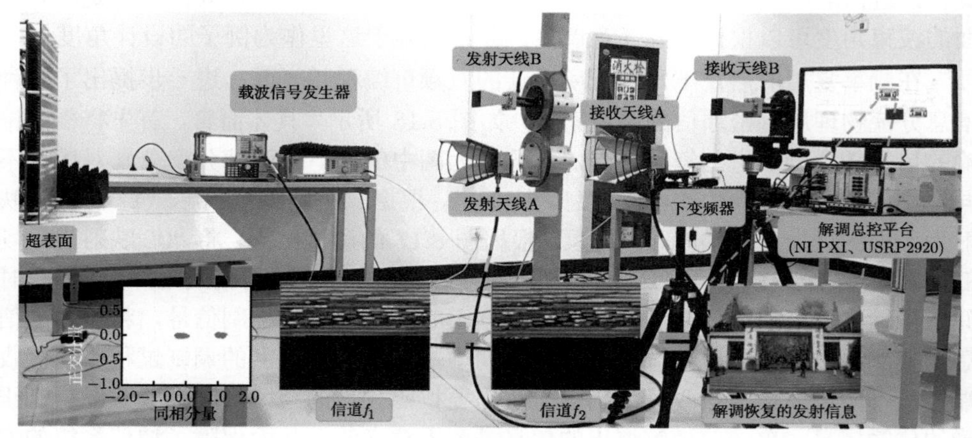

图 8.19　保密通信系统测试场景及实验结果

基于上述分析、设计和实验结果，所介绍的双频可编程超表面在不同频率信道内都具有良好的双波束扫描的性能，利用频率信道的正交性在超表面物理层信道内通过信息分流进行信道加密，能够有效增强超表面直接调制通信系统的安全性，从而实现了保密通信的设计。这种超表面的物理层加密，有望应用于下一代无线通信中，为特定的保密通信提供新的设计思路。

8.6　智能表面在无线通信中的应用探索

随着无线通信技术的快速发展，预计通信设备的数量会在未来十年内持续增加，而有限的低频频谱资源将难以支撑快速增加的通信设备的发展，因此，需要进一步开发更高频段的频谱资源。而另一方面，随着通信频率的不断提高，信号传输过程的衰减也越来越大，信号穿透障碍物的能力也会不断下降。在无线通信环境中往往存在静止的建筑物、墙壁，移动的人、动物、汽车等各种障碍物，发射的电磁波信号会被这些障碍物遮挡、吸收、反射和衍射，并且伴随着多径效应、阴影衰落等各种问题，进而导致无线信道往往是动态且不可控的。这些问题的出现，势必要求不得不进一步提高基站部署的密度，提升基站的辐射功率，进而在一定程度上缓解信号盲区的问题。然而，高密度的基站部署也会极大地增加通信设备的成本与功耗 [14]，限制了通信技术的进一步发展，因此急需创新性的理论和解决方案，来突破传统通信技术的限制。

可重构智能表面 (RIS)，简称智能表面，能在较低的成本与功耗下实现对无线通信环境的智能调控，进而从根本上改变依赖恶劣无线信道环境的传统通信范式，目前已成为 6G 备选关键技术之一 [15-17]。智能表面作为一种低功耗的准无源无线中继系统，具有增强无线信号覆盖，以及辅助无线通信、小区边缘速率提升与干扰抑制等多种应用场景。在本节中，我们将结合在室内无线环境中进行的实验测试来探讨智能表面在无线通信中的应用潜力 [18-21]。

8.6.1 可重构智能表面单元设计与波束调控

为了实现智能表面辅助的无线通信系统，首先需要设计可重构超表面，这里我们以一种工作于 5G sub-6G 无线通信频段、中心频率为 2.55 GHz 的 2-比特可重构超表面为例。如图 8.20 所示，该单元周期长度为 $p=$ 32mm，由上下两层印刷电路板构成，厚度分别为 $h_1 = 1.5$ mm，$h_2 = 2$ mm。介质基板均采用 F4B，相对介电常数为 2.2，损耗角正切为 0.001。超表面上层结构印刷有 "H" 形拓扑变形的金属结构，其几何结构参数分别为 $w_1 = 19.9$ mm，$w_2 = 6.2$ mm，l =7.8 mm。为了实现 2-比特相位调控，在 "H" 形金属结构沿 y 轴方向的金属臂上进行截断并嵌入两个 PIN 二极管。与 PIN 二极管相连的三条金属臂上分别加载 "正–负–正" 的共阴极电压，通过控制阳极电压的大小来控制 PIN 二极管的开关 ("ON"/"OFF") 状态，从而调控单元的相位响应。超表面下层结构包括介质基板和底层金属背板，用于保证该单元工作在反射状态。上下两层结构由空气层进行分隔，实际制作中利用 $h_3 = 8$ mm 高的尼龙柱将两层印刷电路板组装并固定。

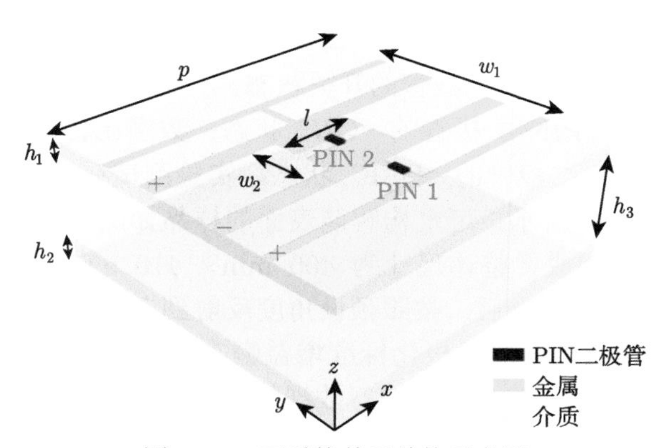

图 8.20 可重构单元结构示意图

为验证超表面的性能，先对该单元进行电磁波全波仿真分析，仿真结果如图 8.21 所示。在工作频率 2.55 GHz 处，当 PIN 二极管处于不同工作状态时超表面单元的电场分布如图 8.21(a) 所示。可以看到，当 PIN 1(或 PIN 2) 二极管处于 "OFF" 状态时，在其连接的两端金属臂之间会产生较强的感应电场；而当 PIN 1(或 PIN 2) 处于 "ON" 状态时则相反，金属臂两端的传导电流可自由流动，因而 PIN 二极管两端几乎没有感应电场。由此，通过两个 PIN 二极管 “OFF” 和 “ON” 状态的组合便可形成图 8.21(a) 中给出的四种单元谐振模式。如果我们以数字 “0” 和 “1” 分别表示 PIN 二极管的 “OFF” 和 “ON” 状态，那么这四种不同的工作状态 (PIN 1-PIN 2)，即 “OFF-OFF”，“OFF-ON”，“ON-OFF” 和 “ON-ON”，分别对应于 “00”，“01”，“10” 和 “11” 四种数字码元。图 8.21(b) 给出了该单元在不同编码状态下的反射相位，相邻编码状态之间的反射相位在 2.55 GHz 相差 90°，并且测试结果与仿真结果吻合较好。

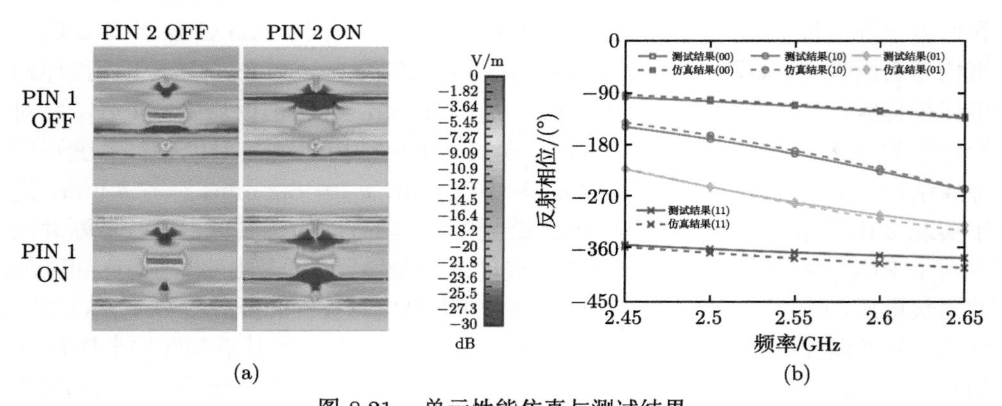

图 8.21 单元性能仿真与测试结果

(a) 单元在 2.55 GHz 处不同状态下的仿真电场分布；(b) 单元不同状态下的反射相位仿真与测试结果

为了实现基于智能表面的动态波束调控，需要利用 FPGA 的数字化输出信号来控制智能表面上所有 PIN 二极管的开关状态。其中，数字比特 “1” 表示 1.2 V 高电压输出，对应于 PIN 二极管的 “ON” 状态；数字比特 “0” 表示 0 V 低电压输出，对应于 PIN 二极管的 “OFF” 状态。实验测试在微波暗室环境中进行，测试场景如图 8.22(a) 所示。可重构智能表面的样品如图 8.22(b) 所示，该样品由 12 × 12 个单元构成，整体尺寸为 400 mm× 410 mm。发射天线 (Tx) 发射的信号照射到智能表面上后，按照预设角度反射到自由空间中，并被接收天线 (Rx) 接收。两个天线均采用线极化标准增益喇叭天线，并连接到矢量网络分析仪 (Agilent Technologies E8363A) 进行数据的采集分析。智能表面的可重构编码设计方法可参考 6.3 节，在此不再赘述。作为示例，图 8.22(c) 展示了反射角为 −35°、−25°、−15°、20°、30° 和 40° 共 6 种可重构相位编码的测试结果。测试结果与仿真结果基本一致，仅在副瓣角度上存在些许误差，足以用于无线通信环境的重构。

基于智能表面对电磁波良好的波束调控能力，可以进一步构建智能表面辅助的室内无线通信系统，通过智能调控室内无线电磁环境，从而改善通信质量，提升接收信号功率。下面将以室内无线信号增强与辅助无线通信两个案例来具体阐述。

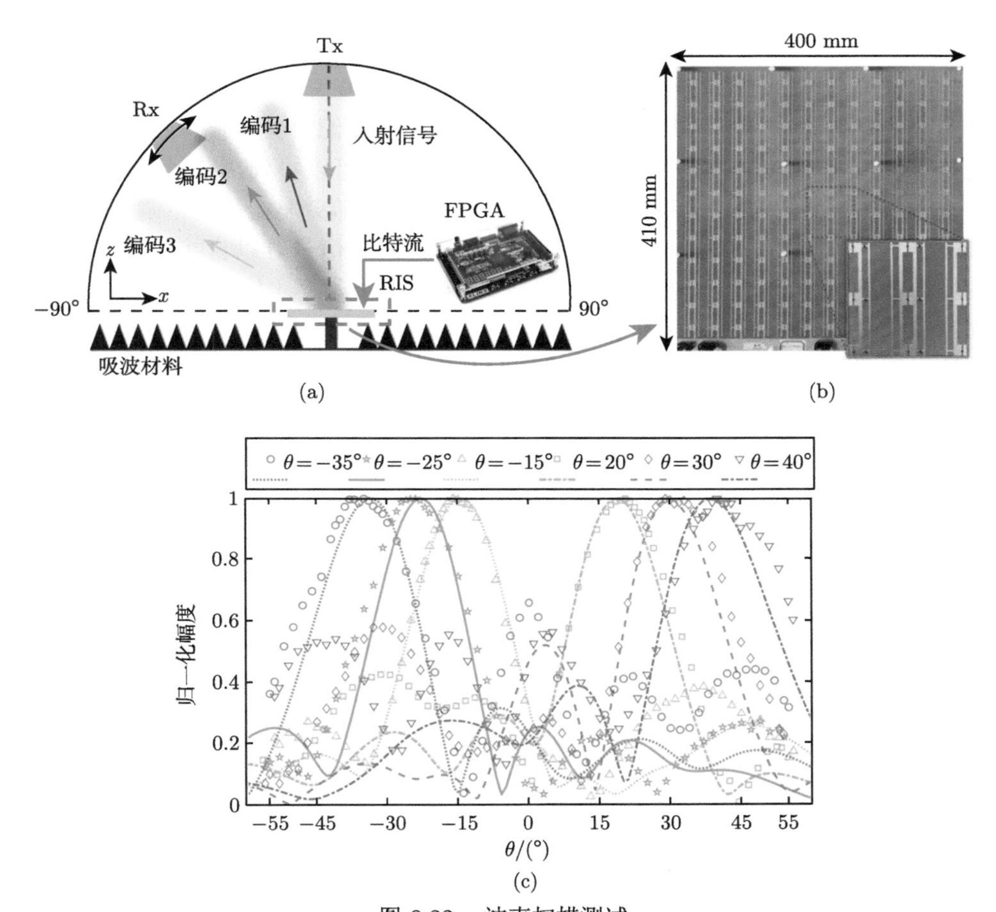

图 8.22 波束扫描测试

(a) 弓形架测试场景示意图；(b) 待测 2-比特智能表面样品；(c) 波束调控仿真与测试结果 (线条表示仿真结果，散点表示实测结果)

8.6.2 可重构智能表面实现室内无线信号增强

与室外环境相比，室内环境较为狭窄，存在许多墙壁和物体遮挡。因此，室内收发天线之间往往是非视距 (non-line-of-sight, NLOS) 链路，并且存在许多信号的盲区与死角。发射信号经过室内环境的散射与多径效应后，信号功率往往很小甚至难以直接抵达接收端。随着通信技术的发展，无线通信的频率快速提高，其信号随距离的衰减增大，信号穿墙能力也进一步降低。密集部署室内小型基站的传统解决方法并不能从根本上解决室内恶劣的信号环境问题，反而增大了通信设备制造、运营的成本和能源消耗。因此，利用低成本、低能耗的智能表面实现对室内电磁环境的智能调控和重建，为改善无线通信环境带来了新的解决方案，具有广阔的应用前景。下面，我们基于 8.6.1 节所设计的智能表面，对室内典型环境下的无线信号增强技术进行探索和测试验证 [19]。

图 8.23 为针对室内无线信号增强进行测试的室内场景示意图，选择了具有明显遮挡的室内走廊拐角区域。该测试系统主要由信号源、频谱仪、收发天线、控制计算机以及 FPGA 控制的智能表面五部分构成。可以看到，发射天线 (Tx) 与接收天线 (Rx) 分别位于室内走廊的拐角两侧，由于墙壁与金属门的遮挡，Tx 与 Rx 之间不存在视距 (line-of-sight, LOS) 链路，因此信号难以直接传输。在智能表面的辅助下，Tx 发射的信号可以经过智能表面的反射到达 Rx，该接收信号功率由频谱仪进行采集，并将数据传输到计算机端进行实时监控，计算机中的优化算法根据采集到的数据，可以对智能表面的相位编码进行优化，再通过优化编码经 FPGA 去控制智能表面，从而使得 Rx 的接收信号功率最大化。

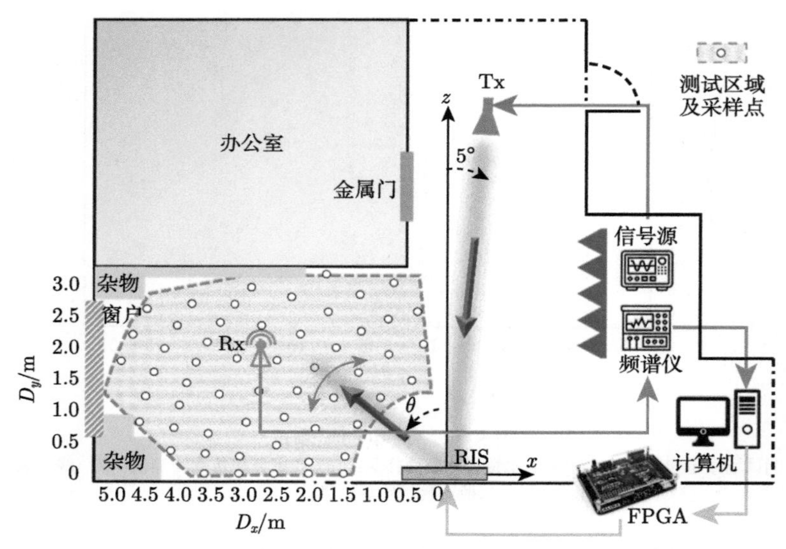

图 8.23　室内无线信号增强测试场景及系统示意图

为了简化测试，Tx 采用定向喇叭天线代表基站，天线增益为 9 dBi，发射信号功率为 0 dBm；Rx 采用全向单极子天线，代表用户的无线终端接收天线，天线增益为 3 dBi。Tx 与地面和智能表面的距离分别为 1.25 m 和 5.1 m 左右；而 Rx 则距离地面 1.48 m 左右，并且放置于绿色测试区域中采样点的位置上，以分别测试智能表面对整个测试区域信号的优化效果。整个测试区域面积约为 15 m^2，测试半径从 1.5 m 增大到 5 m，测试角度θ 从 10° 变化到 90°，离散采样点共计 56 个。为了保证智能表面的优化效果，这里采用的智能表面由 4 块 8.6.1 节中所描述的样品板拼接而成，整个智能表面具有 24 × 24 个单元，整体尺寸为

800 mm× 820 mm。此外，值得注意的是，由于该测试仅在同一楼层中进行，因此波束扫描角度的变化主要在水平方位角上，故采用列控的方式简化智能表面的控制链路，即智能表面上同一列的单元所加载的电压总是一致的，进而将 FPGA 电压输出端口数由 576 路减少到了 48 路。

为了实现基于智能表面辅助的室内信号增强，我们首先根据 6.3 节的原理设计了 11 种预相位编码码本，反射波束角度覆盖了 10°～ 70°。对于每个采用点，通过遍历所有码本，对测试区域进行波束扫描，随后在计算机中运行贪婪算法，根据采集的数据来确定智能表面的最佳相位编码。为了对比证明智能表面的优化效果，这里测试了空场、放置金属板以及放置智能表面辅助的三种实验场景。具体的测试流程如下：

(1) 场景 1：不放置任何辅助设备，测试原始场景 (空场) 下测试区域各采样点接收功率，作为参考接收功率。

(2) 场景 2：放置金属板，辅助通信。测试该场景下测试区域各采样点接收功率，作为对比接收功率。

(3) 场景 3：在放置金属板的位置放置智能表面，辅助通信。测试该场景下，经过优化算法优化后的测试区域各采样点接收功率。

将测试数据进行处理后，可以得到不同场景下测试区域室内信号功率及增益测试结果，如图 8.24 所示。图 8.24(a)~(c) 分别展示了空场、放置金属板和放置智能表面三种场景下的接收信号功率分布图。对比三种场景的测试结果可以看到，放置智能表面后，测试区域的接收功率相比空场和放置金属板的场景有十分明显的提升。而为了更清晰地显示智能表面对测试区域的信号增强效果，图 8.24(d)~(f) 分别展示了放置金属板相比空场、放置智能表面相比放置金属板，以及放置智能表面相比空场三种情况的接收信号功率增益分布。由图 8.24(d) 可以看到，放置金属板对接收信号的增强较低，且只在 70°～ 90° 的大角度对信号有微弱增强。而放置智能表面后，无论是与空场场景还是与放置金属板的场景对比，其对整个测试范围内的信号均有较大的提升，尤其是原本信号较弱的中间区域。整体而言，与空场相比，智能表面所提供的信号功率增益最大达到了 22 dB，整个区域的平均信号增益也有 8.9 dB。从信号增强的规律来看，智能表面对空场中信号较弱的区域增强效果最好，比如距离智能表面 2~4 m，偏转角在 45°～ 85° 的范围内，原空场信号基本低于 −70 dBm 的区域，经过智能表面辅助和优化后，信号功率均提升到了 −60 dBm 以上，平均增益可达 13.53 dBm。而对于原信号功率较高的区域，如距离智能表面 1.5 ～ 2.5 m，偏转角在 10°～ 40° 范围内，信号功率均高于 −60 dBm；这时，部署智能表面后，测试区域中的信号平均增益为 5.34 dB 左右。显然，上述结果表明，在室内部署智能表面可以有效提升信号盲区的信号强度，扩展室内小型基站的信号覆盖范围，降低基站部署密度与功耗。

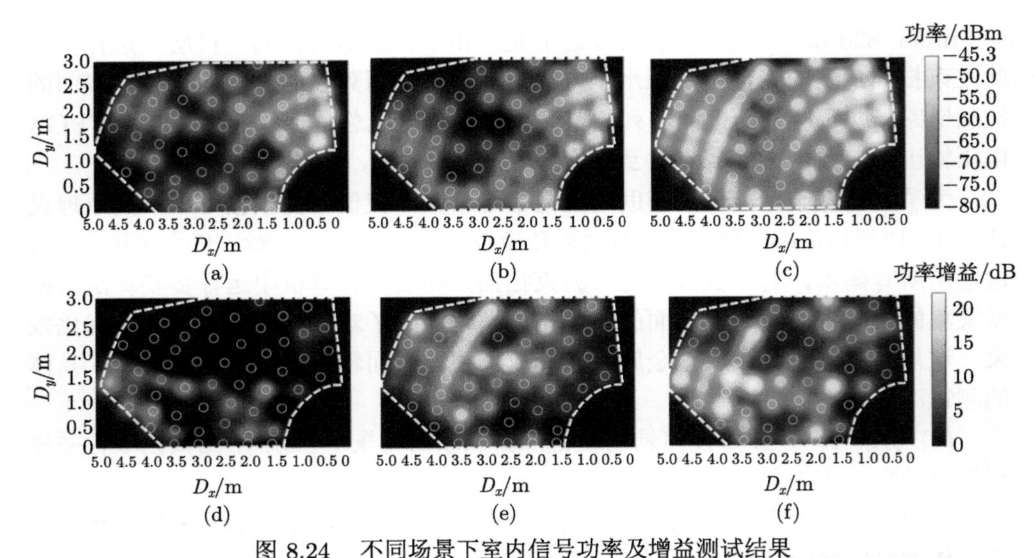

图 8.24 不同场景下室内信号功率及增益测试结果

(a) 空场场景下的接收信号功率；(b) 放置金属板场景下的接收信号功率；(c) 放置智能表面场景下的接收信号功率；(d) 放置金属板场景相比空场场景的接收信号功率增益；(e) 放置智能表面场景相比放置金属板场景的接收信号功率增益；(f) 放置智能表面场景相比空场场景的接收信号功率增益

8.6.3 可重构智能表面辅助无线通信

智能表面通过提升信号盲区的接收功率，可以有效降低信号传输误码率，提高通信的吞吐量。为了进一步证明智能表面对无线通信的辅助效果，本节在 8.6.2 节信号增强测试的基础上，对智能表面辅助无线通信做进一步的测试 [18]。测试系统的架构如图 8.25 所示，与 8.6.2 节不同的是，这里我们采用通用软件无线电外设 USRP 作为信号的收发设备。该设备可以将计算机中生成的图片信息进行编码调制后通过发射天线发射，同时将接收天线接收到的调制信号进行解调后在计算机上显示。其他测试设置与 8.6.2 节基本一致。

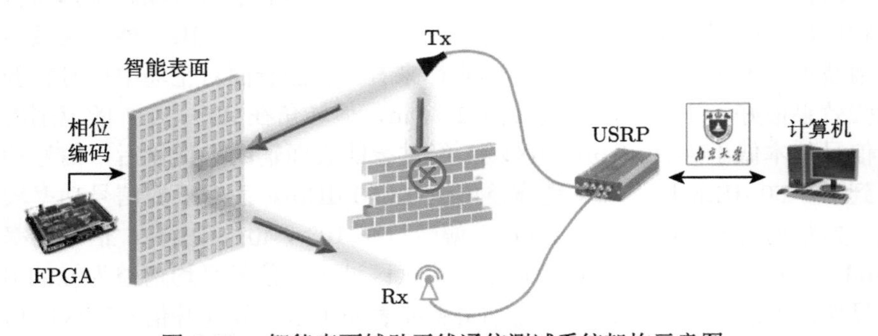

图 8.25 智能表面辅助无线通信测试系统架构示意图

如图 8.25 所示，选择了收发天线之间存在非视距链路的情景 (即有障碍物对信号进行遮挡)。在空场场景下，接收功率小于 −70 dBm 的区域放置接收天线，所选取的接收点距离智能表面大约 3.2 m，偏转角为 40° 的位置。放置智能表面优化后，接收信号的功率提高到了 −63.5 dBm 左右。通过计算机上基于 LabView 软件搭建的通信系统控制 USRP，采用二进制相移键控 BPSK 调制收发信号。系统界面如图 8.26(a) 所示，展示了调制方式、过采样因子以及星座图等一系列通信参数。传输信息为一张显示大学校徽的图片，图片大小为 200 × 200 像素，最终的测试结果如图 8.26(b)~(d) 所示。

根据图 8.26(b) 和 (c)，由于墙壁的阻挡，Tx 发射的信号难以有效到达 Rx 端，信号接收功率较低，导致射频信号的传输误码率较高，无法正确解调出原始图片。部署智能表面后，可以看到 Rx 位置的接收信号功率显著增强，降低了传输误码率，因而可顺利解调出所传输的原始图片信息，如图 8.26(d) 所示。

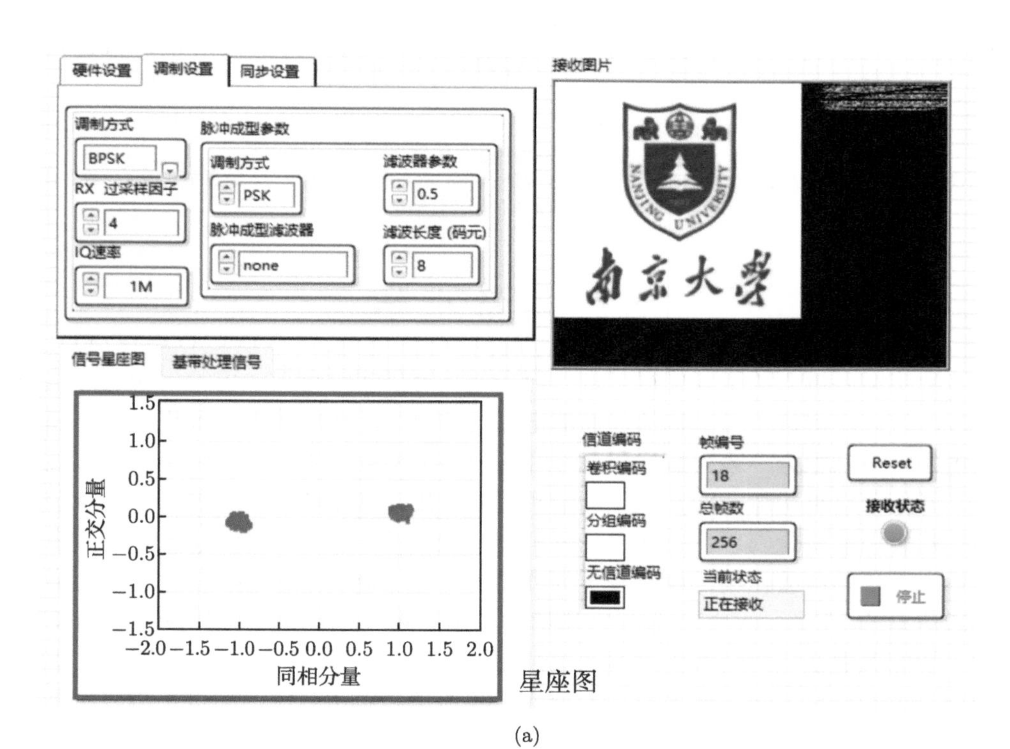

(a)

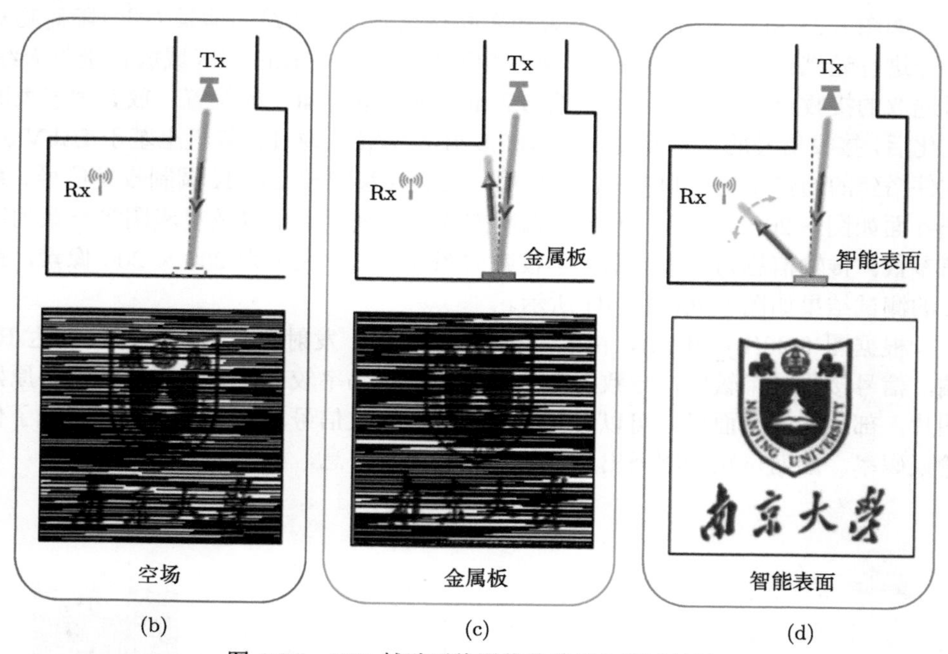

图 8.26　RIS 辅助无线通信传输图片测试结果

(a) 基于 LabView 的无线通信系统界面；(b)~(d) 分别为不放置任何反射面的空场、放置金属板以及放置智能表面三种场景下的图片传输结果

8.7　本章小结

数字编码概念的引入使得可重构超表面具有了实时可控、可编码调制的电磁响应，进一步丰富了可重构超表面的电磁调控能力。数字化的表征进一步将超表面电磁响应抽象为一系列数字码元，并为数字信号处理提供了一种全新的实现方法，开拓了可重构超表面在无线通信领域的应用。基于此方面进展，本章从信息调制超表面的概念入手，结合理论分析与实验测试，首先，介绍了可重构超表面对信道环境的改善作用，以及基于幅度调制、相位调制方案的单信道、多信道无线通信系统，并进一步拓展到保密通信的应用场景。其次，结合室内实际场景，探索了智能表面在室内信号无线通信信号增强、补盲、通信质量提升等方面的直接应用。这些研究内容对超表面在下一代无线通信和雷达系统中的进一步应用具有良好的借鉴和启发作用。

参考文献

[1] Roh W, Seol J Y, Park J, et al. Millimeter-wave beamforming as an enabling technology

for 5G cellular communications: theoretical feasibility and prototype results. IEEE Communications Magazine, 2014, 52(2): 106-113.

[2] Dehos C, González J L, Domenico A D, et al. Millimeter-wave access and backhauling: the solution to the exponential data traffic increase in 5G mobile communications systems? IEEE Communications Magazine, 2014, 52(9): 88-95.

[3] Heath R W, Gonzalez-Prelcic N, Rangan S, et al. An overview of signal processing techniques for millimeter wave MIMO systems. IEEE Journal of Selected Topics in Signal Processing, 2016, 10(3): 436-453.

[4] Zhao J, Yang X, Dai J Y, et al. Programmable time-domain digital-coding metasurface for non-linear harmonic manipulation and new wireless communication systems. National Science Review, 2019, 6(2): 231-238.

[5] Hodge J A, Member S, Mishra K V, et al. Intelligent time-varying metasurface transceiver for index modulation in 6G wireless networks. IEEE Antennas and Wireless Propagation Letters, 2020, 19(11): 1891-1895.

[6] Dai J Y, Tang W K, Zhao J, et al. Wireless communications through a simplified architecture based on time-domain digital coding metasurface. Advanced Materials Technologies, 2019, 4(7):1900044.

[7] Dai J Y, Tang W, Yang L X, et al. Realization of multi-modulation schemes for wireless communication by time-domain digital coding metasurface. IEEE Transactions on Antennas and Propagation, 2020, 68(1): 1618-1627.

[8] Chen M Z, Tang W, Dai J Y, et al. Accurate and broadband manipulations of harmonic amplitudes and phases to reach 256 QAM millimeter-wave wireless communications by time-domain digital coding metasurface. National Science Review, 2022, 9(1): nwab134.

[9] Cui T J, Liu S, Bai G D, et al. Direct transmission of digital message via programmable coding metasurface. Research, 2019, 2019: 2584509.

[10] 胡琪, 陈克, 郑依琳, 等. 时变极化编码表面及其在无线通信中的应用. 雷达学报, 2021, 10(2): 304-312.

[11] Hu Q, Chen K, Zheng Y, et al. Broadband wireless communication with space-time-varying polarization-converting metasurface. Nanophotonics, 2023, 12(7): 1327-1336.

[12] Zheng Y, Xu Z, Zhang N, et al. Spatial-division-assisted multi-level amplitude-programmable metasurface for dual-band direct wireless communication. Advanced Materials Technologies, 2023, 8(10): 2201654.

[13] Zheng Y, Chen K, Xu Z, et al. Metasurface-assisted wireless communication with physical level information encryption. Advanced Science, 2022, 9(34): 2204558.

[14] Israr A, Yang Q, Israr A. Power consumption analysis of access network in 5G mobile communication infrastructures—an analytical quantification model. Pervasive and Mobile Computing, 2022, 80: 101544.

[15] Wu Q, Zhang S, Zheng B, et al. Intelligent reflecting surface-aided wireless communications: a tutorial. IEEE Transactions on Communications, 2021, 69(5): 3313-3351.

[16] Chen Z, Chen G, Tang J, et al. Reconfigurable-intelligent-surface-assisted B5G/6G

wireless communications: challenges, solution, and future opportunities. IEEE Communications Magazine, 2022, 61(1): 16-22.

[17] Liang Y C, Chen J, Long R, et al. Reconfigurable intelligent surfaces for smart wireless environments: channel estimation, system design and applications in 6G networks. Science China Information Sciences, 2021, 64: 200301.

[18] Tang K, Zhang N, Chen K, et al. Reconfigurable intelligent surface enhancing indoor wireless communication. 2021 IEEE International Workshop on Electromagnetics: Applications and Student Innovation Competition (iWEM), 2021: 1-3.

[19] 唐奎, 胡琪, 赵俊明, 等. 基于 RIS 的室内无线通信信号增强系统. 通信学报, 2022, 43(12): 24-31.

[20] Zheng P, Ding J, Fei D, et al. Field trial measurement and channel modeling for reconfigurable intelligent surface. Digital Communications and Networks, 2022, 9(3): 603-612.

[21] Pei X, Yin H, Tan L, et al. RIS-aided wireless communications: prototyping, adaptive beamforming, and indoor/outdoor field trials. IEEE Transactions on Communications, 2021, 69(12): 8627-8640.

第 9 章 总结与展望

超材料的提出为电磁功能器件的设计提供了新的理念和新的方法。随着认识的不断加深，人们对超材料的研究不再局限于早期的等效媒质参数提取与物理现象验证，而是逐渐过渡到功能实现与应用探索。作为超材料的二维形式，超表面以其更灵活的电磁调控能力、更丰富的电磁调控手段以及更低成本的组成架构，为推进超材料的应用化进程带来了新的曙光。因此，一经提出，超表面即展现出快速的发展势头，涌现出许多新方法与新应用。

遵循从方法到器件再到系统的发展脉络，本书从电磁超表面的基本概念出发，内容涵盖超表面的基本原理与一般设计方法，从幅度、相位、频率、极化、方向等多个调控维度概述了多功能/可重构超表面的相关研究进展，最后概述了可重构超表面在无线通信应用中的最新研究成果。总之，相比于传统的电磁超材料，超表面在简化设计流程、降低设计成本、提升器件性能等方面展现出独特的优势，但超表面的潜能远不止于此。下面将从信息传输、智能调控、控制多样性以及工程化应用四个方面展望超表面的发展。

1. 信息传输

数字编码超表面的提出有效建立起了超材料物理世界与数字世界的桥梁，信息论以及数字信号处理的一些方法可直接融入到超表面的设计中去，进而涌现出一系列对电磁波幅度、相位、极化、频谱、波束等灵活调控的全新设计方法，将超表面从物理、材料、器件研究推向信息传输和处理新体制、新架构、新系统的研究，并相继研制出了微波全息成像系统、无线信息传输系统、可认知超表面新系统等原型系统，极大地简化了通信和信息处理系统的复杂度，降低了通信和信息处理成本，使得信息传输效率和系统容量获得进一步提升。另外，由于超表面支持空间域与时间域的联合编码，能够有效地控制谐波分量，因此可用于新体制通信系统的搭建。这些突破性的创新成果给可重构超表面研究加入了新的助推剂，有望在信息领域实现变革性或颠覆性创新。我们有理由相信运用可重构超表面能够搭建更多的新架构信息系统，展现其超强的信息处理与信息传输能力，在未来“万物互联”的智慧都市中发挥重要作用。

2. 智能调控

超表面二维的单元属性使其很容易与有源元件相结合，构造动态可调控结构，进而以可编程的方式实时、任意地操纵电磁波。然而，目前几乎所有的可重构超表面，其电磁特征或功能的调控与切换都需要人为参与执行，即控制部分的操作都需要借助人的主观判断来执行。如何推进超表面的智能化进程一直是超表面领域追求的目标。同时，由于超表面具有超强的兼容性，易与微波射频和数字信息处理平台等进行一体化设计，因此可将超表面与人工智能算法相结合，采用机器学习等算法对超表面进行在线训练，实现数据获取和数据处理的一体化操作。未来还可融合大数据训练集等，实现陌生环境下的智能感知、自主学习、自适应调节乃至智慧信息交互。

超表面的智能化还体现在对无线通信环境的主动重建。通过在超表面中集成状态检测算法以及状态优化算法等，实时地提取远场的可用状态信息，可以保证恶劣电磁环境下的有效通信，实现信道重塑。与有源中继利用信号放大提高信号覆盖不同，智能超表面只是将入射波信号灵活调控到既定区域，在满足低功耗的同时兼具物理层安全性，也因此成为 IMT2030-6G 通信的核心技术之一 [1]。但目前智能超表面的研究仍然处于起步阶段，其在感知部分、控制部分与超表面部分均有很大的提升空间，需要包括智能超表面技术联盟 (RISTA)、IMT-2030-6G 推进组在内的产业组织联合“产学研用”全产业链，共同推进智能超表面的技术研究、标准化及产业落地。

3. 控制多样性

超表面的可调控设计已发展出多种丰富多样的调控方式，如基于 PIN 二极管和变容二极管的电调控，基于旋转、形变的机械调控，以及最新的光调控与声调控等。调控手段也从最开始的全局简单调控到局域化、数字化、多比特、多种类电磁性质的联合调控，再到结合现场可编程门阵列实现实时可编程，以及结合感知及反馈装置实现智能化、自适应电磁波束调控，其电磁调控手段不断丰富，功能多样性也有了质的飞跃。为进一步增加控制多样性，除了常用的调控方式，还可考虑引入三极管等放大器件，实现对电磁波能量的有效调制。此外，MEMS、微流体等也可以作为备用的技术手段，以获取更快的调制速度、更低的损耗以及更丰富的电磁功能。但控制方式多样性提升的同时，也意味着控制系统难度的升级，这就对超表面系统的构建提出了更高的要求。此外，为应对当前器件和电路不断集成化、小型化的发展趋势，如何在有限超表面阵面上实现多功能集成，以及如何实现可重构超表面与控制电路的集成化、一体化设计，成为了制约未来超表面发展的新命题。

4. 工程化应用

科学研究既要立足于当前的基础性理论研究，也要面向产业化应用需求，致力于解决行业内的瓶颈问题。应用是超表面领域永恒的主题。没有应用，超表面研究就像无根的浮萍一样，飘浮于信息与物理学这汪浩瀚宁静的湖水之中，随波逐流，最终消逝于历史的长河中。总之，面向应用，超表面就会有光明的未来，这也将成为广大研究人员追求的目标。但超表面的应用又是艰难的，涉及单元、控制以及系统构建等方方面面的工作。这不仅是单一学科的问题，更是一个综合的领域，要求科研工作者勇于打破知识壁垒，跳出学科界限，在更大的范围、更高的视角寻求解决问题的方法。另外，不可回避的是，从工程应用的视角，性能、硬指标、成果难以衡量等也是超表面应用化过程中亟待解决的难题。但我们相信，志之所趋，无远弗届，穷山距海，不能限也。随着大科学时代的到来，一定会涌现出越来越多关于超表面应用新体制和应用新系统的工作，超表面技术的实际应用和落地也必将有力地促进电磁科学技术和应用的深入发展！

索　　引